IN◊TE◊GRA◊IS

VOLUME 2

FUNÇÕES ESPECIAIS

GILSON HENRIQUE JUNIOR

IN◊TE◊GRA◊IS

VOLUME 2

FUNÇÕES ESPECIAIS

2024

1ª Edição

Direção editorial: Victor Pereira Marinho e José Roberto Marinho

Capa: Fabrício Ribeiro

Edição revisada segundo o Novo Acordo Ortográfico da Língua Portuguesa

Dados Internacionais de Catalogação na publicação (CIP)
(Câmara Brasileira do Livro, SP, Brasil)

Henrique Junior, Gilson
Integrais: funções especiais: volume 2 / Gilson Henrique Junior. –
São Paulo: LF Editorial, 2024.

Bibliografia.
ISBN 978-65-5563-450-1

1. Cálculo integral - Estudo e ensino 2. Matemática - Estudo e ensino I. Título.

24-204862 CDD-510.7

Índices para catálogo sistemático:
1. Matemática: Estudo e ensino 510.7

Eliane de Freitas Leite - Bibliotecária - CRB 8/8415

LF Editorial
www.livrariadafisica.com.br
www.lfeditorial.com.br
(11) 2648-6666 | Loja do Instituto de Física da USP
(11) 3936-3413 | Editora

a meu pai,

Gilson Henrique,

Minha companheira,

Maria Claudia

e a meus avós,

paterno e materno,

Achilles Henrique e
Carlos Cattony

Pela paciência, incentivo e inspiração.

Prefácio

Este trabalho é um fruto de uma quarentena devida ao Covid19 e de uma necessidade de síntese que me acompanha ao longo de toda uma vida como professor. Desde os tempos de faculdade, conservo o hábito de me manter atualizado em relação aos avanços nos campos da Matemática e da Física que me interessam, isso implica na leitura de publicações acadêmicas, revistas de divulgação, livros técnicos e mesmo sites de divulgação, onde se incluem, alguns canais do Youtube que também se dedicam ao assunto. No final de 2020, em um desses estudos de atualização, me vi obrigado a utilizar recursos não convencionais para resolver uma integral necessária à resolução do problema que estava engajado, e me dei conta o quanto dessas técnicas deixam de serem aprendidas por nossos universitários e jovens pesquisadores. Desde então, fiquei com a ideia de escrever um texto abordando o assunto. Ao consultar muitos dos materiais disponíveis, infelizmente, quase nenhum em nossa língua natal, percebi que muitos deles parecem tentar afastar de modo quase proposital o aluno curioso, seja de que nível for, pela sua complexidade e falta de didática. Lembrei de um professor do tempo de faculdade que descrevia, em tom de brincadeira, um matemático como sendo alguém que pesquisa um assunto por muito tempo, escreve muitas e muitas páginas e após chegar a uma conclusão, sintetiza toda a sua descoberta em uma única expressão, omitindo todo o trabalho de pesquisa anterior que possibilitou sua descoberta e as pessoas olham para aquela expressão e não fazem a menor ideia de onde aquilo surgiu. Foi o que vi em muitos textos, eu mesmo, apesar de alguma experiência em alguns tópicos, confesso que tive dificuldade em entender algumas passagens consideradas "óbvias" por alguns autores. Isso posto, mais a ideia de reapresentar algumas técnicas não tão conhecidas atualmente, me compeliram a começar a escrever, tendo o compromisso de procurar escrever de modo claro e didático, mantendo aquelas passagens consideradas desnecessárias por alguns colegas, procurando manter o rigor, sem contudo deixar que as justificativas de algumas passagens pertencentes mais a um texto de análise real ou complexa, obscurecessem o raciocínio principal. Após um extenso trabalho de pesquisa, fico feliz em dizer que algumas deduções ou conclusões complicadas, que outrora somente poderiam ser encontradas de forma sucinta em textos obscuros, eu pude encontrar de modo claro e objetivo na internet, em sites de divulgação e canais de YouTube, colocadas lá por colegas com o real intuito de divulgar o conhecimento e tentar lançar uma luz sobre coisas que foram sintetizadas muito tempo atrás e pertencem apenas ao domínio de poucos. Não sei se posso, no entanto, caracterizar esse texto como técnico, acredito que ele esteja no meio termo, entre um trabalho de divulgação matemática de nível técnico e o técnico propriamente dito.

Após a base de cálculo integral do primeiro volume, começamos esse volume apresentando diversas funções definidas por integrais não-elementares, como a função Erro, a função Integral Exponencial, Logarítma, Trigonométricas, Dilogarítma, Inversa da Tangente para então entrarmos nas integrais de Euler, a função Gama e seus desdobramentos e propriedades, função Log-Gama e Poli-Gama, onde entre outras coisas, demonstramos a expansão de $\ln\Gamma(x)$ em série de Fourier (Teorema de Kummer). Na sequência, abordamos a Função Beta, a Função Zeta, onde apresentamos uma outra possibilidade de solução para o problema da Basiléia, a função Eta de Dirichlet, os números de Bernoulli, com sua história, deduções e teoremas até os dias de hoje. Uma vez abordadas as funções de integrais, vamos as somas, Soma de Euler-MacLaurin, a Soma de Ramanujan para Séries Divergentes Infinitas (incluindo o seu Teorema), a integral de Malmstèn (e Vardi), a integração repetida de Cauchy, e como não poderíamos deixar de ver, as Integrais Elípticas, terminando com uma abordagem abrangente das Funções Hipergeométricas.

Espero realmente que esse texto possa ser útil tanto aos curiosos, como àqueles que trabalham com o assunto, seja por mero diletantismo ou na busca de esclarecer algumas passagens "óbvias" que se encontram nos textos disponíveis. Desde já me desculpo por (muito) possíveis erros cometidos e fico grato se puderem indicá-los para mim a fim de que possam ser reparados.

Gilson Henrique Junior (aka Ike Orrico) São Paulo, outubro de 2021

Tabela de Derivadas

1) $y = x^n$	$y' = nx^{n-1}$
2) $y = \frac{1}{x^n}$	$y' = -\frac{n}{x^{n+1}}$
3) $y = \sqrt{x}$	$y' = \frac{1}{2\sqrt{x}}$
4) $y = a^x$	$y' = a^x \ln a,\ a > 0,\ a \neq 1$
5) $y = e^x$	$y' = e^x$
6) $y = \log_b x$	$y' = \frac{1}{b} \log_b e$
7) $y = \text{sen}\, x$	$y' = \cos x$
8) $y = \cos x$	$y' = -\text{sen}\, x$
9) $y = \text{tg}\, x$	$y' = \sec^2 x$
10) $y = \sec x$	$y' = \sec x\, \text{tg}\, x$
11) $y = \text{cossec}\, x$	$y' = -\text{cossec}\, x\, \text{cotg}\, x$
12) $y = \text{cotg}\, x$	$y' = -\text{cossec}^2 x$
13) $y = \text{sen}^{-1} x$	$y' = \frac{1}{\sqrt{1-x^2}}$
14) $y = \cos^{-1} x$	$y' = \frac{-1}{\sqrt{1-x^2}}$
15) $y = \text{tg}^{-1} x$	$y' = \frac{1}{1+x^2}$
16) $y = \sec^{-1} x,\ \lvert x \rvert \geq 1$	$y' = \frac{1}{\lvert x \rvert \sqrt{x^2-1}},\ \lvert x \rvert > 1$
17) $y = \text{cossec}^{-1} x,\ \lvert x \rvert \geq 1$	$y' = \frac{-x}{\lvert x \rvert \sqrt{x^2-1}},\ \lvert x \rvert > 1$
18) $y = f(x)^{g(x)}$	$y' = g(x) f(x)^{g(x)-1} f'(x) + f(x)^{g(x)} g'(x) \ln f(x)$
19) $y = f(x) g(x)$	$y' = f'(x) g(x) + f(x) g'(x)$
20) $y = \frac{f(x)}{g(x)}$	$y' = \frac{f'(x) g(x) - f(x) g'(x)}{[g(x)]^2}$
21) $y = \frac{1}{f(x)}$	$y' = \frac{-f'(x)}{[f(x)]^2}$
22) $y = \frac{a\, f(x) + b}{c\, f(x) + d}$	$y' = \frac{f'(x)(ad-bc)}{c\, f(x) + d}$
23) $z = f(x, y)$	$\frac{dy}{dx} = -\frac{\frac{\partial f}{\partial x}}{\frac{\partial f}{\partial y}}$

Tabela de Integrais

1) $\int dx = x + C$

2) $\int x^n dx = \dfrac{x^{n+1}}{n} + C$

3) $\int \sqrt{x}\, dx = \dfrac{2}{3} x^{\frac{3}{2}}$

4) $\int \sqrt[n]{x^m}\, dx = \int x^{\frac{m}{n}}\, dx = \left(\dfrac{n}{m+n}\right) x^{\left(\frac{m+n}{n}\right)} + C$

5) $\int \dfrac{1}{x} dx = \ln|x| + C$

6) $\int \dfrac{1}{x^2} dx = -\dfrac{1}{x} + C$

7) $\int \dfrac{1}{x^n} dx = \dfrac{x^{-n+1}}{(-n+1)} + C$

8) $\int a^x dx = \dfrac{a^x}{\ln a} + C$

9) $\int e^x dx = e^x + C$

10) $\int \log_b x\, dx = \dfrac{x}{\ln b}(\ln x - 1) + C = x \log_b x - \dfrac{x}{\ln b} + C$

11) $\int \ln x\, dx = x(\ln x - 1) + C$

12) $\int \operatorname{sen} x\, dx = -\cos x + C$

13) $\int \cos x\, dx = \operatorname{sen} x + C$

14) $\int \operatorname{tg} x\, dx = \ln|\sec x| + C$

15) $\int \sec x\, dx = \ln|\sec x + \operatorname{tg} x| + C$

16) $\int \operatorname{cossec} x\, dx = \ln|\operatorname{cossec} x - \operatorname{cotg} x| + C$

17) $\int \operatorname{cotg} x\, dx = \ln|\operatorname{sen} x| + C$

18) $\int \dfrac{1}{x^2 + a^2} dx = \dfrac{1}{a} \operatorname{tg}^{-1}\left(\dfrac{x}{a}\right) + C =$

19) $\int \dfrac{1}{x^2 - a^2} dx = \dfrac{1}{2a} \ln\left|\dfrac{x-a}{x+a}\right| + C = -\dfrac{1}{a} \operatorname{tgh}^{-1}\left(\dfrac{x}{a}\right) + C'$

20) $\int \dfrac{1}{a^2 - x^2} dx = \dfrac{1}{a} \operatorname{tgh}^{-1}\left(\dfrac{x}{a}\right) + C,\ x^2 < a^2$

21) $\int \dfrac{1}{a^2 - x^2} dx = \dfrac{1}{a} \operatorname{cotgh}^{-1}\left(\dfrac{x}{a}\right) + C,\ x^2 > a^2$

22) $\int \dfrac{1}{\sqrt{x^2 + a^2}} dx = \ln\left|x + \sqrt{x^2 + a^2}\right| + C_1 = \operatorname{senh}^{-1}\left(\dfrac{x}{a}\right) + C_2$

23) $\int \dfrac{1}{\sqrt{x^2 - a^2}} dx = \ln\left|x + \sqrt{x^2 - a^2}\right| + C_1 = \cosh^{-1}\left(\dfrac{x}{a}\right) + C_2$

24)	$\int \frac{1}{\sqrt{a^2-x^2}}dx = \text{sen}^{-1}\left(\frac{x}{a}\right)+C$
25)	$\int \frac{1}{x\sqrt{x^2-a^2}}dx = \frac{1}{a}\sec^{-1}\left\|\frac{x}{a}\right\|+C$
26)	$\int \frac{1}{x\sqrt{x^2+a^2}}dx = \frac{-1}{a}\text{cossech}^{-1}\left\|\frac{x}{a}\right\|+C$
27)	$\int \frac{1}{x\sqrt{a^2-x^2}}dx = \frac{-1}{a}\text{sech}^{-1}\left(\frac{x}{a}\right)+C$
28)	$\int \frac{1}{a+bx^2}dx = \begin{cases} \frac{1}{\sqrt{ab}}\text{tg}^{-1}\left(\frac{x\sqrt{ab}}{a}\right)+C,\ ab>0 \\ \frac{1}{2\sqrt{-ab}}\ln\left(\frac{\sqrt{-bx}+\sqrt{a}}{\sqrt{-bx}-\sqrt{a}}\right)+C,\ a>0\ e\ b<0 \end{cases}$
29)	$\int_0^{\infty} f(x)\,dx = \int_0^{\infty}\frac{f\left(\frac{1}{x}\right)}{x^2}dx$
30)	$\int f^{-1}(x)dx = x f^{-1}(x) - F\left(f^{-1}(x)\right)+C$
31)	$\int \text{sen}^{-1} x\,dx = x\,\text{sen}^{-1} x + \sqrt{1-x^2}+C$
32)	$\int \cos^{-1} x\,dx = x\cos^{-1} x - \sqrt{1-x^2}+C$
33)	$\int \text{tg}^{-1} x\,dx = x\,\text{tg}^{-1} x - \ln\left\|\frac{1}{\sqrt{1+x^2}}\right\|+C$
34)	$\int e^{ax}\,\text{sen}\,bx\,dx = \frac{e^{ax}}{a^2+b^2}\left[a\,\text{sen}\,bx - b\cos bx\right]$
35)	$\int \frac{a\,e^{nx}+b}{c\,e^{nx}+d}dx = \frac{b}{d}x+\frac{1}{n}\left(\frac{ad-bc}{cd}\right)\ln\left\|c\,e^{nx}+d\right\|+C$
36)	$\int \frac{ax+b}{cx+d}dx = \frac{a}{c}x-\left(\frac{ad-bc}{c^2}\right)\ln\left\|cx+d\right\|+C$
37)	$\int \frac{1}{a+b\cos^2 x}dx = \frac{1}{a}\left[\sqrt{\frac{a}{a+b}}\,\text{tg}^{-1}\left(\sqrt{\frac{a}{a+b}}\,\text{tg}\,x\right)\right]+C$
38)	$\int \frac{1}{a+b\,\text{sen}^2 x}dx = \frac{1}{a+b}\left[\sqrt{\frac{a+b}{a}}\,\text{tg}^{-1}\left(\sqrt{\frac{a+b}{a}}\,\text{tg}\,x\right)\right]+C$
39)	$\int \frac{a\cos x+b\,\text{sen}\,x}{c\cos x+d\,\text{sen}\,x}dx = \left(\frac{ac+bd}{c^2+d^2}\right)x+\left(\frac{ad-bc}{c^2+d^2}\right)\ln\left\|c\cos x+d\,\text{sen}\,x\right\|+C$
40)	$\int_0^{\pi}\text{sen}\,ax\cos bx\,dx = \begin{cases} 0,\ se\ a-b\ for\ par; \\ \frac{2a}{a^2-b^2},\ se\ a-b\ for\ ímpar \end{cases}$
41)	$\int \frac{1}{\left(x^2+a^2\right)\left(x^2+b^2\right)}dx = \frac{b\,\text{tg}^{-1}\left(\frac{x}{a}\right)-a\,\text{tg}^{-1}\left(\frac{x}{b}\right)}{ab\left(b^2-a^2\right)}+C$

42) $\int \frac{1}{\left(x^2-a^2\right)\left(x^2-b^2\right)}dx = \frac{b\,\text{tgh}^{-1}\left(\frac{x}{a}\right)-a\,\text{tgh}^{-1}\left(\frac{x}{b}\right)}{ab\left(b^2-a^2\right)}+C$
43) $\int \frac{1}{\left(x^2+a^2\right)\left(x^2+b^2\right)\left(x^2+c^2\right)}dx = \frac{bc\left(b^2-c^2\right)\text{tg}^{-1}\left(\frac{x}{a}\right)+ac\left(a^2-c^2\right)\text{tg}^{-1}\left(\frac{x}{b}\right)+ab\left(a^2-b^2\right)\text{tg}^{-1}\left(\frac{x}{c}\right)}{abc\left(a^2-b^2\right)\left(a^2-c^2\right)\left(b^2-c^2\right)}+C$
44) $\int \frac{1}{\left(x^2-a^2\right)\left(x^2-b^2\right)\left(x^2-c^2\right)}dx = \frac{bc\left(b^2-c^2\right)\text{tgh}^{-1}\left(\frac{x}{a}\right)+ac\left(a^2-c^2\right)\text{tgh}^{-1}\left(\frac{x}{b}\right)+ab\left(a^2-b^2\right)\text{tgh}^{-1}\left(\frac{x}{c}\right)}{abc\left(a^2-b^2\right)\left(a^2-c^2\right)\left(b^2-c^2\right)}+C$
45) $\int W(x)dx = x\left(W(x)+\frac{1}{W(x)}-1\right)+C$, W é a função de Lambert

Índice

III) Integrais Logarítmas, 31

i) $\mathrm{li}(x)=\int_0^x \frac{1}{\ln t}dt$

ii) A) $\mathrm{li}(e^x)=\mathrm{Ei}(x),\ x>0$

B) $\mathrm{Ei}(\ln x)=\mathrm{li}(x),\ x>0$

iii) $\mathrm{Li}(x)=\int_2^x \frac{1}{\ln t}dt=\mathrm{li}(x)-\mathrm{li}(2)$, Integral Logarítma Deslocada ou de Euler

iv) $\mathrm{Li}_s(x)=x+\frac{x^2}{2^s}+\frac{x^3}{3^s}+\frac{x^4}{4^s}+\ldots=\sum_{k=1}^{\infty}\frac{x^k}{k^s}$, Polilogarítmos

v) $\mathrm{Li}_{s+1}(x)=\int_0^z \frac{\mathrm{Li}_s(t)}{t}dt$

IV) Integrais Trigonométricas, 33

i) $\mathrm{Si}(x)=\int_0^x \frac{\operatorname{sen} t}{t}dt$, integral Seno

ii) $\mathrm{si}(x)=-\int_x^{\infty} \frac{\operatorname{sen} t}{t}dt$, integral Seno

iii) $\mathrm{Si}(x)-\mathrm{si}(x)=\frac{\pi}{2}$

iv) $\mathrm{Ci}(x)=-\int_x^{\infty} \frac{\cos t}{t}dt$, integral Cosseno $\left(\left|\arg(x)\right|<\pi\right)$

v) $\mathrm{Ci}(x)=\gamma+\ln x-\int_0^x \frac{1-\cos t}{t}dt$

vi) $\mathrm{Cin}(x)=\int_0^x \frac{1-\cos t}{t}dt$

vii) $\mathrm{Cin}(x)+\mathrm{Ci}(x)=\gamma+\ln x$

viii) $E_1(iz)=\int_z^{\infty} \frac{\cos t}{t}\,dt-i\int_z^{\infty} \frac{\operatorname{sen} t}{t}\,dt=-\mathrm{Ci}(z)+i\,\mathrm{si}(z)$

ix) $E_1(iz)=-\mathrm{Ci}(z)+i\mathrm{Si}(z)-\frac{\pi}{2}i$

x) $\mathrm{Ci}(z)=\ln z+\gamma+\sum_{k=1}^{\infty}\frac{(-1)^k z^{2k}}{2k\left[(2k)!\right]}$

xi) $\mathrm{si}(z)=-\frac{\pi}{2}+\sum_{k=1}^{\infty}\frac{(-1)^{k+1} z^{2k-1}}{(2k-1)\left[(2k-1)!\right]}$

xii) $\mathrm{Si}(z)=\sum_{k=1}^{\infty}\frac{(-1)^{k+1} z^{2k-1}}{(2k-1)\left[(2k-1)!\right]}$

2) Função Dilogarítmo, 36

I) $\mathrm{Li}_2(x)=\sum_{k=1}^{\infty}\frac{x^k}{k^2},\ 0<x<1$

II) $\mathrm{Li}_2(x)=-\int_0^x \frac{\ln(1-t)}{t}dt$

III) $\mathrm{Li}_2(1-x)=\int_1^x \frac{\ln t}{1-t}dt$

IV) $\operatorname{Li}_2(x)+\operatorname{Li}_2(-x)=\frac{1}{2}\operatorname{Li}_2(x^2)$, Fórmula da Duplicação de Abel

V) $\operatorname{Li}_2(x)+\operatorname{Li}_2(1-x)=\frac{\pi^2}{6}-\ln(x)\ln(1-x)$, Fórmula da Reflexão de Euler

VI) $\operatorname{Li}_2(x)+\operatorname{Li}_2\left(\frac{1}{x}\right)=-\frac{\pi^2}{6}-\frac{1}{2}\ln^2(-x)$, Fórmula da Inversão

VII) $\operatorname{Li}_2(1-x)+\operatorname{Li}_2\left(1-\frac{1}{x}\right)=-\frac{1}{2}\ln^2(x)$, Identidade de Landen

VIII) $\ln(1-x)\ln(1-y)=\operatorname{Li}_2(u)+\operatorname{Li}_2(v)-\operatorname{Li}_2(uv)-\operatorname{Li}_2(x)-\operatorname{Li}_2(y)$, Identidade de Abel

Onde $u=\frac{x}{1-y}$ e $v=\frac{y}{1-x}$ para todo $x, y \in]0,1[$

IX) $L(x)=\operatorname{Li}_2(x)+\frac{1}{2}\ln x\ln(1-x),\ 0<x<1$, Função de Rogers

X) $L(x)+L(1-x)=\frac{\pi^2}{6}$, Identidade Reflexiva de Euler

XI) $L(x)=L\left(\frac{x}{1+x}\right)+\frac{1}{2}L(x^2)$, Fórmula da Duplicação de Abel

XII) $L(x)+L(y)=L(xy)+L\left(\frac{x(1-y)}{1-xy}\right)+L\left(\frac{y(1-x)}{1-xy}\right)$, Identidade de Abel

3) Função Integral da Inversa da Tangente, 47

I) $\operatorname{Ti}_2(x)=\int_0^x \frac{\operatorname{arctg} t}{t}dt,\ -\frac{\pi}{2}<\operatorname{arctg} t<\frac{\pi}{2},\ t\in\mathbb{R}$

II) $\operatorname{Ti}_2(x)=\sum_{k=0}^{\infty}\frac{(-1)^k x^{2k+1}}{(2k+1)^2}=\frac{x^1}{1^2}-\frac{x^3}{3^2}+\frac{x^5}{5^2}-\frac{x^7}{7^2}+\ldots\ ,\quad |x|\le 1$

III) $\operatorname{Li}_2(ix)=\frac{1}{4}\operatorname{Li}_2(-x^2)+i\operatorname{Ti}_2(x),\ \ |x|\le 1$

IV) $\operatorname{Ti}_2(x)=\frac{1}{2i}\left[\operatorname{Li}_2(ix)-\operatorname{Li}_2(-ix)\right]\ ,\ \ |x|\le 1$

V) $\operatorname{Ti}_2(x)-\operatorname{Ti}_2\left(\frac{1}{x}\right)=\frac{\pi}{2}\ln x$, relação inversa

VI) $\operatorname{Ti}_s(x)=x-\frac{x^3}{3^s}+\frac{x^5}{5^s}-\frac{x^7}{7^s}+\ldots=\sum_{k=0}^{\infty}(-1)^k\frac{x^{2k+1}}{(2k+1)^s}$

VII) $\operatorname{Ti}_s(x)=\int_0^x\frac{\operatorname{Ti}_{s-1}(t)}{t}dt$

VIII) $\operatorname{Ti}_k(x)=\frac{1}{2i}\left[\operatorname{Li}_k(ix)-\operatorname{Li}_k(-ix)\right]$

4) Função Gama, 50

I) $\Gamma(n)=(n-1)!$ onde $\Gamma(n)=\int_0^1\left(\ln\left(\frac{1}{s}\right)\right)^{n-1}ds,\ x>0$, Euler

II) $\Gamma(z)=\int_0^{\infty}t^{z-1}e^{-t}dt,\ \operatorname{Re}(z)>0$, Euler

III) $n!\sim\sqrt{2\pi n}\left(\frac{n}{e}\right)^n$, Fórmula Assintótica de Stirling

IV) $\Gamma(z)=\lim_{n\to\infty}\frac{n!n^z}{z(z+1)(z+2)\dots(z+n)}$, Produto de Euler

V) $\Gamma(z)=\lim_{n\to\infty}\frac{1}{z}\prod_{k=1}^{n}\left(1+\frac{1}{k}\right)^z\left(1+\frac{z}{k}\right)^{-1}$, Produto de Gauss

VI) $\Gamma(z)=\lim_{x\to\infty}\frac{n^z}{z}\prod_{k=1}^{n}\frac{k}{z+k}$, Produto de Gauss

VII) $\Gamma(z)=\frac{e^{-\gamma z}}{z}\prod_{k=1}^{\infty}\left(1+\frac{z}{k}\right)^{-1}e^{\frac{z}{k}}$, Weierstrass

VIII) $\Gamma(z)\Gamma(1-z)=\pi\operatorname{cossec}\pi z,\ 0<z<1$, Fórmula Reflexiva de Euler

IX) Fórmula Multiplicativa de Gauss:

$$\Gamma(z)\Gamma\left(z+\frac{1}{n}\right)\Gamma\left(z+\frac{2}{n}\right)\dots\Gamma\left(z+\frac{n-1}{n}\right)=\left(\sqrt{2\pi}\right)^{n-1}n^{\frac{1}{2}-nz}\Gamma(nz)$$

X) Integrais de Euler:

$$\frac{\Gamma(z)}{n|\rho|^z}\operatorname{sen}(\alpha z)=\int_0^\infty u^{nz-1}e^{-au^n}\operatorname{sen}(bu^n)\,du$$

$$\frac{\Gamma(z)}{n|\rho|^z}\cos(\alpha z)=\int_0^\infty u^{nz-1}e^{-au^n}\cos(bu^n)\,du$$

$$\rho=a+bi,\ \operatorname{tg}\alpha=\frac{b}{a}\left(a=0\Rightarrow\alpha=\frac{\pi}{2}\right)$$

XI) $\Gamma\left(n+\frac{1}{p}\right)=\frac{(pn-(p-1))!^{(p)}}{p^n}\Gamma\left(\frac{1}{p}\right)$, p inteiro

XII) $\Gamma(a)=\frac{\Gamma(a+n)}{(a)_n},\ -n<a<-n+1$

a) $\Gamma(z)=\int_0^\infty t^{z-1}e^{-t}dt$, mostre que $\Gamma(n+1)=n!$, 70

b) $\int_0^1 x^m(\ln x)^n\,dx=\frac{(-1)^n n!}{(m+1)^{n+1}}$

c) $\int_0^{\frac{\pi}{2}}\ln\operatorname{sen}z\,dz=-\frac{\pi}{2}\ln 2$

d) $\int_0^1\ln\Gamma(z)\,dz=\ln\sqrt{2\pi}$ (Euler)

e) $\int_a^{a+1}\ln\Gamma(z)\,dz=\ln\left(\sqrt{2\pi}\right)+a\ln a-a$ (Raabe)

f) $\Gamma\left(\frac{1}{2}\right)=\sqrt{\pi}$

g) a) $\Gamma\left(\frac{1}{2}\right)=\sqrt{\pi}$; b) $\Gamma\left(\frac{3}{2}\right)=\frac{1}{2}\sqrt{\pi}$; c) $\Gamma\left(\frac{5}{2}\right)=\frac{3}{2}\frac{1}{2}\sqrt{\pi}$; d) $\Gamma\left(\frac{7}{2}\right)=\frac{5}{2}\frac{3}{2}\frac{1}{2}\sqrt{\pi}$.

h) $\int_{-\infty}^{\infty}e^{-x^2}dx=\sqrt{\pi}$ (Integral Gaussiana)

i) $\int_0^{\infty} e^{-x^n} dx = \Gamma\left(\frac{n+1}{n}\right)$

j) Integrais de Fresnel

$$\int_0^{\infty} \operatorname{sen}\left(z^2\right) dz = \frac{\sqrt{2\pi}}{4}$$

$$\int_0^{\infty} \cos\left(z^2\right) dz = \frac{\sqrt{2\pi}}{4}$$

k) $\int_0^{\infty} \frac{1}{1+x^n} dx = \frac{\pi}{n} \operatorname{cossec} \frac{\pi}{n},\ n > 1$

l) a) $\operatorname{sen} \pi z = \pi z \prod_{k=1}^{\infty} \left(1 + \frac{z^2}{k^2}\right)$; b) $\pi \operatorname{cotg} \pi z = \frac{1}{z} + \sum_{k=1}^{\infty} \left(\frac{1}{z+k} + \frac{1}{z-k}\right) = \lim_{z \to \infty} \sum_{k=1}^{\infty} \frac{1}{z-k}$

5) Funções Log-Gama e Poli-Gama, 77

I) $\ln \Gamma(z+1) = \ln \Gamma(z) + \ln z$, Log-Gama

II) $\psi(z) = \frac{d}{dz} \ln \Gamma(z) = \frac{\Gamma'(z)}{\Gamma(z)} = \frac{1}{\Gamma(z)} \int_0^{\infty} t^{z-1} e^{-t} \ln t \, dt$, Função DiGama

III) $\psi(z+1) = \psi(z) + \frac{1}{z}$, Fórmula Recorrente da Função DiGama

IV) $\psi(z) = \frac{\Gamma'(z)}{\Gamma(z)} = -\frac{1}{z} - \gamma + \sum_{n=1}^{\infty} \left(\frac{1}{n} - \frac{1}{n+z}\right)$ e $\psi(p) = H_{p-1} - \gamma,\ p \in \mathbb{N}^*$

V) $\psi\left(z + \frac{1}{2}\right) = 2 \ln 2 + \psi(z) - 2\psi(2z)$

VI) $\psi(z) - \psi(1-z) = -\pi \operatorname{cotg} \pi z$

VII) $\gamma = \int_0^1 \frac{1}{1-x} + \frac{1}{\ln x} dx$

VIII) $\psi(z) = \int_0^{\infty} \frac{e^{-t}}{t} - \frac{e^{zt}}{1-e^{-t}} dt$, Fórmula de Gauss

IX) $\psi(z) = \int_0^{\infty} \frac{1}{t} \left(e^{-t} - \frac{1}{(1+t)^z}\right) dt$, Fórmula de Dirichlet

X) Teorema de Gauss da Função DiGama, 83

"Sejam, p, q, n inteiros, tais que $0 < p < q$, temos que

a) $\psi(z+n) = \frac{1}{z} + \frac{1}{z+1} + \ldots + \frac{1}{z+n-1} + \psi(z)$

b) $\psi\left(\frac{p}{q}\right) = -\gamma - \ln q - \frac{\pi}{2} \operatorname{cotg}\left(\frac{p\pi}{q}\right) + \sum_{n=1}^{q-1} \left(\cos \frac{2\pi np}{q}\right) \ln\left(2 \operatorname{sen} \frac{\pi n}{q}\right)$"

XI) Integrais de Binet, 88

a) $\ln \Gamma(z) = \left(z - \frac{1}{2}\right) \ln z - z + \frac{1}{2} \ln 2\pi + \int_0^{\infty} \left(\frac{1}{2} - \frac{1}{t} + \frac{1}{e^t - 1}\right) \frac{e^{-tz}}{t} dt,\ \operatorname{Re}(z) > 0$

b) $\ln\Gamma(z)=\left(z-\frac{1}{2}\right)\ln z-z+\frac{1}{2}\ln 2\pi+2\int_0^{\infty}\frac{\text{tg}^{-1}\left(\frac{t}{z}\right)}{e^{2\pi t}-1}dt,\ \text{Re}(z)>0$

XII) Teorema de Kummer, 97

$$\ln\Gamma(x)=\frac{1}{2}\ln 2\pi-\frac{1}{2}\ln(2\,\text{sen}\,\pi x)+\frac{1}{2}(\gamma+\ln 2\pi)(1-2x)+\frac{1}{\pi}\sum_{k=1}^{\infty}\frac{1}{k}\ln k\,\text{sen}\,2k\pi x$$

XIII) $\psi^{(n)}(z)=\frac{d^{n+1}}{dz^{n+1}}\ln\Gamma(z)$

XIV) $\psi^{k}(z)=(-1)^{k+1}k!\sum_{n=0}^{\infty}\left(\frac{1}{(n+z)^{k+1}}\right)$

XV) $\psi^{(n)}(z)+(-1)^{n+1}\psi^{(n)}(1-z)=-\pi\frac{d^n}{dz^n}\text{cotg}\,\pi z$

a) a) $\psi(1)=-\gamma$

b) $\psi(2)=1-\gamma$

c) $\psi\left(\frac{1}{2}\right)=-\gamma-\ln 2$

d) $\psi\left(\frac{3}{2}\right)=2-\gamma-2\ln 2$

b) $\int_0^{\infty}e^{-t}\ln^2 t\,dt=\frac{\pi^2}{6}+\gamma^2$

c) $\psi(s+1)=-\gamma+\int_0^1\frac{1-x^s}{1-x}dx$

d) a) $\int_0^1\frac{(1-x^a)(1-x^b)}{(1-x)(-\ln x)}dx=\ln\left[\frac{\Gamma(a+b+1)}{\Gamma(a+1)\Gamma(b+1)}\right]+1$

b) $\int_0^1\frac{(1-x^a)(1-x^b)(1-x^c)}{(1-x)(-\ln x)}dx=\ln\left[\frac{\Gamma(b+c+1)\Gamma(c+a+1)\Gamma(a+b+1)}{\Gamma(a+1)\Gamma(b+1)\Gamma(c+1)\Gamma(a+b+c+1)}\right]$

e) $I=\int_0^1\psi(z)\,\text{sen}(\pi z)\cos(\pi z)dz=-\frac{\pi}{4}$

f) $\sum_{n=0}^{\infty}\left[\frac{24}{(3n+4)^5}+\frac{6}{(2n+1)^3}\right]=\frac{\psi^{(2)}\left(\frac{1}{2}\right)}{2^3}-\frac{\psi^{(4)}\left(\frac{4}{3}\right)}{3^5}$

6) Função Beta, 114

I) $\text{B}(x,y)=\int_0^1 t^{x-1}(1-t)^{y-1}dt$

II) $\text{B}(x,y)=\text{B}(y,x)$

III) $\text{B}(x,y)=\int_0^{\infty}\frac{t^{x-1}}{(1+t)^{x+y}}dt=\int_0^{\infty}\frac{t^{y-1}}{(1+t)^{x+y}}dt$

IV) $\text{B}(x,y)=2\int_0^{\frac{\pi}{2}}\text{sen}^{2x-1}\theta\cos^{2y-1}\theta\,d\theta$

V) $\mathrm{B}(x,y)=\dfrac{\Gamma(x)\Gamma(y)}{\Gamma(x+y)}$

VI) $\Gamma(2z)=\dfrac{2^{2z-1}}{\sqrt{\pi}}\Gamma(z)\Gamma\left(z+\dfrac{1}{2}\right)$, Fórmula da Duplicação de Legendre, 116

VII)
$$\frac{\partial}{\partial x}\mathrm{B}'(x,y)=\mathrm{B}(x,y)\left[\psi(x)-\psi(x+y)\right]$$
$$\frac{\partial}{\partial y}\mathrm{B}'(x,y)=\mathrm{B}(x,y)\left[\psi(y)-\psi(x+y)\right]$$

VIII) $\mathrm{B}(1+x,1-x)=\pi x\operatorname{cossec}\pi x$, Propriedade Reflexiva da Função Beta

a) $\displaystyle\int_0^{\frac{\pi}{2}}\operatorname{sen}^m x\cos^n x\,dx=\frac{1}{2}\frac{\Gamma\left(\frac{m+1}{2}\right)\Gamma\left(\frac{n+1}{2}\right)}{\Gamma\left(\frac{m+n+2}{2}\right)}$

b) $\displaystyle\int_0^{\pi}\operatorname{sen}^2 x\,dx=\frac{\pi}{2}$

c) $\mathrm{B}(1+x,1-x)=\pi x\operatorname{cossec}\pi x$

d) $\displaystyle I=\int_0^{\infty}\frac{1}{\left(1+x^{\phi}\right)^{\phi}}dx=1,\ \phi=\frac{\sqrt{5}+1}{2}$

e) $\displaystyle\int_0^{\infty}\frac{1}{\sqrt{1+x^4}}dx=\frac{\Gamma\left(\frac{1}{4}\right)^2}{4\sqrt{\pi}}$

f) $\displaystyle G=\frac{2}{\pi}\int_0^{1}\frac{1}{\sqrt{1-x^4}}dx=\frac{\sqrt{2\pi}}{(2\pi)^2}\Gamma\left(\frac{1}{4}\right)^2$, Constante de Gauss

7) Função Zeta, *121*

I) O Problema da Basileia: $\displaystyle\sum_{n=1}^{\infty}\frac{1}{n^2}=1+\frac{1}{2^2}+\frac{1}{3^2}+\frac{1}{4^2}+\ldots+\frac{1}{n^2}+\ldots=\frac{\pi^2}{6}$

De Girard à Riemann – Uma outra solução para o problema da Basileia, 125

II) $\displaystyle\zeta(s)=1+\frac{1}{2^s}+\frac{1}{3^s}+\frac{1}{4^s}+\ldots=\sum_{k=1}^{\infty}\frac{1}{k^s},\ s>1$

III) $\displaystyle\zeta(s)=\prod_{p\in P}\frac{1}{1-p^{-s}}$, *P é o conjunto dos números primos*

IV) Teorema dos Números Primos (Hadamard e de la Poussin) – "Seja $\Pi(n)$ a função de contagem de números primos previamente estabelecida, então $\Pi(n)\sim\dfrac{n}{\ln n}$ ou de forma assintótica, $\displaystyle\lim_{n\to\infty}\frac{\Pi(n)}{n/\ln n}=1$".

V) $\zeta(1-z)=2(2\pi)^{-z}\Gamma(z)\cos\left(\dfrac{\pi z}{2}\right)\zeta(z)$ ou $\zeta(z)=2(2\pi)^{-z}\Gamma(1-z)\operatorname{sen}\left(\dfrac{\pi z}{2}\right)\zeta(1-z)$

VI) $\pi^{-\frac{z}{2}}\Gamma\left(\dfrac{z}{2}\right)\zeta(z)=\pi^{-\frac{1-z}{2}}\Gamma\left(\dfrac{1-z}{2}\right)\zeta(1-z)$

VII) Se $\xi(z)=\pi^{-\frac{z}{2}}\Gamma\left(\frac{z}{2}\right)\zeta(z)$ podemos escrever $\xi(z)=\xi(1-z)$

8) Função Eta de Dirichlet, *132*

I) $\eta(s)=\sum_{n=1}^{\infty}(-1)^{n-1}\frac{1}{n^s}=1-\frac{1}{2^s}+\frac{1}{3^s}-\frac{1}{4^s}+...$

II) $\eta(s)=\left(1-2^{1-s}\right)\zeta(s)$

a) $\sum_{n=1}^{\infty}\frac{(-1)^{n-1}}{n^2}=1-\frac{1}{2^2}+\frac{1}{3^2}-\frac{1}{4^2}+...+\frac{1}{n^2}+...=\frac{\pi^2}{12}$

b) $\infty!=\sqrt{2\pi}$

c) $\int_0^{\infty}\frac{x^3}{e^x-1}dx=\Gamma(4)\zeta(4)$

9) Números de Bernoulli, 139

I) $B_k(x)=\sum_{i=0}^{k}\binom{k}{i}B_i\,x^{k-i}$ e $B_k(0)=B_k$

II) $S_k=\frac{1}{k+1}\left(B_{k+1}(n)-B_{k+1}\right)$

III) $\sum_{k=0}^{\infty}B_k\frac{x^k}{k!}=\frac{x}{e^x-1}$

IV) $\frac{z}{e^z-1}=\sum_{k=0}^{\infty}B_k\frac{z^k}{k!}$

V) $G(z,x)=\frac{ze^{zx}}{e^z-1}=\sum_{k=0}^{\infty}B_k(x)\frac{z^k}{k!}$

VI) Teorema: "Seja $B_k(x)$ um polinômio de Bernoulli, então, $B_k'(x)=k\,B_{k-1}(x)$".

VII) Teorema: "Seja $B_k(x)$ um polinômio de Bernoulli, então, $\int_0^1 B_k(x)dx=0$".

VIII) Teorema[1]: "Existe uma única sequência dos polinômios de Bernoulli tais que $B_0=1$ e $B_k'(x)=k\,B_{k-1}$ e $\int_0^1 B_k(x)dx=0$".

IX) Teorema: "Seja B_{2k-1} um número de Bernoulli, então $B_{2k-1}=0$ se $k>1$."

X) $\coth z=\sum_{k=0}^{\infty}\frac{2B_{2k}(2z)^{2k-1}}{(2k)!}$, $|z|<\pi$

XI) $\cot(z)=\sum_{k=0}^{\infty}(-1)^k\frac{2B_{2k}(2z)^{2k-1}}{(2k)!}$, $|z|<\pi$

XII) Teorema: "Seja $k\in\mathbb{N}$, temos $\zeta(2k)=(-1)^{k-1}\frac{(2\pi)^{2k}}{2(2k)!}B_{2k}$". (Euler), 153

XIII) Fórmula Assintótica dos Números de Bernoulli: $B_{2k}\sim(-1)^{k+1}4\sqrt{\pi k}\left(\frac{k}{\pi e}\right)^{2k}$

XIV) $B(s)=x^s\,\Gamma(1+s)\left\{\frac{1}{2}+\sum_{k=0}^{\infty}\frac{(-1)^k}{k!}\left[\prod_{i=1}^{k}(s-i)\right]\left[\frac{1}{2}+\sum_{j=1}^{k}\left(\frac{-1}{x}\right)^j\binom{k}{j}\frac{B_{j+1}}{(j+1)!}\right]\right\}$

[1] Demonstração pelo princípio da indução.

que converge para $\operatorname{Re}(s) > \frac{1}{x}$, $x \in \mathbb{R}_+^*$

XV) $\frac{x}{e^x - 1} = \sum_{k=0}^{\infty} (-1)^k B_k \frac{x^k}{k!}$, $|x| < 2\pi$ (Woon)

10) Soma de Euler-MacLaurin, 158

I) $$\sum_{k=1}^{n} f(k) = \int_1^n f(t)\,dt + \frac{1}{2}\left(f(n) + f(1)\right) + \sum_{k=1}^{\infty} \frac{B_{2k}}{2!}\left(f^{(2k-1)}(n) - f^{(2k-1)}(1)\right)$$

II) $$\sum_{k=1}^{n} f(k) = \int_1^n f(t)\,dt + \frac{1}{2}\left(f(n) + f(1)\right) + \sum_{k=1}^{\left\lfloor \frac{p}{2} \right\rfloor} \frac{B_{2k}}{2!}\left(f^{(2k-1)}(n) - f^{(2k-1)}(1)\right)$$

$f(x)$ for continuamente diferenciável $p+1$ vezes[2]

III) $$\sum_{k=a}^{b} f(k) = \int_a^b f(t)\,dt + \frac{1}{2}\left(f(a) + f(b)\right) + \sum_{k=1}^{\left\lfloor \frac{p}{2} \right\rfloor} \frac{B_{2k}}{2!}\left(f^{(2k-1)}(b) - f^{(2k-1)}(a)\right) + R_p$$

$$\begin{cases} R_p = \dfrac{1}{(p+1)!}\displaystyle\int_a^b B_{p+1}\left(x - \lfloor x \rfloor\right) f^{(p+1)}(x)\,dx \\ |R_p| \leq \dfrac{2\zeta(p)}{(2\pi)^{2p}}\displaystyle\int_a^b \left|f^{(p)}(x)\right| dx \end{cases}$$

$a - b$ é inteiro

IV) $$\int_a^b f(t)\,dt = \frac{h}{2}\left[f(x_0) + 2f(x_1) + \ldots + 2f(x_{n-1}) + f(x_n)\right] - \frac{1}{2}\left(f(a) + f(b)\right)$$
$$-\sum_{k=1}^{\left\lfloor \frac{p}{2} \right\rfloor} \frac{B_{2k}}{2!}\left(f^{(2k-1)}(b) - f^{(2k-1)}(a)\right) - R_p$$

a) $S = 1 + \frac{1}{2^2} + \frac{1}{3^2} + \frac{1}{4^2} + \ldots = 1.64493406\ldots$

11) Soma de Ramanujan para Séries Divergentes Infinitas, 164

$$f(1) + f(2) + \ldots \overset{\Re}{=} -\frac{f(0)}{2} + i\int_0^{\infty} \frac{f(it) - f(-it)}{e^{2\pi t} - 1}\,dt$$

a) $S \overset{\Re}{=} 1 - 1 + 1 - 1 + 1 - 1 + 1 - 1 + \ldots \overset{\Re}{=} \frac{1}{2}$

b) $S \overset{\Re}{=} 1 + 2 + 3 + 4 + 5 + 6 + \ldots \overset{\Re}{=} -\frac{1}{12}$

c) $S \overset{\Re}{=} 1^{2k} + 2^{2k} + 3^{2k} + 4^{2k} + 5^{2k} + 6^{2k} + \ldots \overset{\Re}{=} 0$

12) Teorema de Ramanujan, 167

I) $$\int_0^{\infty} x^{s-1} \sum_{k=0}^{\infty} \frac{(-x)^k}{k!} \lambda(k)\,dx = \Gamma(s)\lambda(-s)$$

---

[2] Se $f(x)$ for um polinômio, teremos um resultado exato, uma vez que o erro cometido será igual a zero, visto que p será um número natural, caso contrário, devemos escolher um valor conveniente de p e observarmos se o comportamento de R_p é assintótico.

II) $\int_0^\infty x^{s-1}\left[\varphi(0)-\varphi(1)x^1+\varphi(2)x^2-\varphi(3)x^3+\ldots\right]dx=\frac{\pi}{\operatorname{sen}\pi s}\varphi(-s)$

a) $\int_0^\infty \frac{\operatorname{sen}x}{x}dx=\frac{\pi}{2}$

b) $\int_0^\infty e^{-x^2}dx=\frac{\sqrt{\pi}}{2}$

c) $\int_0^\infty \cos\left(x^3\right)dx=\frac{\sqrt{3}}{6}\Gamma\left(\frac{1}{3}\right)$

d) $\int_0^\infty \operatorname{sen}\left(x^4\right)dx=\frac{\pi}{8}\frac{\operatorname{cossec}\frac{5\pi}{8}}{\Gamma\left(\frac{3}{4}\right)}$

e) $\int_0^1 x^a\ln^b x\,dx=(-1)^b\frac{\Gamma(b+1)}{(a+1)^{b+1}}$

f) $\int_0^1 x^3\ln^2 x\,dx=\frac{1}{32}$

13) Integral de Malmstèn $I(\theta)=\int_1^\infty \frac{\ln(\ln x)}{1+2x\cos\theta+x^2}dx=\frac{\pi}{2\operatorname{sen}\theta}\ln\left[(2\pi)^{\frac{\theta}{\pi}}\frac{\Gamma\left(\frac{1}{2}+\frac{\theta}{2\pi}\right)}{\Gamma\left(\frac{1}{2}-\frac{\theta}{2\pi}\right)}\right]$, $-\pi<\theta<\pi$, 175

a) Integral de Vardi - $\int_{\frac{\pi}{4}}^{\frac{\pi}{2}}\ln(\ln(\operatorname{tg}x))dx=\frac{\pi}{2}\ln\left[\frac{\Gamma\left(\frac{3}{4}\right)}{\Gamma\left(\frac{1}{4}\right)}\sqrt{2\pi}\right]$

b) $\int_1^\infty \frac{\ln(\ln x)}{1+x+x^2}dx=\frac{\pi}{\sqrt{3}}\ln\left[\sqrt[3]{2\pi}\frac{\Gamma\left(\frac{2}{3}\right)}{\Gamma\left(\frac{1}{3}\right)}\right]$

14) Integração Repetida de Cauchy $I^n f(x)=\frac{1}{\Gamma(n)}\int_a^x (x-t)^{n-1}f(t)\,dt$, 185

a) $I^{\frac{1}{2}}f(x)=\frac{1}{\sqrt{\pi}}\int_a^x \frac{f(t)}{\sqrt{x-t}}dt$

b) $I^{\frac{1}{2}}(k)=\frac{2k}{\sqrt{\pi}}x^{\frac{1}{2}}$

c) $\frac{d^{\frac{1}{2}}}{dx^{\frac{1}{2}}}(k)=\frac{k}{\sqrt{\pi}}\frac{1}{\sqrt{x}}$

d) $\frac{d^\alpha}{dx^\alpha}x^n=\frac{\Gamma(n+1)}{\Gamma(n-\alpha+1)}x^{n-\alpha}$

15) Integrais Elípticas, 189

I) Integral Elíptica de 1° Tipo

Incompleta, $F(k,\phi)=\int_0^{\phi}\frac{1}{\sqrt{1-k^2\operatorname{sen}^2\theta}}d\theta,\ 0<k<1;$

Completa, $F(k)=\int_0^{\frac{\pi}{2}}\frac{1}{\sqrt{1-k^2\operatorname{sen}^2\theta}}d\theta\ ,\ 0<k<1.$

II) <u>Integral Elíptica de 2º Tipo</u>

Incompleta, $E(k,\phi)=\int_0^{\phi}\sqrt{1-k^2\operatorname{sen}^2\theta}\,d\theta,\ 0<k<1;$

Completa, $E(k)=\int_0^{\frac{\pi}{2}}\sqrt{1-k^2\operatorname{sen}^2\theta}\,d\theta\ ,\ 0<k<1.$

III) <u>Integral Elíptica de 3º Tipo</u>

Incompleta, $H(k,n,\phi)=\int_0^{\phi}\frac{1}{\left(1-n^2\operatorname{sen}^2\theta\right)\sqrt{1-k^2\operatorname{sen}^2\theta}}d\theta,\ 0<k<1,\ n\neq 0;$

Completa, $H(k,n)=\int_0^{\frac{\pi}{2}}\frac{1}{\left(1-n^2\operatorname{sen}^2\theta\right)\sqrt{1-k^2\operatorname{sen}^2\theta}}d\theta,\ 0<k<1,\ n\neq 0$

a) $\int_0^2\frac{1}{\sqrt{\left(9-x^2\right)\left(4-x^2\right)}}\,dx=\frac{1}{3}F\left(\frac{2}{3},\frac{\pi}{2}\right)=\frac{1}{3}F\left(\frac{2}{3}\right)$

b) $\int\frac{1}{\sqrt{\operatorname{sen}x}}\,dx=-2\,F\left(\sqrt{2},\frac{\pi}{4}-\frac{x}{2}\right)$

c) $\int\sqrt{\cos x}\,dx=2\,E\left(\sqrt{2},\frac{x}{2}\right)$

d) $\int_{\sqrt{10}}^{\sqrt{30}}\frac{1}{\sqrt{\left(x^2+10\right)\left(x^2+9\right)}}\,dx=-\frac{1}{\sqrt{10}}\left[F\left(\frac{1}{\sqrt{10}},\frac{\pi}{4}\right)-F\left(\frac{1}{\sqrt{10}},\frac{\pi}{6}\right)\right]$

e) $\int_4^{\frac{10}{3}}\frac{1}{\sqrt{(x-1)(x-2)(x-3)}}\,dx=-\sqrt{2}\left[F\left(\frac{1}{\sqrt{2}},\frac{\pi}{4}\right)-F\left(\frac{1}{\sqrt{2}},\frac{\pi}{6}\right)\right]$

f) $\int_{x_0}^{x_1}\frac{1}{\sqrt{(x-a)(x-b)(x-c)}}\,dx=\frac{2}{\sqrt{b-c}}\left[F\left(\sqrt{\frac{a-b}{b-c}},\frac{\pi}{2}-\operatorname{tg}^{-1}\left(\sqrt{\frac{x_0-c}{c-b}}\right)\right)-F\left(\sqrt{\frac{a-b}{b-c}},\frac{\pi}{2}-\operatorname{tg}^{-1}\left(\sqrt{\frac{x_1-c}{c-b}}\right)\right)\right]$

g) $F\left(\frac{1}{\sqrt{2}}\right)=\frac{\Gamma^2\left(\frac{1}{4}\right)}{4\sqrt{\pi}}$

h) $\int_0^{\theta}\frac{\cos^2 x}{\sqrt{1+\cos^2 x}}dx=\sqrt{2}\,E\left(\frac{1}{\sqrt{2}},\theta\right)-\frac{1}{\sqrt{2}}F\left(\frac{1}{\sqrt{2}},\theta\right)$

16) Função Hipergeométrica, 203

I) ${}_2F_1[a,b;c;z]={}_2F_1\left[\begin{matrix}a & b & \\ c & & z\end{matrix}\right]=F(a,b;c;z)=\sum_{k=0}^{\infty}\frac{(a)_k(b)_k}{(c)_k}\frac{z^k}{k!}$

II) ${}_2F_1[a,b;c;z]={}_2F_1[b,a;c;z]$

III) $\left[c-2a-(b-a)z\right]F+a(1-z)F(a+1)-(c-a)F(a-1)=0;$

$$(b-a)F+aF(a+1)-bF(b+1)=0 \text{ ou } (b-a)F=bF(b+1)-aF(a+1);$$
$$(c-a-b)F+a(1-z)F(a+1)-(c-b)F(b-1)=0;$$
$$c[a-(c-b)z]F-ac(1-z)F(a+1)+(c-a)(c-b)zF(c+1)=0;$$
$$(c-a-1)F+aF(a+1)-(c-1)F(c-1)=0 \text{ ou } (c-1-a)F=(c-1)F(c-1)-aF(a+1);$$
$$(c-a-b)F-(c-a)F(a-1)+b(1-z)F(b+1)=0;$$
$$(b-a)(1-z)F-(c-a)F(a-1)+(c-b)F(b-1)=0;$$
$$c(1-z)F-cF(a-1)+(c-b)zF(c+1)=0;$$
$$[a-1-(c-b-1)z]F+(c-a)F(a-1)-(c-1)(1-z)F(c-1)=0;$$
$$[c-2b+(b-a)z]F+b(1-z)F(b+1)-(c-b)F(b-1)=0;$$
$$c[b-(c-a)z]F-bc(1-z)F(b+1)+(c-a)(c-b)zF(c+1)=0;$$
$$(c-b-1)F+bF(b+1)-(c-1)F(c-1)=0 \text{ ou } (c-1-b)F=(c-1)F(c-1)-bF(b+1);$$
$$c(1-z)F-cF(b-1)+(c-a)F(c+1)=0;$$
$$[b-1-(c-a-1)z]F+(c-b)F(b-1)-(c-1)(1-z)F(c-1)=0;$$
$$c[c-1-(2c-a-b-1)z]F+(c-a)(c-b)zF(c+1)-c(c-1)(1-z)F(c-1)=0.$$

IV) $_2F_1[a,b;c;z]=\dfrac{\Gamma(c)}{\Gamma(b)\Gamma(c-b)}\int_0^1 t^{b-1}(1-t)^{c-b-1}(1-zt)^{-a}\,dt$, Integral de Euler

V) $_2F_1[a,b;c;z]=\dfrac{\Gamma^2(c)}{\Gamma(a)\Gamma(b)\Gamma(c-a)\Gamma(c-b)}\int_0^1\int_0^1 t^{b-1}s^{a-1}(1-t)^{c-b-1}(1-s)^{c-a-1}(1-stx)^{-c}\,dt\,ds$

VI) $\dfrac{d}{dz}{}_2F_1[a,b;c;z]=\dfrac{ab}{c}\,{}_2F_1[a+1,b+1;c+1;z]$

VII) $\dfrac{d^n}{dz^n}{}_2F_1[a,b;c;z]=\dfrac{(a)_n(b)_n}{(c)_n}\,{}_2F_1[a+n,b+n;c+n;z]$

VIII) $_2F_1[a,b;c;1]=\dfrac{\Gamma(c)\Gamma(c-a-b)}{\Gamma(c-a)\Gamma(c-b)}$, Teorema de Gauss

IX) $_2F_1[a,-n;c;1]=\dfrac{(c-a)_n}{(c)_n}$, Teorema de Vandermonde

X) $_2F_1\left[-\dfrac{n}{2},\dfrac{1-n}{2};\,b+\dfrac{1}{2};\,1\right]=\dfrac{2^n(b)_n}{(2b)_n}$

XI) $_2F_1[a,b;1+b-a;-1]=\dfrac{\Gamma(1+b-a)\Gamma\left(1+\dfrac{b}{2}\right)}{\Gamma(1+b)\Gamma\left(1+\dfrac{b}{2}-a\right)}$, Teorema de Kummer

XII) $_2F_1[-2n,b;1-2n-b;-1]=\dfrac{(b)_n(2n)!}{n!(b)_{2n}}$, Identidade de Kummer

1) Funções Especiais Definidas por Integrais não elementares

Existem diversas funções na matemática que são definidas por meio de integrais e entre estas existem aquelas que não podem ser calculadas por meio de funções elementares, no entanto é importante conhecê-las e como se relacionam entre si.

I) Função de Erro ou Função de Erro de Gauss[3]

$$\operatorname{erf}(x)=\frac{2}{\sqrt{\pi}}\int_0^x e^{-t^2}dt \qquad x\in\mathbb{C}.$$

A Função de Erro, $\operatorname{erf} x$, calcula a probabilidade de uma variável aleatória Y com distribuição normal, com valor médio 0 e desvio padrão $\frac{1}{\sqrt{2}}$ estar no intervalo $[-x, x]$. Se no entanto, quisermos calcular, nas mesmas condições, a probabilidade de Y estar no intervalo $]-\infty, x]$ é comum utilizarmos a função de distribuição acumulativa, $\Phi(x)$.

$$\Phi(x)=\frac{1}{\sqrt{2\pi}}\int_{-\infty}^x e^{\frac{-t^2}{2}}dt$$

Ambas as funções se relacionam como a seguir,

$$\Phi(x)=\frac{1}{2}\left[1+\operatorname{erf}\left(\frac{x}{\sqrt{2}}\right)\right]$$

Lembrando que estamos lidando com valor médio 0 e desvio padrão $\frac{1}{\sqrt{2}}$. Se no entanto, quisermos trabalhar com um valor médio qualquer, $-\infty<\mu<\infty$, e um desvio padrão $\sigma>0$, devemos aplicar as alterações,

i) $$P(-\infty<x)=\Phi\left(\frac{x-\mu}{\sigma}\right)=\frac{1}{2}\left[1+\operatorname{erf}\left(\frac{x-\mu}{\sigma\sqrt{2}}\right)\right],\quad X\sim N(\mu,\sigma^2)$$

Ainda existem mais duas variantes da função de erro,

ii) $\operatorname{erfc}(x)=1-\operatorname{erf}(x)$, Função de Erro Complementar

---

[3] O nome "função de Erro" ou no original *Error Function*, e sua abreviação *erf* é atribuída ao matemático e astrônomo britânico, James Whitbread Lee Glaisher (1848-1928) em 1871 ao perceber sua relação com a teoria das Probabilidades e a teoria dos Erros.

iii) $\operatorname{erfi}(x) = -i \operatorname{erf}(ix) = \frac{2}{\sqrt{\pi}} \int_0^x e^{t^2}\, dt$, Função de Erro Imaginária

É fácil ainda, através da definição, encontrarmos a expansão em série de Taylor da função de Erro e da função de Erro Imaginária,

iv) $$\operatorname{erf}(x) = \frac{2}{\sqrt{\pi}} \sum_{n=0}^{\infty} \frac{(-1)^n x^{2n+1}}{n!(2n+1)} = \frac{2}{\sqrt{\pi}} \left(x - \frac{x^3}{3} + \frac{x^5}{10} - \frac{x^7}{42} + \ldots \right)$$

v) $$\operatorname{erfi}(x) = \frac{2}{\sqrt{\pi}} \sum_{n=0}^{\infty} \frac{x^{2n+1}}{n!(2n+1)} = \frac{2}{\sqrt{\pi}} \left(x + \frac{x^3}{3} + \frac{x^5}{10} + \frac{x^7}{42} + \ldots \right)$$

Para encontrarmos boas aproximações da função de Erro, dois pesquisadores, Karlsson e Bjerle[4] encontraram formas de aproximar a função de Erro de modo muito satisfatório,

vi) $$\operatorname{erf}(x) = \begin{cases} \frac{2}{\sqrt{\pi}} \operatorname{sen}(\operatorname{sen} x), & 0 \le x \le 1 \\ \operatorname{sen}\left(x^{\frac{2}{3}} \right), & 1 \le x \le 2 \\ 1, & 2 \le x \le \infty \end{cases}$$

Assim como para a sua função inversa,

vii) $$\operatorname{erf}^{-1}(y) = \begin{cases} \operatorname{sen}^{-1}\left[\operatorname{sen}^{-1}\left(\frac{y\sqrt{\pi}}{2} \right) \right], & 0 \le y \le 0{,}84 \\ \left[\operatorname{sen}^{-1} y \right]^{\frac{3}{2}}, & 0{,}84 \le y \le 0{,}995 \end{cases}$$

[4] Karlsson, H.T., Bjerle, I.. "A simple approximation of the error function". Computers & Chemical Engeneering, Vol.4, Issue 2, 1980, pgs 67-68. Pergamus Press Ltd 1980. Great Britain.

II) Integral Exponencial

i) $$\mathrm{Ei}(x) = -\int_{-x}^{\infty} \frac{e^{-t}}{t} dt = \int_{-\infty}^{x} \frac{e^{t}}{t} dt,\ x \in \mathbb{R}_{+}^{*}$$

Se desejarmos utilizar argumentos complexos, a notação anterior se torna ambígua devida aos pontos de corte em 0 e ∞, desse modo, mudamos a notação e a definição para,

ii) $$E_1(z) = \int_{z}^{\infty} \frac{e^{-t}}{t} dt,\ -\pi < \operatorname{Arg} z < \pi$$

Normalmente, o ramo de corte é definido na parte negativa do eixo *x*, desse modo, para valores positivos da parte real de *z*, é possível definirmos a Continuação Analítica da função como,

$$E_1(z) = \int_{1}^{\infty} \frac{e^{-tz}}{t} dt,\ \mathrm{Re}(z) > 0 \text{ ou ainda } E_1(z) = \int_{0}^{1} \frac{e^{-\frac{z}{t}}}{t} dt,\ \mathrm{Re}(z) > 0$$

É fácil mostrar a relação,

iii) $$\mathrm{Ei}(-x) = -E_1(x)$$

Podemos ainda representar a integral exponencial como uma série,

iv) $$E_1(x) = -\ln x - \gamma - \sum_{k=1}^{\infty} \frac{(-1)^k x^k}{k(k!)}$$

Demonstração:

Da definição de integral exponencial, temos,

$$E_1(z) = \int_{z}^{\infty} \frac{e^{-t}}{t} dt$$

Com alguma manipulação algébrica, segue,

$$E_1(z) = \int_{z}^{\infty} \frac{e^{-t}}{t} dt = \int_{z}^{\infty} \frac{e^{-t} - 1 + 1}{t} dt = \int_{z}^{\infty} \frac{e^{-t} - 1}{t} dt + \int_{z}^{\infty} \frac{1}{t} dt$$

$$E_1(z) = \left(\int_{0}^{\infty} \frac{e^{-t} - 1}{t} dt - \int_{0}^{z} \frac{e^{-t} - 1}{t} dt \right) + [\ln t]_{z}^{\infty}$$

$$E_1(z) = \int_{0}^{\infty} \frac{e^{-t} - 1}{t} dt - \int_{0}^{z} \frac{e^{-t} - 1}{t} dt + \left(\lim_{t \to \infty} \ln t - \ln z \right)$$

Fazendo a integração por partes na primeira integral,

	D	I
$+$	$e^{-t}-1$	$\dfrac{1}{t}$
$-$	$-e^{-t}$	$\ln t$

$$\int_{0}^{\infty}\frac{e^{-t}-1}{t}\,dt=\left[\left(e^{-t}-1\right)\ln t\right]_{0}^{\infty}+\int_{0}^{\infty}e^{-t}\ln t\,dt$$

Observe que $\int_{0}^{\infty}e^{-t}\ln t\,dt=\Gamma'(1)=\dfrac{\Gamma'(1)}{\Gamma(1)}=\psi(1)=-\gamma$ [5]

$$E_1(z)=\left[\left(e^{-t}-1\right)\ln t\right]_{0}^{\infty}-\gamma-\int_{0}^{z}\frac{e^{-t}-1}{t}\,dt+\left(\lim_{t\to\infty}\ln t-\ln z\right)$$

$$E_1(z)=\left[\cancel{(-1)\lim_{t\to\infty}\ln t}-\lim_{t\to 0}\left(e^{-t}-1\right)\ln t\right]-\gamma-\int_{0}^{z}\frac{e^{-t}-1}{t}\,dt+\left(\cancel{\lim_{t\to\infty}\ln t}-\ln z\right)$$

$$E_1(z)=-\lim_{t\to 0}\left(e^{-t}-1\right)\ln t-\int_{0}^{z}\frac{e^{-t}-1}{t}\,dt-\ln z-\gamma$$

Resolvendo o limite acima,

$$-\lim_{t\to 0}\left(e^{-t}-1\right)\ln t=-\lim_{t\to 0}(-t)\left(\frac{e^{-t}-1}{-t}\right)\ln t=\left[\lim_{t\to 0}\left(\frac{e^{-t}-1}{-t}\right)\right]\left[\lim_{t\to 0}t\ln t\right]$$

Lembrando que $\lim_{x\to 0}\dfrac{a^{x}-1}{x}=\ln a$, temos,

$$-\lim_{t\to 0}\left(e^{-t}-1\right)\ln t=\underbrace{\left[\lim_{t\to 0}\left(\frac{e^{-t}-1}{-t}\right)\right]}_{\ln e=1}\left[\lim_{t\to 0}t\ln t\right]$$

$-\lim_{t\to 0}\left(e^{-t}-1\right)\ln t=\lim_{t\to 0}t\ln t=\lim_{t\to 0}\dfrac{\ln t}{\frac{1}{t}}$, aplicando a regra de L'Hospital,

$-\lim_{t\to 0}\left(e^{-t}-1\right)\ln t=\lim_{t\to 0}\dfrac{\frac{1}{t}}{-\frac{1}{t^{2}}}=\lim_{t\to 0}(-t)=0$, substituindo,

[5] As funções $\Gamma(z)$, $\psi(z)$ e a constante de Euler-Mascheroni, γ serão apresentadas e trabalhadas nos próximos capítulos, por enquanto nos é suficiente saber o resultado $\int_{0}^{\infty}e^{-t}\ln t\,dt=-\gamma$.

$$E_1(z) = -\int_0^z \frac{e^{-t}-1}{t}dt - \ln z - \gamma,$$

Observe agora a integral, $\int_0^z \frac{e^{-t}-1}{t}dt$,

Sabemos que $e^x = \sum_{k=0}^{\infty} \frac{x^k}{k!}$, por tanto,

$e^{-t} = \sum_{k=0}^{\infty} (-1)^k \frac{t^k}{k!} \Rightarrow e^{-t} - 1 = \sum_{k=1}^{\infty} (-1)^k \frac{t^k}{k!}$, assim,

$\int_0^z \frac{e^{-t}-1}{t}dt = \int_0^z \frac{1}{t}\left(\sum_{k=1}^{\infty} (-1)^k \frac{t^k}{k!}\right)dt$, do teorema da Convergência,

$$\int_0^z \frac{e^{-t}-1}{t}dt = \int_0^z \frac{1}{t}\left(\sum_{k=1}^{\infty} (-1)^k \frac{t^k}{k!}\right)dt = \sum_{k=1}^{\infty} \frac{(-1)^k}{k!} \int_0^z \frac{1}{t} t^k dt$$

$$\int_0^z \frac{e^{-t}-1}{t}dt = \sum_{k=1}^{\infty} \frac{(-1)^k}{k!} \int_0^z t^{k-1}\, dt = \sum_{k=1}^{\infty} \frac{(-1)^k}{k!} \left[\frac{t^k}{k}\right]_0^z$$

$$\int_0^z \frac{e^{-t}-1}{t}dt = \sum_{k=1}^{\infty} \frac{(-1)^k}{k!} \int_0^z t^{k-1}\, dt = \sum_{k=1}^{\infty} \frac{(-1)^k z^k}{k(k!)}$$

Substituindo,

$$E_1(z) = -\int_0^z \frac{e^{-t}-1}{t}dt - \ln z - \gamma = -\ln z - \gamma - \sum_{k=1}^{\infty} \frac{(-1)^k z^k}{k(k!)}$$

$$E_1(z) = -\ln z - \gamma - \sum_{k=1}^{\infty} \frac{(-1)^k z^k}{k(k!)}$$

□

Podemos ainda definir uma nova função Ein (z), inteira[6], que represente ambas as funções, tanto Ei, como E_1.

v) $$\operatorname{Ein}(z) = -\sum_{k=1}^{\infty} (-1)^k \frac{z^k}{k\,k!} = \sum_{k=1}^{\infty} (-1)^{k+1} \frac{z^k}{k\,k!} = -\int_0^z \frac{e^{-t}-1}{t}dt = \int_0^z \frac{1-e^{-t}}{t}dt$$

Desse modo é possível escrevermos,

vi) $$\operatorname{Ei}(x) = \gamma + \ln|x| - \operatorname{Ein}(-x),\ x \neq 0$$ e

[6] Função Holomórfica em todo o plano complexo.

vii) $\boxed{E_1(z) = \text{Ein}(z) - \gamma - \ln z,\ \pi < \text{Arg}\, z < \pi}$

III) Integral Logarítima

Integral Logarítma

i) $\boxed{\text{li}(x) = \int_0^x \frac{1}{\ln t}\, dt\ ,\ \ 0 \le x < 1}$

Para valores de $x > 1$, basta calcularmos o limite:

$$\text{li}(x) = \lim_{\varepsilon \to 0}\left(\int_0^{1-\varepsilon} \frac{1}{\ln t}\, dt + \int_{1+\varepsilon}^{x} \frac{1}{\ln t}\, dt\right),\ x > 1$$

ii) Propriedade:

a) $\text{li}(e^x) = \text{Ei}(x),\ x > 0$

b) $\text{Ei}(\ln x) = \text{li}(x),\ x > 0$

Demonstração:

a) $\text{li}(e^x) = \text{Ei}(x),\ x > 0$

Seja, $\text{li}(x) = \int_0^x \frac{1}{\ln t}\, dt$, assim,

$$\text{li}(e^x) = \int_0^{e^x} \frac{1}{\ln t}\, dt$$

Seja agora, $t = e^u$, $dt = e^u du$, ainda, $\begin{cases} t = e^u \to u = x \\ t = 0 \to u = -\infty \end{cases}$

$$\text{li}(e^x) = \int_{-\infty}^{x} \frac{1}{u} e^u du = \int_{-\infty}^{x} \frac{e^u}{u} du = \text{Ei}(x)$$

□

b) $\text{Ei}(\ln x) = \text{li}(x),\ x > 0$

Seja, $\text{Ei}(x) = \int_{-\infty}^{x} \frac{e^t}{t}\, dt$, assim,

$$\mathrm{Ei}(\ln x) = \int_{-\infty}^{\ln x} \frac{e^t}{t} dt$$

Seja agora, $t = \ln u$, $dt = \frac{1}{u} du$, $u = e^t$ ainda, $\begin{cases} t = \ln x \to u = x \\ t = -\infty \to u = 0 \end{cases}$

$$\mathrm{Ei}(\ln x) = \int_0^x \frac{u}{\ln u} \frac{1}{u} du = \int_0^x \frac{1}{\ln u} du = \mathrm{li}(x)$$

□

Integral Logarítmica Deslocada ou Integral Logarítmica de Euler

iii) $$\mathrm{Li}(x) = \int_2^x \frac{1}{\ln t} dt = \mathrm{li}(x) - \mathrm{li}(2)$$

Polilogaritmos

É uma função Especial, $\mathrm{Li}_s(x)$, de ordem s e argumento x, que pode ser reduzida a uma função elementar apenas em alguns poucos casos. Pode ser definida através de uma série de potências em x, que também é uma série de Dirichlet em s:

iv) $$\mathrm{Li}_s(x) = x + \frac{x^2}{2^s} + \frac{x^3}{3^s} + \frac{x^4}{4^s} + \ldots = \sum_{k=1}^{\infty} \frac{x^k}{k^s}$$

Pode também ser definida de modo recorrente,

v) $$\mathrm{Li}_{s+1}(x) = \int_0^z \frac{\mathrm{Li}_s(t)}{t} dt$$

Para valores reais de x, a função Polilogarítma de ordem s real será real se $x < 1$ e imaginária caso contrário.

Casos particulares da função Polilogarítma,

$s = 0$,

$$\mathrm{Li}_0(x) = x + \frac{x^2}{2^0} + \frac{x^3}{3^0} + \frac{x^4}{4^0} + \ldots = x + x^2 + x^3 + x^4 + \ldots = \frac{x}{1-x} (\mathrm{PG}\infty)$$

$s = 1$,

$$\mathrm{Li}_1(x) = x + \frac{x^2}{2} + \frac{x^3}{3} + \frac{x^4}{4} + \ldots = -\ln(1-x) \text{ (Série de Mercator)}$$

IV) Integrais Trigonométricas

Integral Seno

Existem duas integrais distintas que levam este nome,

i) $\mathrm{Si}(x)=\int_0^x \frac{\operatorname{sen} t}{t}dt$, que por definição é a antiderivada de $\frac{\operatorname{sen} x}{x}$, onde $\lim_{x\to 0}\mathrm{Si}(x)=0$ é uma função inteira e ímpar e

ii) $\mathrm{si}(x)=-\int_x^\infty \frac{\operatorname{sen} t}{t}dt$, é a antiderivada cujo valor é zero quando x tende ao infinito, ou seja,

$\lim_{x\to\infty}\mathrm{si}(x)=0$.

Ambas se relacionam de acordo com a integral de Dirichlet,

iii) $\mathrm{Si}(x)-\mathrm{si}(x)=\frac{\pi}{2}$

Demonstração:

$$\mathrm{Si}(x)-\mathrm{si}(x)=\int_0^x \frac{\operatorname{sen} t}{t}dt-\left(-\int_x^\infty \frac{\operatorname{sen} t}{t}dt\right)=\int_0^x \frac{\operatorname{sen} t}{t}dt+\int_x^\infty \frac{\operatorname{sen} t}{t}dt=\int_0^\infty \frac{\operatorname{sen} t}{t}dt=\frac{\pi}{2}$$

□

Integral Cosseno

Define-se,

iv) $\mathrm{Ci}(x)=-\int_x^\infty \frac{\cos t}{t}dt$ para $|\arg(x)|<\pi$, é a antiderivada de $\frac{\cos x}{x}$, onde $\lim_{x\to\infty}\mathrm{Ci}(x)=0$

Podemos ainda escrever a função acima como,

v) $\mathrm{Ci}(x)=\gamma+\ln x-\int_0^x \frac{1-\cos t}{t}dt$, onde γ é a constante de Euler-Mascheroni

Definindo a integral acima,

vi) $\mathrm{Cin}(x)=\int_0^x \frac{1-\cos t}{t}dt$ é uma função par e inteira

Podemos escrever,

vii) $\mathrm{Cin}(x)+\mathrm{Ci}(x)=\gamma+\ln x$

Sabemos que a função exponencial e as funções trigonométricas se relacionam através da fórmula de Euler, $e^{\theta i} = \cos\theta + i\,\text{sen}\,\theta$, vamos ver como fica essa relação ao tratarmos das funções integrais.

De $E_1(z) = \int_z^{\infty} \frac{e^{-t}}{t}\,dt, \; -\pi < \text{Arg}\,z < \pi$,

Seja $t = uz,\; dt = u\,dz$, ainda, $\begin{cases} t = \infty \rightarrow u = \infty \\ t = z \rightarrow u = 1 \end{cases}$, assim,

$$E_1(z) = \int_z^{\infty} \frac{e^{-t}}{t}\,dt = \int_1^{\infty} \frac{e^{-uz}}{uz}\,z\,du = \int_1^{\infty} \frac{e^{-uz}}{u}\,du$$

Por tanto,

$E_1(iz) = \int_1^{\infty} \frac{e^{-iuz}}{u}\,du$, da relação de Euler,

$$E_1(iz) = \int_1^{\infty} \frac{e^{-iuz}}{u}\,du = \int_1^{\infty} \frac{\cos uz - i\,\text{sen}\,uz}{u}\,du$$

Para $t = uz$,

$$E_1(iz) = \int_1^{\infty} \frac{\cos t - i\,\text{sen}\,t}{t}\,dt = \int_1^{\infty} \frac{\cos t}{t}\,dt - i\int_1^{\infty} \frac{\text{sen}\,t}{t}\,dt$$

viii) $$E_1(iz) = \int_z^{\infty} \frac{\cos t}{t}\,dt - i\int_z^{\infty} \frac{\text{sen}\,t}{t}\,dt = -\text{Ci}(z) + i\,\text{si}(z)$$

Ainda, como $\text{Si}(x) - \text{si}(x) = \frac{\pi}{2}$, podemos escrever,

$$E_1(iz) = -\text{Ci}(z) + i\left(\text{Si}(z) - \frac{\pi}{2}\right)$$

ix) $$E_1(iz) = -\text{Ci}(z) + i\,\text{Si}(z) - \frac{\pi}{2}i$$

Para concluir, vamos deduzir a expansão das funções integrais do seno e do cosseno em série, da expressão,

$E_1(z) = -\ln z - \gamma + \sum_{k=1}^{\infty} \frac{(-1)^{k+1} z^k}{k(k!)}$, temos,

$$E_1(iz) = -\ln iz - \gamma + \sum_{k=1}^{\infty} \frac{(-1)^{k+1} (iz)^k}{k(k!)}$$

$$E_1(iz) = -\ln z - \frac{\pi}{2}i - \gamma + \left(\frac{z}{1(1!)}i + \frac{z^2}{2(2!)} - \frac{z^3}{3(3!)}i - \frac{z^4}{4(4!)} + \ldots \right)$$

$$E_1(iz) = -\ln z - \frac{\pi}{2}i - \gamma + \left(\frac{z^2}{2(2!)} - \frac{z^4}{4(4!)} + \ldots \right) + \left(\frac{z}{1(1!)} - \frac{z^3}{3(3!)} + \ldots \right) i$$

De $E_1(iz) = -\mathrm{Ci}(z) + i\,\mathrm{si}(z)$

Segue,

x) $$\mathrm{Ci}(z) = \ln z + \gamma + \sum_{k=1}^{\infty} \frac{(-1)^k z^{2k}}{2k[(2k)!]}$$

xi) $$\mathrm{si}(z) = -\frac{\pi}{2} + \sum_{k=1}^{\infty} \frac{(-1)^{k+1} z^{2k-1}}{(2k-1)[(2k-1)!]}$$

xii) $$\mathrm{Si}(z) = \sum_{k=1}^{\infty} \frac{(-1)^{k+1} z^{2k-1}}{(2k-1)[(2k-1)!]}$$

2) Função Dilogarítmo

Investigada por Leibniz[7] em 1696 e Euler em 1768 em seu *Instituiones Calculi Integralis*, recebe seu nome atual através de um artigo publicado no *Crelle's Journal* (3:107) por C. J. Hill em 1828.

I) $$\operatorname{Li}_2(x) = \sum_{k=1}^{\infty} \frac{x^k}{k^2},\ 0 < x < 1$$

Que possui sua representação na forma integral,

II) $$\operatorname{Li}_2(x) = -\int_0^x \frac{\ln(1-t)}{t} dt$$

Demonstração:

Seja a função $\operatorname{Li}_2(x) = \sum_{k=1}^{\infty} \frac{x^k}{k^2}$,

$$\operatorname{Li}_2(x) = \sum_{k=1}^{\infty} \frac{x^k}{k^2} = \sum_{k=1}^{\infty} \frac{1}{k}\frac{x^k}{k}$$

Observe que $\frac{x^k}{k}$ é a integral de x^{k-1}, assim podemos escrever,

$\frac{x^k}{k} = \int_0^x t^{k-1} dt$, substituindo,

$\operatorname{Li}_2(x) = \sum_{k=1}^{\infty} \frac{1}{k}\frac{x^k}{k} = \sum_{k=1}^{\infty} \frac{1}{k}\int_0^x t^{k-1} dt$, pelo teorema da convergência,

$$\operatorname{Li}_2(x) = \sum_{k=1}^{\infty} \frac{1}{k}\int_0^x t^{k-1} dt = \int_0^x \sum_{k=1}^{\infty} \frac{1}{k} t^{k-1} dt = \int_0^x \sum_{k=1}^{\infty} \frac{1}{t}\frac{1}{k} t^k dt$$

$\operatorname{Li}_2(x) = \int_0^x \frac{1}{t} \sum_{k=1}^{\infty} \frac{t^k}{k} dt$, novamente,

$$\operatorname{Li}_2(x) = \int_0^x \frac{1}{t}\left(\sum_{k=1}^{\infty} \frac{t^k}{k}\right) dt = \int_0^x \frac{1}{t}\left(\sum_{k=1}^{\infty} \int_0^t u^{k-1} du\right) dt = \int_0^x \frac{1}{t}\left(\int_0^t \underbrace{\sum_{k=1}^{\infty} u^{k-1}}_{PG\infty} du\right) dt$$

$$\operatorname{Li}_2(x) = \int_0^x \frac{1}{t}\left(\int_0^t \frac{1}{1-u} du\right) dt = \int_0^x \frac{1}{t}\left(-\ln(1-t)\right) dt$$

---

[7] Kirillov, Anatol N.. "Dilogarithm Identities". Progress of Theoretical Physics Supplement no.118, 1995

$$\mathrm{Li}_2(x) = -\int_0^x \frac{\ln(1-t)}{t}\,dt$$

□

Apresentaremos ainda, outras representações integrais da função DiLogarítma que se mostrarão úteis posteriormente,

III) $$\boxed{\mathrm{Li}_2(1-x) = \int_1^x \frac{\ln t}{1-t}\,dt}$$

Demonstração:

Vamos analisar a integral acima,

$$I = \int_1^x \frac{\ln t}{1-t}\,dt$$

$u = 1-t$, $dt = -du$, ainda, $\begin{cases} t = x \to u = 1-x \\ t = 1 \to u = 0 \end{cases}$,

$$I = \int_1^x \frac{\ln t}{1-t}\,dt = \int_0^{1-x} \frac{\ln(1-u)}{u}(-du) = \int_0^{1-x} \frac{-\ln(1-u)}{u}\,du,$$

Lembrando que $-\ln(1-u) = u + \frac{u^2}{2} + \frac{u^3}{3} + \frac{u^4}{4} + \ldots = \sum_{k=1}^{\infty} \frac{u^k}{k}$, segue,

$I = \int_0^{1-x} \frac{1}{u}\left(\sum_{k=1}^{\infty} \frac{u^k}{k}\right) du$, do teorema da Convergência,

$$I = \int_0^{1-x} \frac{1}{u}\left(\sum_{k=1}^{\infty} \frac{u^k}{k}\right) du = \sum_{k=1}^{\infty} \int_0^{1-x} \frac{1}{u}\left(\frac{u^k}{k}\right) du = \sum_{k=1}^{\infty} \frac{1}{k} \int_0^{1-x} u^{k-1}\,du$$

$$I = \sum_{k=1}^{\infty} \frac{1}{k}\left[\frac{u^k}{k}\right]_0^{1-x} = \sum_{k=1}^{\infty} \frac{1}{k} \frac{(1-x)^k}{k}$$

$$I = \sum_{k=1}^{\infty} \frac{1}{k}\left[\frac{u^k}{k}\right]_0^{1-x} = \sum_{k=1}^{\infty} \frac{(1-x)^k}{k^2} = \mathrm{Li}_2(1-x) \;\therefore$$

$$\mathrm{Li}_2(1-x) = \int_1^x \frac{\ln t}{1-t}\,dt$$

□

Vamos a seguir apresentar e demonstrar algumas identidades importantes dos Dilogarítmos,

IV) $\boxed{\mathrm{Li}_2(x)+\mathrm{Li}_2(-x)=\frac{1}{2}\mathrm{Li}_2(x^2)}$, Fórmula da Duplicação de Abel

Demonstração:

Da definição de Dilogarítmo, temos,

$\mathrm{Li}_2(x)=\sum_{k=1}^{\infty}\frac{x^k}{k^2}$, assim, substituindo no 1º membro,

$$\mathrm{Li}_2(x)+\mathrm{Li}_2(-x)=\sum_{k=1}^{\infty}\frac{x^k}{k^2}+\sum_{k=1}^{\infty}\frac{(-x)^k}{k^2}$$

$$\mathrm{Li}_2(x)+\mathrm{Li}_2(-x)=\sum_{k=1}^{\infty}\frac{x^k}{k^2}+\sum_{k=1}^{\infty}\frac{(-x)^k}{k^2}=\left(x+\frac{x^2}{2^2}+\frac{x^3}{3^2}+\frac{x^4}{4^2}+\ldots\right)+\left(-x+\frac{x^2}{2^2}-\frac{x^3}{3^2}+\frac{x^4}{4^2}-\ldots\right)$$

$$\mathrm{Li}_2(x)+\mathrm{Li}_2(-x)=2\left(\frac{x^2}{2^2}+\frac{x^4}{4^2}+\ldots\right)=2\sum_{k=1}^{\infty}\frac{x^{2k}}{(2k)^2}=2\frac{1}{4}\sum_{k=1}^{\infty}\frac{x^{2k}}{k^2}$$

$$\mathrm{Li}_2(x)+\mathrm{Li}_2(-x)=\frac{1}{2}\sum_{k=1}^{\infty}\frac{x^{2k}}{k^2}=\frac{1}{2}\sum_{k=1}^{\infty}\frac{(x^2)^k}{k^2}$$

$$\mathrm{Li}_2(x)+\mathrm{Li}_2(-x)=\frac{1}{2}\mathrm{Li}_2(x^2)$$

□

V) $\boxed{\mathrm{Li}_2(x)+\mathrm{Li}_2(1-x)=\frac{\pi^2}{6}-\ln(x)\ln(1-x)}$ Fórmula da Reflexão de Euler

Demonstração:

Da forma integral XXIII dos Dilogarítmo, temos,

$$\mathrm{Li}_2(1-x)=\int_1^x\frac{\ln t}{1-t}dt=-\int_1^x\frac{-\ln t}{1-t}dt,$$

Integrando por partes,

	D	I
+	$\ln(t)$	$\frac{-1}{1-t}$
−	$\frac{1}{t}$	$\ln(1-t)$

$$\int_1^x\frac{-\ln t}{1-t}dt=\left[\ln(t)\ln(1-t)\right]_1^x-\int_1^x\frac{\ln(1-t)}{t}dt$$

$$\mathrm{Li}_2(1-x) = -\left[\left[\ln(t)\ln(1-t)\right]_1^x - \int_1^x \frac{\ln(1-t)}{t}dt\right]$$

$$\mathrm{Li}_2(1-x) = -\left[\ln(x)\ln(1-x) - \int_1^x \frac{\ln(1-t)}{t}dt\right]$$

$$\mathrm{Li}_2(1-x) = -\ln(x)\ln(1-x) + \int_1^x \frac{\ln(1-t)}{t}dt$$

$$\mathrm{Li}_2(1-x) = -\ln(x)\ln(1-x) + \int_0^x \frac{\ln(1-t)}{t}dt - \int_0^1 \frac{\ln(1-t)}{t}dt$$

$$\mathrm{Li}_2(1-x) = -\ln(x)\ln(1-x) - \mathrm{Li}_2(x) + \mathrm{Li}_2(1)$$

$$\mathrm{Li}_2(1-x) + \mathrm{Li}_2(x) = -\ln(x)\ln(1-x) + \mathrm{Li}_2(1),$$

Onde, $\mathrm{Li}_2(1) = \sum_{k=1}^{\infty} \frac{1}{k^2} = \frac{\pi^2}{6}$, por tanto,

$$\mathrm{Li}_2(1-x) + \mathrm{Li}_2(x) = \frac{\pi^2}{6} - \ln(x)\ln(1-x)$$

□

VI) $$\boxed{\mathrm{Li}_2(x) + \mathrm{Li}_2\left(\frac{1}{x}\right) = -\frac{\pi^2}{6} - \frac{1}{2}\ln^2(-x),}$$ Fórmula de Inversão

Solução:

Da definição integral de Dilogarítmo, temos que,

$\mathrm{Li}_2(z) = -\int_0^x \frac{\ln(1-t)}{t}dt$, assim,

$$\mathrm{Li}_2(x) = -\left(\underbrace{\int_0^1 \frac{\ln(1-t)}{t}dt}_{\frac{\pi^2}{6}} + \int_1^x \frac{\ln(1-t)}{t}dt\right)$$

$$\mathrm{Li}_2(x) = \frac{\pi^2}{6} - \int_1^x \frac{\ln(1-t)}{t}dt$$

Seja agora, $t = \frac{1}{u}$, $dt = -\frac{1}{u^2}du$, ainda, $\begin{cases} t = x \rightarrow u = \frac{1}{x} \\ t = 1 \rightarrow u = 1 \end{cases}$

$$\mathrm{Li}_2(x)=\frac{\pi^2}{6}-\int_1^{\frac{1}{x}}\frac{\ln\left(1-\frac{1}{u}\right)}{\frac{1}{u}}\left(-\frac{du}{u^2}\right)=\frac{\pi^2}{6}+\int_1^{\frac{1}{x}}\frac{\ln\left(\frac{1-u}{-u}\right)}{u}du$$

$$\mathrm{Li}_2(x)=\frac{\pi^2}{6}+\int_1^{\frac{1}{x}}\frac{\ln(1-u)}{u}du-\int_1^{\frac{1}{x}}\frac{\ln(-u)}{u}du$$

$$\mathrm{Li}_2(x)=\frac{\pi^2}{6}+\left(\int_0^{\frac{1}{x}}\frac{\ln(1-u)}{u}du-\int_0^{1}\frac{\ln(1-u)}{u}du\right)-\int_1^{\frac{1}{x}}\frac{\ln(-u)}{u}du$$

$$\mathrm{Li}_2(x)=\frac{\pi^2}{6}+\left(\int_0^{\frac{1}{x}}\frac{\ln(1-u)}{u}du+\frac{\pi^2}{6}\right)-\int_1^{\frac{1}{x}}\frac{\ln(-u)}{u}du$$

$$\mathrm{Li}_2(x)=\frac{\pi^2}{6}-\mathrm{Li}_2\left(\frac{1}{x}\right)+\frac{\pi^2}{6}-\int_1^{\frac{1}{x}}\frac{\ln(-u)}{u}du$$

$$\mathrm{Li}_2(x)+\mathrm{Li}_2\left(\frac{1}{x}\right)=\frac{\pi^2}{3}-\int_1^{\frac{1}{x}}\frac{\ln(-u)}{u}du,$$

Seja, $w=\ln(-u)$, $dw=\frac{1}{u}du$, ainda, $\begin{cases} u=\frac{1}{x}\rightarrow w=\ln\left(\frac{-1}{x}\right) \\ u=1\rightarrow w=\ln(-1) \end{cases}$

$$\mathrm{Li}_2(x)+\mathrm{Li}_2\left(\frac{1}{x}\right)=\frac{\pi^2}{3}-\int_{\ln(-1)}^{\ln\left(\frac{-1}{x}\right)}\frac{w}{\not u}\not u\,dw=\frac{\pi^2}{3}-\left[\frac{w^2}{2}\right]_{\ln(-1)}^{\ln\left(\frac{-1}{x}\right)}=\frac{\pi^2}{3}-\frac{1}{2}\ln^2\left(\frac{-1}{x}\right)-\frac{1}{2}\ln^2(-1)$$

$$\mathrm{Li}_2(x)+\mathrm{Li}_2\left(\frac{1}{x}\right)=\frac{\pi^2}{3}-\frac{1}{2}\ln^2(-x)-\frac{1}{2}\left[\ln(-1)\right]^2$$

$$\mathrm{Li}_2(x)+\mathrm{Li}_2\left(\frac{1}{x}\right)=\frac{\pi^2}{3}-\frac{1}{2}\ln^2(-x)-\frac{1}{2}[i\pi]^2=\frac{\pi^2}{3}-\frac{1}{2}\ln^2(-x)-\frac{\pi^2}{2}$$

$$\mathrm{Li}_2(x)+\mathrm{Li}_2\left(\frac{1}{x}\right)=\frac{\pi^2}{3}-\frac{1}{2}\ln^2(-x)-\frac{1}{2}[i\pi]^2=-\frac{\pi^2}{6}-\frac{1}{2}\ln^2(-x)$$

□

VII) $\boxed{\mathrm{Li}_2(1-x)+\mathrm{Li}_2\left(1-\frac{1}{x}\right)=-\frac{1}{2}\ln^2(x)}$, Identidade de Landen

Demonstração:
Da definição, temos,

$$\mathrm{Li}_2(1-x)=\int_1^{x}\frac{\ln(t)}{1-t}dt=-\int_x^{1}\frac{\ln(t)}{1-t}dt$$

Seja, $t=\frac{1}{u}$, $dt=\frac{-1}{u^2}du$, ainda, $\begin{cases} t=x\rightarrow u=\frac{1}{x} \\ t=1\rightarrow u=1 \end{cases}$,

$$\mathrm{Li}_2\left(1-x\right)=-\int_x^1\frac{\ln\left(t\right)}{1-t}dt=-\int_{\frac{1}{x}}^1\frac{\ln\left(\frac{1}{u}\right)}{1-\frac{1}{u}}\left(-\frac{1}{u^2}\right)du$$

$$\mathrm{Li}_2\left(1-x\right)=\int_1^{\frac{1}{x}}\frac{\ln\left(u\right)}{u\left(u-1\right)}du=\int_1^{\frac{1}{x}}\ln\left(u\right)\left(\frac{1}{u-1}-\frac{1}{u}\right)du$$

$$\mathrm{Li}_2\left(1-x\right)=\int_1^{\frac{1}{x}}\ln\left(u\right)\left(\frac{1}{u-1}-\frac{1}{u}\right)du=\int_1^{\frac{1}{x}}\frac{\ln\left(u\right)}{u-1}du-\int_1^{\frac{1}{x}}\frac{\ln\left(u\right)}{u}du$$

$$\mathrm{Li}_2\left(1-x\right)=-\int_1^{\frac{1}{x}}\frac{\ln\left(u\right)}{1-u}du-\int_1^{\frac{1}{x}}\frac{\ln\left(u\right)}{u}du$$

$$\mathrm{Li}_2\left(1-x\right)=-\mathrm{Li}_2\left(1-\frac{1}{x}\right)-\int_1^{\frac{1}{x}}\frac{\ln\left(u\right)}{u}du$$

Seja $w=\ln\left(u\right)$, $dw=\frac{1}{u}du$, ainda, $\begin{cases} u=\frac{1}{x}\rightarrow w=\ln\left(\frac{1}{x}\right) \\ u=1\rightarrow w=\ln\left(1\right)=0 \end{cases}$,

$$\mathrm{Li}_2\left(1-x\right)=-\mathrm{Li}_2\left(1-\frac{1}{x}\right)-\int_0^{\ln\left(\frac{1}{x}\right)}\frac{w}{\cancel{u}}\cancel{u}\,dw=-\mathrm{Li}_2\left(1-\frac{1}{x}\right)-\left[\frac{w^2}{2}\right]_0^{\ln\left(\frac{1}{x}\right)}$$

$$\mathrm{Li}_2\left(1-x\right)+\mathrm{Li}_2\left(1-\frac{1}{x}\right)=-\frac{1}{2}\ln^2\left(\frac{1}{x}\right)$$

□

VIII) Identidade de Abel[8]

"$\ln(1-x)\ln(1-y) = \mathrm{Li}_2(u) + \mathrm{Li}_2(v) - \mathrm{Li}_2(uv) - \mathrm{Li}_2(x) - \mathrm{Li}_2(y)$

Onde $u = \frac{x}{1-y}$ e $v = \frac{y}{1-x}$ para todo $x, y \in]0,1[$ ".

Demonstração:

Seja, $\mathrm{Li}_2(x) = -\int \frac{\ln(1-x)}{x}$, definimos, $x := \frac{a}{1-a}\frac{y}{1-y}$, a é uma constante diferente de 1,

Então, é fácil verificar que,

$\ln(x) = \ln(a) - \ln(1-a) + \ln(y) - \ln(1-y)$, ainda,

$$\frac{dx}{x} = \frac{dy}{y} + \frac{dy}{1-y}$$

Assim temos que,

$$\mathrm{Li}_2\left(\frac{a}{1-a}\frac{y}{1-y}\right) = -\int \ln(1-x)\frac{dx}{x} = -\int \left(\frac{dy}{y} + \frac{dy}{1-y}\right)\ln\frac{1-a-y}{(1-a)(1-y)}$$

$$\mathrm{Li}_2\left(\frac{a}{1-a}\frac{y}{1-y}\right) = -\int \frac{dy}{y}\ln\left(1-\frac{y}{1-a}\right) + \int \frac{dy}{y}\ln(1-y) - \int \frac{dy}{1-y}\ln\left(1-\frac{a}{1-y}\right) + \int \frac{dy}{1-y}\ln(1-a)$$

Reescrevendo o segundo membro como dilogarítmos,

$$\int \frac{dy}{y}\ln\left(1-\frac{y}{1-a}\right) = -\mathrm{Li}_2\left(\frac{y}{1-a}\right)$$

$$\int \frac{dy}{y}\ln(1-y) = -\mathrm{Li}_2(y)$$

Substituindo,

$$\mathrm{Li}_2\left(\frac{a}{1-a}\frac{y}{1-y}\right) = \mathrm{Li}_2\left(\frac{y}{1-a}\right) - \mathrm{Li}_2(y) - \ln(1-a)\ln(1-y) - \int \frac{dy}{1-y}\ln\left(1-\frac{a}{1-y}\right)$$

Seja agora,

$z := \frac{a}{1-y} \Rightarrow 1-y = \frac{a}{z}$, $dz = \frac{a}{z^2}dz$, ficamos com,

[8] Conforme a demonstração original retirada do segundo volume de sua obra completa, *Holboe, B. "N. H. Abel, Mathématicien, avec des notes et développmentes rédigées par ordre du Roi", Tome Second, Christiania, 1839.*

$$\int \frac{dy}{1-y}\ln\left(1-\frac{a}{1-y}\right)=\int \frac{dz}{z}\ln(1-z)=-\mathrm{Li}_2(z)=-\mathrm{Li}_2\left(\frac{a}{1-y}\right)$$

Substituindo,

$$\mathrm{Li}_2\left(\frac{a}{1-a}\frac{y}{1-y}\right)=\mathrm{Li}_2\left(\frac{y}{1-a}\right)+\mathrm{Li}_2\left(\frac{a}{1-y}\right)-\mathrm{Li}_2(y)-\mathrm{Li}_2(x)-\ln(1-x)\ln(1-y)$$

Ainda, fazendo,

$$u:=\frac{x}{1-y},\ v:=\frac{y}{1-x},$$

Concluímos,

$$\mathrm{Li}_2(uv)=\mathrm{Li}_2(u)+\mathrm{Li}_2(v)-\mathrm{Li}_2(x)-\mathrm{Li}_2(y)-\ln(1-x)\ln(1-y)$$

□

Através da Identidade de Abel, que se demonstra utilizando apenas a definição do Dilogarítmo em sua forma integral, é possível deduzirmos as outras identidades demonstradas anteriormente.

Integral da Função DiLogarítma

IX) $\int_0^1 \mathrm{Li}_2(x)\,dx=\frac{\pi^2}{6}-1$

Demonstração:

$$I=\int_0^1 \mathrm{Li}_2(x)\,dx$$

Utilizando a propriedade do Rei,

$$I=\int_0^1 \mathrm{Li}_2(x)\,dx=\int_0^1 \mathrm{Li}_2(1+0-x)\,dx=\int_0^1 \mathrm{Li}_2(1-x)\,dx$$

Por tanto,

$$2I=\int_0^1 \mathrm{Li}_2(x)\,dx+\int_0^1 \mathrm{Li}_2(1-x)\,dx$$

$$2I=\int_0^1 \mathrm{Li}_2(x)+\mathrm{Li}_2(1-x)\,dx$$

O que nos leva à fórmula da reflexão de Euler,

$\mathrm{Li}_2(x)+\mathrm{Li}_2(1-x)=\frac{\pi^2}{6}-\ln(x)\ln(1-x)$, substituindo,

$$2I=\int_0^1 \mathrm{Li}_2(x)+\mathrm{Li}_2(1-x)\,dz=\int_0^1 \frac{\pi^2}{6}-\ln(x)\ln(1-x)\,dx$$

$$2I=\int_0^1\frac{\pi^2}{6}-\ln(x)\ln(1-x)dx=\frac{\pi^2}{6}-\int_0^1\ln(x)\ln(1-x)dx$$

$$2I=\frac{\pi^2}{6}-\int_0^1\ln(x)\left(\sum_{k=1}^{\infty}\frac{(-1)^{k+1}(-x)^k}{k}\right)dx=\frac{\pi^2}{6}-\int_0^1\ln(x)\left(\sum_{k=1}^{\infty}\frac{(-1)^{2k+1}x^k}{k}\right)dx$$

$$2I=\frac{\pi^2}{6}+\int_0^1\ln(x)\left(\sum_{k=1}^{\infty}\frac{\cancel{(-1)^{2k+2}}x^k}{k}\right)dx$$

$$2I=\frac{\pi^2}{6}+\int_0^1\ln(x)\left(\sum_{k=1}^{\infty}\frac{x^k}{k}\right)dx$$, pelo teorema da convergência,

$$2I=\frac{\pi^2}{6}+\int_0^1\ln(x)\left(\sum_{k=1}^{\infty}\frac{x^k}{k}\right)dx=\frac{\pi^2}{6}+\sum_{k=1}^{\infty}\frac{1}{k}\int_0^1(\ln x)\left(x^k\right)dx$$

Integrando por partes,

	D	I
$+$	$\ln x$	x^k
$-$	$\frac{1}{x}$	$\frac{x^{k+1}}{k+1}$

$$\int_0^1(\ln x)\left(x^k\right)dx=\left[\frac{(\ln x)x^{k+1}}{k+1}\right]_0^1-\int_0^1\frac{x^k}{k+1}dx$$

Substituindo,

$$2I=\frac{\pi^2}{6}+\sum_{k=1}^{\infty}\frac{1}{k}\left[\left.\frac{(\ln x)x^{k+1}}{k+1}\right|_0^1-\int_0^1\frac{x^k}{k+1}dx\right]$$

$$2I=\frac{\pi^2}{6}+\sum_{k=1}^{\infty}\frac{1}{k(k+1)}\left[\cancel{\left.(\ln x)x^{k+1}\right|_0^1}-\left.\frac{x^{k+1}}{k+1}\right|_0^1\right]$$

$$2I=\frac{\pi^2}{6}-\sum_{k=1}^{\infty}\frac{1}{k(k+1)^2}$$

Fazendo a decomposição parcial,

$$\frac{1}{k(k+1)^2}=\frac{A}{(k+1)^2}+\frac{B}{k+1}+\frac{C}{k}$$

Aplicando a regra de Heaviside,

$$A=\frac{1}{-1}=-1\ ,\ \ C=\frac{1}{(0+1)^2}=1$$

$$\frac{1}{k(k+1)^2} = -\frac{1}{(k+1)^2} + \frac{B}{k+1} + \frac{1}{k}$$

$$\frac{1}{k(k+1)} = -\frac{1}{k+1} + B + \frac{k+1}{k}$$

$$\lim_{x\to\infty} \frac{1}{k(k+1)} = \lim_{x\to\infty}\left(-\frac{1}{k+1} + B + \frac{k+1}{k}\right)$$

$0 = B + 1 \Rightarrow B = -1$, substituindo,

$\frac{1}{k(k+1)^2} = -\frac{1}{(k+1)^2} - \frac{1}{k+1} + \frac{1}{k}$, assim,

$$2I = \frac{\pi^2}{6} - \sum_{k=1}^{\infty} \frac{1}{k(k+1)^2} = \frac{\pi^2}{6} - \left[\sum_{k=1}^{\infty}\frac{1}{k} - \sum_{k=1}^{\infty}\frac{1}{k+1} - \sum_{k=1}^{\infty}\frac{1}{(k+1)^2}\right]$$

$$2I = \frac{\pi^2}{6} - \left[\sum_{k=1}^{\infty}\left(\frac{1}{k} - \frac{1}{k+1}\right) - \sum_{k=1}^{\infty}\frac{1}{(k+1)^2}\right]$$

$$2I = \frac{\pi^2}{6} - \left[\lim_{k\to\infty}\left[\left(\frac{1}{1} - \cancel{\frac{1}{2}}\right) + \left(\cancel{\frac{1}{2}} - \cancel{\frac{1}{3}}\right) + \left(\cancel{\frac{1}{3}} - \cancel{\frac{1}{4}}\right) + \ldots + \left(\cancel{\frac{1}{k}} - \frac{1}{k+1}\right)\right] - \left(\frac{1}{2^2} + \frac{1}{3^2} + \frac{1}{4^2} + \ldots\right)\right]$$

$$2I = \frac{\pi^2}{6} - \left[1 - \left(\frac{1}{2^2} + \frac{1}{3^2} + \frac{1}{4^2} + \ldots\right)\right] = \frac{\pi^2}{6} - \left[2 - \underbrace{\left(\frac{1}{1^2} + \frac{1}{2^2} + \frac{1}{3^2} + \frac{1}{4^2} + \ldots\right)}_{\frac{\pi^2}{6}}\right]$$

$$2I = \frac{\pi^2}{6} - \left[2 - \frac{\pi^2}{6}\right] = \frac{\pi^2}{3} - 2$$

$$I = \frac{\pi^2}{6} - 1$$

□

Por fim, é possível ainda "normalizarmos" o Dilogarítmo, passando a ser conhecido como,

Função L de Rogers[9]

X) $$L(x) = \mathrm{Li}_2(x) + \frac{1}{2}\ln x \ln(1-x), \quad 0 < x < 1$$

Com a representação de Rogers, podemos reescrever algumas das identidades anteriores de modo mais simples,

XI) $$L(x) + L(1-x) = \frac{\pi^2}{6},$$ Identidade Reflexiva de Euler

XII) $$L(x) = L\left(\frac{x}{1+x}\right) + \frac{1}{2}L(x^2),$$ Fórmula da Duplicação de Abel

XIII) $$L(x) + L(y) = L(xy) + L\left(\frac{x(1-y)}{1-xy}\right) + L\left(\frac{y(1-x)}{1-xy}\right),$$ Identidade de Abel

[9] Leornard James Rogers (1862-1933), matemático inglês de habilidades notáveis. A música foi sem dúvida um de seus talentos, tendo alcançado o grau de bacharel em Música em 1884 e mantido sua fama como músico talentoso por toda a sua vida. Entre seus talentos, ainda era um linguista nato, exímio patinador, mímico e adorava criar jardins de pedra. Na matemática, ficou principalmente conhecido por um conjunto de identidades conhecidas como identidades de *Rogers-Ramanujan*, uma vez que suas descobertas foram registradas nos artigos *On the expansion of some infinite products* da London Mathematical Society e publicadas em 1894 e redescobertas por Ramanujan em 1913, que não foi capaz de encontrar uma demonstração, mas, em 1917, ao pesquisar em antigos artigos da London Mathematical Society se deparou com o trabalho de Rogers e começaram a se corresponder, ao que levou a uma simplificação na demonstração anterior encontrada por Rogers.

3) Função Integral da Inversa da Tangente

É uma função especial intimamente ligada à função DiLogarítma,

I) $$\mathrm{Ti}_2(x)=\int_0^x \frac{\operatorname{arctg} t}{t}\,dt,\quad -\frac{\pi}{2}<\operatorname{arctg} t<\frac{\pi}{2},\ t\in\mathbb{R}$$ [10]

Pode também ser representada como série de potências, para isso, observe o desenvolvimento,

$$\operatorname{arctg} x=\int \frac{1}{1+x^2}\,dx,$$

Da soma infinita da PG, temos que,

$$\frac{1}{1-x}=1+x+x^2+x^3+x^4+\ldots\ ,\quad |x|<1\ ,\ \text{assim},$$

$$\operatorname{arctg} x=\int \frac{1}{1+x^2}\,dx=\int \frac{1}{1-\left(-x^2\right)}\,dx=\int \left(1-x^2+x^4-x^6+\ldots\right)dx$$

$$\operatorname{arctg} x=x-\frac{x^3}{3}+\frac{x^5}{5}-\frac{x^7}{7}+\ldots+C,\ \text{como } \operatorname{arctg}(0)=0,\ \text{segue que } C=0,\ \text{assim},$$

$$\operatorname{arctg} x=x-\frac{x^3}{3}+\frac{x^5}{5}-\frac{x^7}{7}+\ldots=\sum_{k=0}^{\infty}\frac{(-1)^k x^{2k+1}}{2k+1},\quad |x|<1$$

Substituindo na integral,

$$\mathrm{Ti}_2(x)=\int_0^x \frac{\operatorname{arctg} t}{t}\,dt=\int_0^x \frac{1}{t}\sum_{k=0}^{\infty}\frac{(-1)^k t^{2k+1}}{2k+1}\,dt\ ,\ \text{pelo teorema da convergência,}$$

$$\mathrm{Ti}_2(x)=\int_0^x \frac{1}{t}\sum_{k=0}^{\infty}\frac{(-1)^k t^{2k+1}}{2k+1}\,dt=\sum_{k=0}^{\infty}\int_0^x \frac{(-1)^k t^{2k}}{2k+1}\,dt$$

$$\mathrm{Ti}_2(x)=\sum_{k=0}^{\infty}\frac{(-1)^k}{2k+1}\int_0^x t^{2k}\,dt=\sum_{k=0}^{\infty}\frac{(-1)^k}{2k+1}\left(\frac{x^{2k+1}}{2k+1}\right)=\sum_{k=0}^{\infty}\frac{(-1)^k x^{2k+1}}{(2k+1)^2}$$

II) $$\mathrm{Ti}_2(x)=\sum_{k=0}^{\infty}\frac{(-1)^k x^{2k+1}}{(2k+1)^2}=\frac{x^1}{1^2}-\frac{x^3}{3^2}+\frac{x^5}{5^2}-\frac{x^7}{7^2}+\ldots$$

É uma função ímpar, $\mathrm{Ti}_2(-x)=-\mathrm{Ti}_2(x)$ e é absolutamente convergente para $|x|\le 1$

[10] No caso específico do estudo da função integral da inversa da tangente, ou da integral da arco tangente, resolvemos notar essa função por $\operatorname{arctg}(t)$ ao invés de $\mathrm{tg}^{-1}(t)$.

Se observarmos a função dilogarítmo em forma de série de potência, vamos notar que,

$$\mathrm{Li}_2(z)=\frac{z}{1^2}+\frac{z^2}{2^2}+\frac{z^3}{3^2}+\ldots$$

$$\mathrm{Li}_2(ix)=\frac{x^1}{1^2}i-\frac{x^2}{2^2}-\frac{x^3}{3^2}i+\frac{x^4}{4^2}+\ldots=\underbrace{\left(-\frac{x^2}{2^2}+\frac{x^4}{4^2}-\frac{x^6}{6^2}+\ldots\right)}_{\frac{1}{4}\mathrm{Li}_2(-x^2)}+i\underbrace{\left(\frac{x^1}{1^2}-\frac{x^3}{3^2}+\frac{x^5}{5^2}-\ldots\right)}_{\mathrm{Ti}(x)}$$

III) $$\boxed{\mathrm{Li}_2(ix)=\frac{1}{4}\mathrm{Li}_2(-x^2)+i\,\mathrm{Ti}_2(x),\ |x|\leq 1}$$

Ainda,

$$\mathrm{Li}_2(ix)=\frac{x^1}{1^2}i-\frac{x^2}{2^2}-\frac{x^3}{3^2}i+\frac{x^4}{4^2}+\ldots\ \text{(I)}$$

$$\mathrm{Li}_2(-ix)=-\frac{x^1}{1^2}i+\frac{x^2}{2^2}+\frac{x^3}{3^2}i-\frac{x^4}{4^2}-\ldots\ \text{(II)}$$

Fazendo (I) – (II),

$$\mathrm{Li}_2(ix)-\mathrm{Li}_2(-ix)=2i\left(\frac{x^1}{1^2}-\frac{x^3}{3^2}+\frac{x^5}{5^2}-\frac{x^7}{7^2}+\ldots\right),\ \text{assim,}$$

IV) $$\boxed{\mathrm{Ti}_2(x)=\frac{1}{2i}\left[\mathrm{Li}_2(ix)-\mathrm{Li}_2(-ix)\right],\ |x|\leq 1}$$

<u>Relação Inversa</u>

V) $$\boxed{\mathrm{Ti}_2(x)-\mathrm{Ti}_2\left(\frac{1}{x}\right)=\frac{\pi}{2}\ln x,\ x>0}$$

Demonstração:

Observe que,

$$\frac{d}{dx}\mathrm{Ti}_2(x)=\frac{d}{dx}\int_0^x\frac{\mathrm{arctg}\,t}{t}\,dt=\frac{\mathrm{arctg}\,x}{x}\ \text{ e}$$

$$\frac{d}{dx}\mathrm{Ti}_2\left(\frac{1}{x}\right)=\frac{d}{dx}\int_0^{\frac{1}{x}}\frac{\mathrm{arctg}\,t}{t}\,dt=\frac{\mathrm{arctg}\frac{1}{x}}{\frac{1}{x}}\left(-\frac{1}{x^2}\right)=-\frac{\mathrm{arctg}\frac{1}{x}}{x},\ \text{por tanto,}$$

$$\frac{d}{dx}\left[\mathrm{Ti}_2(x)-\mathrm{Ti}_2\left(\frac{1}{x}\right)\right]=\frac{\operatorname{arctg} x}{x}+\frac{\operatorname{arctg}\frac{1}{x}}{x}=\frac{1}{x}\underbrace{\left(\operatorname{arctg} x+\operatorname{arctg}\frac{1}{x}\right)}_{\frac{\pi}{2}}$$ [11]

$$\mathrm{Ti}_2(x)-\mathrm{Ti}_2\left(\frac{1}{x}\right)=\int\frac{\pi}{2x}dx=\frac{\pi}{2}\ln x+C,\ x>0,\text{ assim,}$$

Para $x = 1$,

$$\mathrm{Ti}_2(1)-\mathrm{Ti}_2(1)=C=0,\text{ por tanto,}$$

$$\mathrm{Ti}_2(x)-\mathrm{Ti}_2\left(\frac{1}{x}\right)=\frac{\pi}{2}\ln x$$

□

Assim como os polilogarítmos, a função integral da inversa da tangente também pode ser generalizada como segue,

VI) $$\mathrm{Ti}_s(x)=x-\frac{x^3}{3^s}+\frac{x^5}{5^s}-\frac{x^7}{7^s}+\ldots=\sum_{k=0}^{\infty}(-1)^k\frac{x^{2k+1}}{(2k+1)^s}$$

Ou também de forma recorrente,

VII) $$\mathrm{Ti}_s(x)=\int_0^x\frac{\mathrm{Ti}_{s-1}(t)}{t}dt$$

Do mesmo modo,

VIII) $$\mathrm{Ti}_k(x)=\frac{1}{2i}\left[\mathrm{Li}_k(ix)-\mathrm{Li}_k(-ix)\right]$$

[11] Ver Apêndice.

4) Função Gama

A Função Gama[12] é uma das grandes funções da Matemática, em sua forma simples é aprendida na escola para nos ajudar a resolver problemas de contagem e na universidade se encontra por trás de grandes conceitos matemáticos e até mesmo na resolução de integrais. Aparece pela primeira vez em uma correspondência entre o jovem Euler e Goldbach[13] em 1730 e desde então vem sendo estudada e desenvolvida por Legendre, Gauss, Gudermann, Liouville, Weierstrass, Hermite, Bourbaki e outros nos últimos quase 300 anos. O problema que originou a função foi originalmente proposto a Goldbach, sem sucesso, assim como aconteceu com Daniel Bernoulli e James Stirling na sequência, até que caiu nas mãos do jovem Euler, que apresentou a sua solução em duas cartas à Goldbach, cartas essas que continuaram pelo resto da vida deste. A ideia original nasce da observação dos chamados números triangulares, 1, 1 + 2, 1 + 2 + 3, ..., 1 + 2 + ... + n, sendo este último número triangular, nada mais senão, a soma dos n primeiros inteiros.

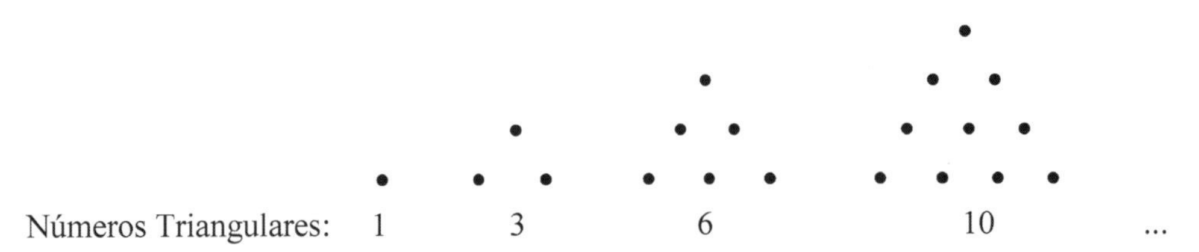

Números Triangulares: 1 3 6 10 ...

Que pode ser expressa através da fórmula $S_n = \frac{n(n+1)}{2}$, utilizando uma adição, uma multiplicação e uma divisão, e apesar de, em princípio, não fazer sentido, a fórmula nos permite calcular a soma para valores não inteiros de n. Daí vem a pergunta: e se ao invés de somarmos os números, multiplicássemos? Teríamos um tipo de número da forma: 1, 1.2, 1.2.3, ..., 1.2.3. ... .n, cujo último termo é conhecido como fatorial de um número, $n!$. Seria possível encontrar uma fórmula para $n!$? Ainda por volta de 1730, Abrahan De Moivre encontrou uma expressão, que se aproximava assintoticamente do valor de n fatorial a medida em que n crescia,

$$C\sqrt{n}\left(\frac{n}{e}\right)^n$$

sendo C uma constante que acabou por ter seu valor calculado por Stirling também na mesma época, que determinou seu valor como sendo de $\sqrt{2\pi}$. Uma vez conhecido o valor da constante, De Moivre pode finalmente validar sua expressão, hoje conhecida como,

$$\text{Fórmula de Stirling: } n! \approx \sqrt{2\pi n}\left(\frac{n}{e}\right)^n$$

Stirling encontrou ainda uma expressão do logaritmo natural de $n!$, para valores grandes de n (tendendo ao infinito), que até hoje é muito utilizada na Física:

$$\ln n! = n \ln n - n.$$

---

[12] Para maiores referencias históricas, ler os artigos:
DAVIS, Philip J..Leonhard Euler's Integral: A Historical Profile of the Gama Function: In Memorian: Milton Abramowitz. The American mathematical Monthly, Vol.66 no.10, pp. 849-869. Mathematical Association of America. 1959. Acessado 2021.
PEREZ-MARCO, Ricardo. On the definition of Euler Gama function. 2021. hal-02437549v2

[13] Christian Goldbach (1690-1764) sábio prussiano que esteve em contato com todos os intelectuais de sua época, como matemática era diletante, mas nos deixou a sua famosa "Conjectura de Goldbach" no campo da Teoria dos Números.

Voltando a nossa pergunta: Seria possível encontrar uma fórmula para $n!$? Seria possível calcularmos o fatorial de um número não inteiro? Essas perguntas foram finalmente respondidas por Euler, que encontrou uma função, denominada posteriormente de Função Gama[14], $\Gamma(n)$, capaz de calcular o valor de $n!$ para qualquer n complexo, exceto aqueles cuja parte inteira seja não positiva.

A representação abaixo foi enviada por Euler à Goldbach em 8 de janeiro de 1730:

$$\text{I)}\quad \Gamma(n)=(n-1)! \text{ onde } \Gamma(n)=\int_0^1\left(\ln\left(\frac{1}{s}\right)\right)^{n-1}ds,\ x>0$$

Fazendo $t=-\ln s$, por tanto, $s=-e^t$, $dt=-\frac{1}{s}ds=e^{-t}ds$

$\Gamma(n)=\int_0^1\left(\ln\left(\frac{1}{s}\right)\right)^{n-1}ds=\int_0^1(-\ln s)^{n-1}ds=\int_0^\infty t^{n-1}e^{-t}dt$, chegamos na forma mais usual da função,

Em seguida temos a forma mais usualmente conhecida da **Função Gama**, ou integral de Euler do Segundo Tipo[15]

$$\text{II)}\quad \Gamma(z)=\int_0^\infty t^{z-1}e^{-t}dt,\ \operatorname{Re}(z)>0$$

Equação Funcional: $\Gamma(1)=1$, $\Gamma(z+1)=z\Gamma(z)$, $\Gamma'(1)\in\mathbb{R}$

Vamos mostrar que a representação usual da Função Gama satisfaz as equações funcionais:

$$\Gamma(1)=\int_0^\infty t^{1-1}e^{-t}dt=\left[-e^{-t}\right]_0^\infty=1$$

$\Gamma(z+1)=\int_0^\infty t^z e^{-t}dt$, integrando por partes:

$$\begin{array}{ccc} & D & I \\ + & t^z & e^{-t} \\ - & zt^{z-1} & -e^{-t} \end{array}$$

$$\int_0^\infty t^z e^{-t}dt=\left[-t^z e^{-t}\right]_0^\infty+z\int t^{z-1}e^{-t}dt$$

$$\Gamma(z+1)=\left[-t^z e^{-t}\right]_0^\infty+z\int t^{z-1}e^{-t}dt=z\Gamma(z)$$

Ainda,

[14] A notação $\Gamma(n)$ é posterior, foi dada por Legendre em 1809 enquanto Gauss utilizava $\Pi(x)$ que valia $\Gamma(x+1)$.

[15] A integral considerada como integral de Euler do 1º tipo é a Função Beta.

$$\Gamma'(z)=\frac{d}{dz}\int_0^\infty t^{z-1}e^{-t}dt=\int_0^\infty t^{z-1}e^{-t}\ln t\,dt$$

Assim,

$\Gamma'(1)=\int_0^\infty e^{-t}\ln t\,dt$, reescrevendo e^{-t} em forma de limite,

$e^{-t}=\lim_{n\to\infty}\left(1-\frac{t}{n}\right)^{n-1}$, substituindo,

$$\int_0^\infty \frac{\ln t}{e^t}dt=\int_0^\infty e^{-t}\ln t\,dt=\lim_{n\to\infty}\int_0^n\left(1-\frac{t}{n}\right)^{n-1}\ln t\,dt$$

Seja agora $u=1-\frac{t}{n}\Rightarrow n(1-u)=t,\ du=-\frac{1}{n}dt\Rightarrow dt=-n\,du,\ \begin{cases}x=n\to u=0\\ x=0\to u=1\end{cases}$,

$$\int_0^\infty \frac{\ln t}{e^t}dt=\lim_{n\to\infty}\int_1^0 u^{n-1}\ln\left(n(1-u)\right)(-n)\,du$$

$$\int_0^\infty \frac{\ln t}{e^t}dt=\lim_{n\to\infty}n\int_0^1 u^{n-1}\ln\left(n(1-u)\right)du=\lim_{n\to\infty}n\int_0^1 u^{n-1}\ln n+u^{n-1}\ln(1-u)\,du$$

$$\int_0^\infty \frac{\ln t}{e^t}dt=\lim_{n\to\infty}n\ln n\int_0^1 u^{n-1}\,du+n\int_0^1 u^{n-1}\ln(1-u)\,du$$

$$\int_0^\infty \frac{\ln t}{e^t}dt=\lim_{n\to\infty}n\ln n\left[\frac{u^n}{n}\right]_0^1+n\int_0^1 u^{n-1}(-1)\sum_{k=1}^\infty\frac{u^k}{k}du$$

$$\int_0^\infty \frac{\ln t}{e^t}dt=\lim_{n\to\infty}\ln n-n\int_0^1 u^{n-1}\sum_{k=1}^\infty\frac{u^k}{k}du$$

$\int_0^\infty \frac{\ln t}{e^t}dt=\lim_{n\to\infty}\ln n-n\int_0^1\sum_{k=1}^\infty\frac{u^{k+n-1}}{k}du$, pelo teorema da convergência dominada,

$$\int_0^\infty \frac{\ln t}{e^t}dt=\lim_{n\to\infty}\ln n-n\sum_{k=1}^\infty\int_0^1\frac{u^{k+n-1}}{k}du$$

$$\int_0^\infty \frac{\ln t}{e^t}dt=\lim_{n\to\infty}\ln n-n\sum_{k=1}^\infty\left[\frac{u^{k+n}}{k(k+n)}\right]_0^1$$

$$\int_0^\infty \frac{\ln t}{e^t}dt=\lim_{n\to\infty}\ln n-\sum_{k=1}^\infty\frac{n}{k(k+n)}$$

$$\int_0^\infty \frac{\ln t}{e^t}dt=\lim_{n\to\infty}\ln n-\sum_{k=1}^\infty\left(\frac{1}{k}-\frac{1}{k+n}\right)$$

$$\int_0^\infty \frac{\ln t}{e^t}dt = \lim_{n\to\infty} \ln n - \sum_{k=1}^{n}\frac{1}{k}$$

$$\int_0^\infty \frac{\ln t}{e^t}dt = -\lim_{n\to\infty}\left(\sum_{k=1}^{n}\frac{1}{k} - \ln n\right)$$

O número acima, determinado por $\lim_{n\to\infty}\left(\sum_{k=1}^{n}\frac{1}{k} - \ln n\right)$ é conhecido por constante de Euler-Mascheroni e atribui-se a essa constante a letra grega gama e vale aproximadamente 0, 5772156649015328... . Euler determinou as suas primeiras 16 casas decimais em 1781 e em 1790, Lorenzo Mascheroni nomeou essa de gama essa constante e determinou suas primeiras 32 casas decimais em sua obra *Geometria del compasso*, o que contribuiu para torna-la conhecida. Até hoje não se sabe dizer qual a natureza desse número além do fato de ser real e o mesmo ser de extrema importância em diversas áreas das ciências exatas.

$$\boxed{\Gamma'(1) = \int_0^\infty \frac{\ln t}{e^t}dt = -\lim_{n\to\infty}\left(\sum_{k=1}^{n}\frac{1}{k} - \ln n\right) = -\gamma}$$

Do exposto acima, podemos enunciar o teorema abaixo:

Teorema de Bohr-Mollerup (1922): "Se uma função f, $f: \;]0,+\infty[\to]0,+\infty[$ tal que o $\ln(f(z))$ é convexo[16], $f(1)=1$ e $f(z+1)=z\,f(z)$, então, $f(z)=\Gamma(z)$ para todo $z\in]0,\infty[$ ".

Por fim, aproveitamos agora para justificar a Fórmula Assintótica de Stirling e com ela ter uma ideia do comportamento da função Gama para grandes valores de argumento,

$$\text{III)}\quad \boxed{n! \sim \sqrt{2\pi n}\left(\frac{n}{e}\right)^n}$$

Demonstração[17]:

Como sabemos,

$$n! = \Gamma(n+1) = \int_0^\infty x^n e^{-x}dx = \int_0^\infty e^{n\ln x}e^{-x}dx = \int_0^\infty e^{n\ln x - x}dx$$

Seja $x = n+y,\ dx = dy,\ \begin{cases} x=\infty \to y=\infty \\ x=0 \to y=-n \end{cases}$, assim,

$$n! = \int_0^\infty e^{n\ln x - x}dx = \int_{-n}^\infty e^{n\ln(n+y)-(n+y)}dy = e^{-n}\int_{-n}^\infty e^{n\ln n\left(1+\frac{y}{n}\right)-y}dy$$

---

[16] Uma função ser logaritmamente convexa é muito mais "forte" do que ser apenas convexa, por exemplo, $f(x)=x^2$ é convexa, mas $\ln(f(x)) = \ln(x^2) = 2\ln x$ não é, costuma-se dizer inclusive que a função logaritmamente convexa é "super convexa". O teorema ainda nos diz que entre todas as candidatas, a função Gama é a única log-convex (logaritmamente convexa).

[17] Baseada no conteúdo apresentado por: Essentials Of Math. "Stirling's Approximation for n!". YouTube (https://www.youtube.com/watch?v=L9vlNke8Zjg) acessado em outubro de 2021.

$$n! = e^{-n}\int_{-n}^{\infty} e^{n\ln n\left(1+\frac{y}{n}\right)-y}\,dy = e^{-n}\int_{-n}^{\infty} e^{n\ln n + n\ln\left(1+\frac{y}{n}\right)-y}\,dy = e^{-n}e^{n\ln n}\int_{-n}^{\infty} e^{n\ln\left(1+\frac{y}{n}\right)-y}\,dy$$

$$n! = e^{-n}e^{n\ln n}\int_{-n}^{\infty} e^{n\ln\left(1+\frac{y}{n}\right)-y}\,dy = \left(\frac{n}{e}\right)^n \int_{-n}^{\infty} e^{n\ln\left(1+\frac{y}{n}\right)-y}\,dy$$

Aplicando a série de Mercator[18], $\ln(1+x) = x - \frac{x^2}{2} + \frac{x^3}{3} - \frac{x^4}{4} + \ldots,\ -1 < x \le 1$, ficamos com,

$$n\ln\left(1+\frac{y}{n}\right) - y = n\left[\frac{y}{n} - \frac{y^2}{2n^2} + \frac{y^3}{3n^3} - \frac{y^4}{4n^4} + \ldots\right] - y$$

$n\ln\left(1+\frac{y}{n}\right) - y = -\frac{y^2}{2n} + \frac{y^3}{3n^2} - \frac{y^4}{4n^3} + \ldots$, substituindo,

$$n! = \left(\frac{n}{e}\right)^n \int_{-n}^{\infty} e^{-\frac{y^2}{2n}+\frac{y^3}{3n^2}-\frac{y^4}{4n^3}+\ldots}\,dy$$

Seja agora $y = \sqrt{n}\,t,\ dy = \sqrt{n}\,dt,\ \begin{cases} y = \infty \rightarrow t = \infty \\ y = -n \rightarrow t = -\sqrt{n} \end{cases}$

$$n! = \left(\frac{n}{e}\right)^n \int_{-n}^{\infty} e^{-\frac{y^2}{2n}+\frac{y^3}{3n^2}-\frac{y^4}{4n^3}+\ldots}\,dy = \left(\frac{n}{e}\right)^n \sqrt{n}\int_{-\sqrt{n}}^{\infty} e^{-\frac{t^2}{2}+\frac{t^3}{3\sqrt{n}}-\frac{t^4}{4n}+\ldots}\,dt$$

Para um valor grande de *n*,

$$\lim_{n\to\infty}\int_{-\sqrt{n}}^{\infty} e^{-\frac{t^2}{2}+\frac{t^3}{3\sqrt{n}}-\frac{t^4}{4n}+\ldots}\,dt = \int_{-\infty}^{\infty} e^{-\frac{t^2}{2}}\,dt = \sqrt{2\pi}\ ,$$

Assim, podemos escrever que,

$n! = \lim_{n\to\infty}\sqrt{2\pi n}\left(\frac{n}{e}\right)^n$, o que nos conta que para valores cada vez maiores de *n*, teremos,

$$n! \sim \sqrt{2\pi n}\left(\frac{n}{e}\right)^n$$

□

[18] A série de Mercator ou Newton-Mercator nada mais é do que a série de Taylor para a função $\ln(x+1)$, foi descoberta independentemente por Nicholas Mercator, Newton e Gregory Saint-Vincent (jesuíta e matemático belga), tendo sido primeiramente publicada por Mercator em sua obra *Logarithmotecnica* de 1668. Através dela, fazendo $x = i$, ($|i| = 1$, o que está dentro do raio de convergência, $-1 < x \le 1$ *ou* $-1 < |z| \le 1$) chegamos a fórmula de Leibniz para π , $\frac{\pi}{4} = 1 - \frac{1}{3} + \frac{1}{5} - \frac{1}{7} + \ldots$ separando a parte imaginária e $\ln 2 = 1 - \frac{1}{2} + \frac{1}{3} - \frac{1}{4} + \ldots$ separando a parte real.

Veremos a seguir que existem diversas maneiras de representarmos a função Gama. A integral de Euler apresentada anteriormente, por exemplo, é definida para $\mathrm{Re}(z) > 0$, por essa razão, é mais comum utilizarmos como definição de função Gama, a sua representação em forma de produto de Weierstrass, definida para z complexo, tal que, $z \neq 0, -1, -2, \ldots$, que veremos mais à frente, junto com as razões para isso.

Apresentamos agora a 1ª versão da Função Gama na forma de produto, **Produto de Euler**, como consta na carta de Euler à Goldbach de 13 de outubro de 1729:

$$\text{IV)} \quad \Gamma(z) = \lim_{n \to \infty} \frac{n!\, n^z}{z(z+1)(z+2)\ldots(z+n)}$$

Para $z \neq 0, -1, -2, \ldots$

Aparentemente, Gauss não tinha conhecimento da carta de Euler, e chegou a uma versão desse produto de modo independente, nunca tendo dado o crédito a Euler, apresentação essa que ficou conhecida como **Produto de Gauss:**

$$\text{V)} \quad \Gamma(z) = \lim_{n \to \infty} \frac{1}{z} \prod_{k=1}^{n} \left(1 + \frac{1}{k}\right)^z \left(1 + \frac{z}{k}\right)^{-1}$$

Para $z \neq 0, -1, -2, \ldots$

Observe o desenvolvimento que através da ideia de fatorial nos leva até o **produto de Euler e Gauss**:

$$\Gamma(z) = (z-1)! = \frac{z!}{z} = \frac{1.2.3.\ldots n(n+1)(n+2)\ldots z}{z} =$$

$$= \frac{\overbrace{1.2.3.\ldots n.(n+1)(n+2)\ldots\overbrace{(n+u)}^{z}}^{de\ 1\ até\ u}\overbrace{(z+1)(z+2)\ldots(z+n)}^{(n+(u+1))\ldots(n+(u+n))}}{z(z+1)(z+2)\ldots(z+n)} =$$

$$= \frac{n!}{z}\frac{(n+1)(n+2)\ldots(n+z)}{(z+1)(z+2)\ldots(z+n)} = \frac{n!}{z}\ \frac{n^z\left(1+\frac{1}{n}\right)\left(1+\frac{2}{n}\right)\ldots\left(1+\frac{z}{n}\right)}{(z+1)(z+2)\ldots(z+n)} =$$

$$\Gamma_n(z) = \lim_{n\to\infty}\frac{n!}{z}\ \frac{n^z\cancel{\left(1+\frac{1}{n}\right)\left(1+\frac{2}{n}\right)\ldots\left(1+\frac{z}{n}\right)}}{(z+1)(z+2)\ldots(z+n)} = \boxed{\lim_{n\to\infty}\frac{n!\, n^z}{z(z+1)(z+2)\ldots(z+n)}}$$

No limite, podemos reescrever alguns termos, observe,

$$n^z = \left(\frac{2}{1}\frac{3}{2}\frac{4}{3}\cdots\frac{n+1}{n}\right)^z = \prod_{k=1}^{n}\left(1+\frac{1}{k}\right)^z, \text{ ainda,}$$

$$(z+1)(z+2)\ldots(z+n) = 1\left(1+\frac{z}{1}\right)2\left(1+\frac{z}{2}\right)\ldots n\left(1+\frac{z}{n}\right) = n!\left(1+\frac{z}{1}\right)\left(1+\frac{z}{2}\right)\ldots\left(1+\frac{z}{n}\right) = n!\prod_{k=1}^{n}\left(1+\frac{z}{k}\right)$$

Substituindo,

$$\Gamma_{\substack{n\\n\to\infty}}(z) = \lim_{n\to\infty}\frac{n!\,n^z}{z(z+1)(z+2)\ldots(z+n)} = \lim_{n\to\infty}\frac{n!\prod_{k=1}^{n}\left(1+\frac{1}{k}\right)^z}{z\,n!\prod_{k=1}^{n}\left(1+\frac{z}{k}\right)}$$

$$\boxed{\Gamma(z) = \Gamma_{\substack{n\\n\to\infty}}(z) = \lim_{n\to\infty}\frac{1}{z}\prod_{k=1}^{n}\left(1+\frac{1}{k}\right)^z\left(1+\frac{z}{k}\right)^{-1}}$$

□

Pelo Teorema de Bohr-Mollerup, sabemos que nossa função é única, isso significa que poderíamos chegar na expressão do produto de Euler através da integral usual, na verdade, podemos, basta substituirmos o número e pelo seu limite, fazermos uma mudança de variável e em seguida aplicarmos o método DI na integral obtida. É um processo longo e trabalhoso mas factível.

Vamos agora apresentar uma outra expressão para a Função Gama também na forma de produto e também introduzida por **Gauss**:

VI) $$\boxed{\Gamma(z) = \lim_{x\to\infty}\frac{n^z}{z}\prod_{k=1}^{n}\frac{k}{z+k},\quad z \neq 0,-1,-2,\ldots}$$

Demonstração:

Seja a Função Gama em sua representação usual,

$\Gamma(z) = \int_0^\infty t^{z-1}e^{-t}dt,\ \operatorname{Re}(z) > 0$, reescrevendo o número de Euler como limite,

$$\Gamma(z) = \int_0^\infty t^{z-1}\lim_{n\to\infty}\left(1+\frac{-t}{n}\right)^n dt = \lim_{n\to\infty}\int_0^n t^{z-1}\left(1-\frac{t}{n}\right)^n dt$$

$\Gamma_n(z) = \int_0^n t^{z-1}\left(1-\frac{t}{n}\right)^n dt$, integrando por partes,

$$\begin{array}{lcc} & D & I \\ + & \left(1-\frac{t}{n}\right)^n & t^{z-1} \\ - & n\left(-\frac{1}{n}\right)\left(1-\frac{t}{n}\right)^{n-1} & \frac{1}{z}t^z \end{array}$$

$$\int_0^n t^{z-1}\left(1-\frac{t}{n}\right)^n dt = \frac{1}{z}t^z\left(1-\frac{t}{n}\right)^n\Bigg|_0^n - \int_0^n \frac{1}{z}t^z n\left(-\frac{1}{n}\right)\left(1-\frac{t}{n}\right)^{n-1} dt$$

$\int_0^n t^{z-1}\left(1-\frac{t}{n}\right)^n dt = \frac{1}{z}\int_0^n t^z\left(1-\frac{t}{n}\right)^{n-1} dt$, se continuarmos o processo,

$$\int_0^n t^{z-1}\left(1-\frac{t}{n}\right)^n dt = \frac{n}{zn}\int_0^n t^z\left(1-\frac{t}{n}\right)^{n-1} dt = \frac{n}{zn}\frac{n-1}{(z-1)n}\int_0^n t^{z+1}\left(1-\frac{t}{n}\right)^{n-2} dt =$$

$$= \frac{n}{zn}\frac{n-1}{(z-1)n}\frac{n-2}{(z-2)n}\int_0^n t^{z+2}\left(1-\frac{t}{n}\right)^{n-2} dt = \ldots = \frac{n}{zn}\frac{n-1}{(z-1)n}\frac{n-2}{(z-2)n}\cdots\frac{1}{(z+n-1)}\int_0^n t^{z+n-1}dt =$$

$$= \frac{n}{zn}\frac{n-1}{(z-1)n}\frac{n-2}{(z-2)n}\cdots\frac{1}{(z+n-1)n}\frac{t^{z+n}}{(z+n)}\Bigg|_0^n = \frac{n}{zn}\frac{n-1}{(z-1)n}\frac{n-2}{(z-2)n}\cdots\frac{1}{(z+n-1)n}\frac{n^{z+n}}{(z+n)}$$

Por tanto,

$$\Gamma_n(z) = \int_0^n t^{z-1}\left(1-\frac{t}{n}\right)^n dt = \frac{n!}{zn^n}n^{s+n}\prod_{k=1}^{n}\frac{1}{z+k} = \frac{n^s}{z}\prod_{k=1}^{n}\frac{k}{z+k}$$

$$\Gamma(z) = \lim_{n\to\infty}\frac{n^z}{z}\prod_{k=1}^{n}\frac{k}{z+k}$$

□

Em 1856, Karl Weierstrass[19] publicou no *Journal für Math* uma representação em forma de produto uma fórmula para a recíproca da função Gama utilizando a constante de Euler-Mascheroni, no entanto, esse produto já era conhecido anteriormente do trabalho de outros matemáticos[20]. Essa representação nos permite deduzir que a função Gama será analítica (conceito que discutiremos mais adiante ao tratarmos de funções complexas) em todos os pontos do plano complexo, exceto para os valores de $z \neq 0,-1,-2,\ldots$. Também é possível confirmarmos que a função Gama nunca será zero.

VII) $\frac{1}{\Gamma(z)} = z\,e^{\gamma z}\prod_{k=1}^{\infty}\left(1+\frac{z}{k}\right)e^{\frac{-z}{k}}$ ou $\Gamma(z) = \frac{e^{-\gamma z}}{z}\prod_{k=1}^{\infty}\left(1+\frac{z}{k}\right)^{-1}e^{\frac{z}{k}}$

Para $z \neq 0,-1,-2,\ldots$ e $\gamma = \lim_{n\to\infty}\left(\sum_{k=1}^{n}\frac{1}{k} - \ln n\right)$

[19] Karl Wilhelm Theodor Weierstrass (1815-1897), matemático alemão, professor da Universidade de Berlin, entre diversas descobertas matemáticas, foi criador do conceito de limite de uma função e também responsável pelo Teorema da Fatoração de Weierstrass – importante teorema e que pôs fim a dúvida sobre a exatidão de Euler em sua resolução do *problema da Basileia* (ver apêndice).

[20] Ver: PEREZ-MARCO, Ricardo. On the definition of Euler Gama function. 2021. hal-02437549v2 pg.5

Demonstração:

Vamos derivar o produto de Gauss a partir da recíproca da Função Gama acima,

$$\frac{1}{\Gamma(z)} = z\,e^{\gamma z} \prod_{k=1}^{\infty}\left(1+\frac{z}{k}\right)e^{\frac{-z}{k}} = z\exp(\gamma z)\prod_{k=1}^{\infty}\left(1+\frac{z}{k}\right)\exp\left(\frac{-z}{k}\right)$$

Lembrando que $\gamma = \lim_{k\to\infty}\left(\sum_{k=1}^{n}\frac{1}{k} - \ln k\right)$ é a constante de Euler-Mascheroni,

$$\frac{1}{\Gamma(z)} = z\exp\left[z\lim_{n\to\infty}\left(\sum_{k=1}^{n}\frac{1}{k} - \ln k\right)\right]\prod_{k=1}^{\infty}\left(1+\frac{z}{k}\right)\exp\left(\frac{-z}{k}\right)$$

$$\frac{1}{\Gamma(z)} = z\exp\left[z\lim_{n\to\infty}\left(\sum_{k=1}^{n}\frac{1}{k} - \ln n\right)\right]\left[\lim_{n\to\infty}\prod_{k=1}^{n}\left(1+\frac{z}{k}\right)\exp\left(\frac{-z}{k}\right)\right]$$

$$\frac{1}{\Gamma(z)} = \lim_{n\to\infty} z\exp(zH_n - z\ln n)\prod_{k=1}^{n}\left(1+\frac{z}{k}\right)\exp\left(\sum_{k=1}^{n}\frac{-z}{k}\right)$$

$$\frac{1}{\Gamma(z)} = \lim_{n\to\infty} z\exp(zH_n - z\ln n)\prod_{k=1}^{n}\left(1+\frac{z}{k}\right)\exp\left(-z\sum_{k=1}^{n}\frac{1}{k}\right)$$

$$\frac{1}{\Gamma(z)} = \lim_{n\to\infty} z\exp(zH_n - z\ln n)\prod_{k=1}^{n}\left(1+\frac{z}{k}\right)\exp(-z\,H_n)$$

$$\frac{1}{\Gamma(z)} = \lim_{n\to\infty} z\exp(\cancel{zH_n} + \ln n^{-z} - \cancel{zH_n})\prod_{k=1}^{n}\left(1+\frac{z}{k}\right)$$

$$\frac{1}{\Gamma(z)} = \lim_{n\to\infty} z\,n^{-z}\prod_{k=1}^{n}\left(1+\frac{z}{k}\right) = \lim_{n\to\infty} z\,n^{-z}\prod_{k=1}^{n}\left(\frac{z+k}{k}\right)$$

$$\Gamma(z) = \lim_{n\to\infty}\frac{n^z}{z}\prod_{k=1}^{n}\frac{k}{z+k}$$

□

Observe agora que o produto de Gauss que foi derivado da representação usual da função Gama pode ainda ser trabalhado para chegarmos ao produto de Euler:

Como expusemos anteriormente, no limite, podemos escrever,

$$n^z = \left(\frac{2}{1}\frac{3}{2}\frac{4}{3}\cdots\frac{n+1}{n}\right)^z = \prod_{k=1}^{n}\left(1+\frac{1}{k}\right)^z,$$

Substituindo,

$$\Gamma(z)=\lim_{n\to\infty}\frac{n^z}{z}\prod_{k=1}^{n}\frac{k}{z+k}=\lim_{n\to\infty}\frac{1}{z}\prod_{k=1}^{n}\left(1+\frac{1}{k}\right)^z\prod_{k=1}^{n}\left(\frac{z+k}{k}\right)^{-1}$$

$$\boxed{\Gamma(z)=\lim_{n\to\infty}\frac{n^z}{z}\prod_{k=1}^{n}\frac{k}{z+k}=\lim_{n\to\infty}\frac{1}{z}\prod_{k=1}^{n}\left(1+\frac{1}{k}\right)^z\left(\frac{z+k}{k}\right)^{-1}}$$

Em 1771, Euler encontrou uma nova relação que se mostrou extremamente útil no estudo da função Gama e outras funções especiais:

A Fórmula do Complemento ou Fórmula da Reflexão de Euler:

VIII) $\boxed{\Gamma(z)\Gamma(1-z)=\pi\,\text{cossec}\,\pi z \quad \text{para } 0<z<1}$

Demonstração:

Do produto de Weierstrass temos,

$\dfrac{1}{\Gamma(z)}=z\,e^{\gamma z}\prod_{k=1}^{\infty}\left(1+\dfrac{z}{k}\right)e^{\frac{-z}{k}}$, $\dfrac{1}{\Gamma(-z)}=-z\,e^{-\gamma z}\prod_{k=1}^{\infty}\left(1+\dfrac{-z}{k}\right)e^{\frac{z}{k}}$, multiplicando membro a membro,

$$\frac{1}{\Gamma(z)}\frac{1}{\Gamma(-z)}=\left(z\,e^{\gamma z}\prod_{k=1}^{\infty}\left(1+\frac{z}{k}\right)e^{\frac{-z}{k}}\right)\left(-z\,e^{-\gamma z}\prod_{k=1}^{\infty}\left(1+\frac{-z}{k}\right)e^{\frac{z}{k}}\right)=-z^2\prod_{k=1}^{\infty}\left(1+\frac{z}{k}\right)\left(1+\frac{-z}{k}\right)=-z^2\prod_{k=1}^{\infty}\left(1-\frac{z^2}{k^2}\right)$$

Da equação funcional, temos,

$\Gamma(x+1)=x\Gamma(x)$, para $x=-z$ temos $\Gamma(1-z)=-z\Gamma(-z)\Rightarrow\Gamma(-z)=\dfrac{\Gamma(1-z)}{-z}$, substituindo,

$$\frac{1}{\Gamma(z)}\frac{-z}{\Gamma(1-z)}=-z^2\prod_{k=1}^{\infty}\left(1-\frac{z^2}{k^2}\right)$$

$$\frac{1}{\Gamma(z)\Gamma(1-z)}=z\prod_{k=1}^{\infty}\left(1-\frac{z^2}{k^2}\right)$$

Da fórmula do produto infinito de Euler[21]:

$\text{sen}\,u=u\prod_{k=1}^{\infty}\left(1-\dfrac{u^2}{\pi^2k^2}\right)$, para $u=z\pi$, temos, $\text{sen}\,\pi z=\pi z\prod_{k=1}^{\infty}\left(1-\dfrac{\cancel{\pi^2}z^2}{\cancel{\pi^2}k^2}\right)$

---

[21] Ver apêndice: O problema da Basileia.

$\operatorname{sen} \pi z = \pi z \prod_{k=1}^{\infty} \left(1 - \frac{z^2}{k^2} \right)$, substituindo,

$\frac{1}{\Gamma(z)\Gamma(1-z)} = \frac{1}{\pi} \pi z \prod_{k=1}^{\infty} \left(1 - \frac{z^2}{k^2} \right) = \frac{1}{\pi} \operatorname{sen} \pi z$, finalmente,

$\Gamma(z)\Gamma(1-z) = \pi \operatorname{cossec} \pi z$.

□

Fórmula Multiplicativa de Gauss (1812)

IX) $$\Gamma(z)\Gamma\left(z+\frac{1}{n}\right)\Gamma\left(z+\frac{2}{n}\right)\ldots\Gamma\left(z+\frac{n-1}{n}\right) = \left(\sqrt{2\pi}\right)^{n-1} n^{\frac{1}{2}-nz}\Gamma(nz)$$

Observação: para $n = 2$, temos a Fórmula de Duplicação de Legendre[22]:

$n = 2$,

$$\Gamma(z)\Gamma\left(z+\frac{1}{2}\right) = \left(\sqrt{2\pi}\right) 2^{\frac{1}{2}-2z}\Gamma(2z)$$

$$\Gamma(2z) = \frac{2^{2z-1}}{\sqrt{\pi}}\Gamma(z)\Gamma\left(z+\frac{1}{2}\right)$$

Demonstração:

Seja $z = t + \frac{k}{n} - 1$ na equação funcional de Gama,

$\Gamma(z+1) = z\Gamma(z)$

$\Gamma\left(t+\frac{k}{n}\right) = \left(t+\frac{k}{n}-1\right)\Gamma\left(t+\frac{k}{n}-1\right)$, ou,

$$\Gamma\left(z+\frac{k}{n}\right) = \left(z+\frac{k}{n}-1\right)\Gamma\left(z+\frac{k}{n}-1\right)$$

Reescrevendo o último fator da expressão acima pela sua representação na forma de Produto de Euler,

$$\Gamma(z) = \lim_{m\to\infty} \frac{m!m^z}{z(z+1)(z+2)\ldots(z+m)}$$

[22] A Fórmula da Duplicação de Legendre será desenvolvida separadamente através da Função Beta mais adiante.

$$\Gamma\left(z+\frac{k}{n}-1\right)=\lim_{m\to\infty}\frac{m!m^{z+\frac{k}{n}-1}}{\left(z+\frac{k}{n}-1\right)\left(z+\frac{k}{n}-1+1\right)\left(z+\frac{k}{n}-1+2\right)\ldots\left(z+\frac{k}{n}-1+m\right)}$$

Substituindo na equação funcional,

$$\Gamma\left(z+\frac{k}{n}\right)=\cancel{\left(z+\frac{k}{n}-1\right)}\lim_{m\to\infty}\frac{m!m^{z+\frac{k}{n}-1}}{\cancel{\left(z+\frac{k}{n}-1\right)}\left(z+\frac{k}{n}-1+1\right)\left(z+\frac{k}{n}-1+2\right)\ldots\left(z+\frac{k}{n}-1+m\right)}$$

$$\Gamma\left(z+\frac{k}{n}\right)=\lim_{m\to\infty}\frac{m!m^{z+\frac{k}{n}-1}}{\left(z+\frac{k}{n}\right)\left(z+\frac{k}{n}+1\right)\ldots\left(z+\frac{k}{n}-1+m\right)}$$

Aplicando a fórmula de Stirling,

$$\Gamma\left(z+\frac{k}{n}\right)=\lim_{m\to\infty}\frac{\sqrt{2\pi m}\left(\frac{m}{e}\right)^{m}m^{z+\frac{k}{n}-1}}{\left(z+\frac{k}{n}\right)\left(z+\frac{k}{n}+1\right)\ldots\left(z+\frac{k}{n}-1+m\right)}$$

Multiplicando os termos da fração por n^m,

$$\Gamma\left(z+\frac{k}{n}\right)=\lim_{m\to\infty}\frac{\sqrt{2\pi m}\left(\frac{mn}{e}\right)^{m}m^{z+\frac{k}{n}-1}}{(nz+k)(nz+k+n)\ldots(nz+k-n+mn)}$$

$$\Gamma\left(z+\frac{k}{n}\right)=\lim_{m\to\infty}\frac{\sqrt{2\pi}\left(\frac{mn}{e}\right)^{m}m^{z+\frac{k}{n}-\frac{1}{2}}}{(nz+k)(nz+k+n)\ldots(nz+k-n+mn)}$$

Seja o produto dos fatores abaixo,

$$\Gamma\left(z+\frac{0}{n}\right)=\lim_{m\to\infty}\frac{\sqrt{2\pi}\left(\frac{mn}{e}\right)^{m}m^{z+\frac{0}{n}-\frac{1}{2}}}{(nz+0)(nz+0+n)\ldots(nz+1-n+mn)}$$

$$\Gamma\left(z+\frac{1}{n}\right)=\lim_{m\to\infty}\frac{\sqrt{2\pi}\left(\frac{mn}{e}\right)^{m}m^{z+\frac{1}{n}-\frac{1}{2}}}{(nz+1)(nz+1+n)\ldots(nz+1-n+mn)}$$

$$\Gamma\left(z+\frac{2}{n}\right)=\lim_{m\to\infty}\frac{\sqrt{2\pi}\left(\frac{mn}{e}\right)^{m}m^{z+\frac{2}{n}-\frac{1}{2}}}{(nz+2)(nz+2+n)\ldots(nz+2-n+mn)}$$

...

$$\Gamma\left(z+\frac{k}{n}\right)=\lim_{m\to\infty}\frac{\sqrt{2\pi}\left(\frac{mn}{e}\right)^{m} m^{z+\frac{k}{n}-\frac{1}{2}}}{(nz+k)(nz+k+n)\ldots(nz+k-n+mn)}$$, reescrevendo em forma de produtório,

$$\prod_{k=0}^{n-1}\Gamma\left(z+\frac{k}{n}\right)=\lim_{m\to\infty}\frac{\left(\sqrt{2\pi}\right)^{n}\left(\frac{mn}{e}\right)^{mn} m^{nz-\frac{n}{2}} m^{\sum_{k=0}^{n-1}\frac{k}{n}}}{(nz)(nz+1)\ldots(nz-1+mn)}$$

Onde, $\sum_{k=0}^{n-1}\frac{k}{n}=\frac{1}{n}+\frac{2}{n}+\ldots+\frac{n-1}{n}=\left(\frac{1}{n}+\frac{n-1}{n}\right)\frac{(n-1)}{2}=\frac{n}{2}-\frac{1}{2}$, assim,

$$n^{nz-\frac{1}{2}}\prod_{k=0}^{n-1}\Gamma\left(z+\frac{k}{n}\right)=n^{nz-\frac{1}{2}}\lim_{m\to\infty}\frac{\left(\sqrt{2\pi}\right)^{n}\left(\frac{mn}{e}\right)^{mn} m^{nz-\frac{1}{2}}}{(nz)(nz+1)\ldots(nz-1+mn)}$$

$$n^{nz-\frac{1}{2}}\prod_{k=0}^{n-1}\Gamma\left(z+\frac{k}{n}\right)=\lim_{m\to\infty}\frac{\left(\sqrt{2\pi}\right)^{n}\left(\frac{mn}{e}\right)^{mn} (mn)^{nz-\frac{1}{2}}}{(nz)(nz+1)\ldots(nz-1+mn)}$$

Substituindo o valor de *mn* por *m* não altera o valor do limite, assim,

$$n^{nz-\frac{1}{2}}\prod_{k=0}^{n-1}\Gamma\left(z+\frac{k}{n}\right)=\lim_{m\to\infty}\frac{\left(\sqrt{2\pi}\right)^{n}\left(\frac{m}{e}\right)^{m} m^{nz-\frac{1}{2}}}{(nz)(nz+1)\ldots(nz-1+m)}$$

Substituindo a fórmula de Stirling no produto acima,

$$n^{nz-\frac{1}{2}}\prod_{k=0}^{n-1}\Gamma\left(z+\frac{k}{n}\right)=\lim_{m\to\infty}\frac{\left(\sqrt{2\pi}\right)^{n-1}\overbrace{\left(\sqrt{2\pi m}\right)\left(\frac{m}{e}\right)^{m}}^{Stirling} m^{nz-1}}{(nz)(nz+1)\ldots(nz-1+m)}$$

$$n^{nz-\frac{1}{2}}\prod_{k=0}^{n-1}\Gamma\left(z+\frac{k}{n}\right)=\left(\sqrt{2\pi}\right)^{n-1}\underbrace{\lim_{m\to\infty}\frac{m!m^{nz-1}}{(nz)(nz+1)\ldots(nz-1+m)}}_{\text{Fórmula do Produto de Euler}}$$

Onde vale observar que, $\Gamma(z)=\lim_{m\to\infty}\frac{m!m^{z}}{z(z+1)(z+2)\ldots(z+m)}$, de modo que,

$\Gamma(z-1)=\frac{\Gamma(z)}{z-1}=\lim_{m\to\infty}\frac{m!m^{z-1}}{(z-1)z(z+1)(z+2)\ldots(z+m-1)}$, mas,

$\frac{\Gamma(z)}{\cancel{z-1}}=\lim_{m\to\infty}\frac{m!m^{z-1}}{\cancel{(z-1)}z(z+1)(z+2)\ldots(z+m-1)}$, por tanto, podemos escrever que,

$$\Gamma(z) = \lim_{m\to\infty} \frac{m!m^{z-1}}{z(z+1)(z+2)\ldots(z+m-1)}$$, assim,

$$n^{nz-\frac{1}{2}} \prod_{k=0}^{n-1} \Gamma\left(z+\frac{k}{n}\right) = \left(\sqrt{2\pi}\right)^{n-1} \underbrace{\lim_{m\to\infty} \frac{m!m^{nz-1}}{(nz)(nz+1)\ldots(nz-1+m)}}_{\Gamma(nz)}$$

$$n^{nz-\frac{1}{2}} \prod_{k=0}^{n-1} \Gamma\left(z+\frac{k}{n}\right) = \left(\sqrt{2\pi}\right)^{n-1} \Gamma(nz)$$

$$\prod_{k=0}^{n-1} \Gamma\left(z+\frac{k}{n}\right) = \left(\sqrt{2\pi}\right)^{n-1} n^{\frac{1}{2}-nz} \Gamma(nz)$$

□

X) Integrais de Euler[23]

$$\frac{\Gamma(z)}{n|\rho|^z}\operatorname{sen}(\alpha z)=\int_0^\infty u^{nz-1}e^{-au^n}\operatorname{sen}(bu^n)\,du$$

$$\frac{\Gamma(z)}{n|\rho|^z}\cos(\alpha z)=\int_0^\infty u^{nz-1}e^{-au^n}\cos(bu^n)\,du$$

$$\rho=a+bi,\ \operatorname{tg}\alpha=\frac{b}{a}\left(a=0\Rightarrow\alpha=\frac{\pi}{2}\right)$$

Demonstração:

Vamos começar fazendo as substituições, $t=\rho u^n$, por tanto, $dt=\rho n u^{n-1}du$,

$$\Gamma(z)=\int_0^\infty t^{z-1}e^{-t}dt=\int_0^\infty \rho^{z-1}u^{n(z-1)}e^{-\rho u^n}\rho n u^{n-1}du=\int_0^\infty n\rho^z u^{nz-1}e^{-\rho u^n}\,du$$

$$\frac{\Gamma(z)}{n\rho^z}=\int_0^\infty u^{nz-1}e^{-\rho u^n}\,du,$$

e vamos reescrever a mesma expressão com o conjugado de ρ,

$$\frac{\Gamma(z)}{n\bar{\rho}^z}=\int_0^\infty u^{nz-1}e^{-\bar{\rho}u^n}\,du$$

Colocando ambas as expressões juntas,

$$\frac{\Gamma(z)}{n\bar{\rho}^z}\pm\frac{\Gamma(z)}{n\rho^z}=\int_0^\infty\left(u^{nz-1}e^{-\bar{\rho}u^n}\pm u^{nz-1}e^{-\rho u^n}\right)du$$

$$\frac{\Gamma(z)}{n}\left(\frac{1}{\bar{\rho}^z}\pm\frac{1}{\rho^z}\right)=\int_0^\infty u^{nz-1}\left(e^{-\bar{\rho}u^n}\pm e^{-\rho u^n}\right)du$$, utilizando a forma exponencial dos números complexos,

$$\frac{\Gamma(z)}{n|\rho|^z}\left(\frac{1}{e^{-i\alpha z}}\pm\frac{1}{e^{i\alpha z}}\right)=\int_0^\infty u^{nz-1}\left(e^{-(a-bi)u^n}\pm e^{-(a+bi)u^n}\right)du$$

$$\frac{\Gamma(z)}{n|\rho|^z}\left(e^{i\alpha z}\pm e^{-i\alpha z}\right)=\int_0^\infty u^{nz-1}\left(e^{-au^n+ibu^n}\pm e^{-au^n-ibu^n}\right)du$$

$$\frac{\Gamma(z)}{n|\rho|^z}\left(e^{i\alpha z}\pm e^{-i\alpha z}\right)=\int_0^\infty u^{nz-1}e^{-au^n}\left(e^{ibu^n}\pm e^{-ibu^n}\right)du$$

[23] Derivadas e ampliadas (n >1) dos cálculos de Euler para a função β. ver: MrYouMath. "Gama Function – Part 7 – Euler Integral I". YOUTUBE (https://youtu.be/VF7ud3Al6d8)

Lembrando que $\cos\theta = \dfrac{e^{i\theta} + e^{-i\theta}}{2}$ e $\operatorname{sen}\theta = \dfrac{e^{i\theta} - e^{-i\theta}}{2i}$, segue,

$$\frac{\Gamma(z)}{n|\rho|^z} \not{2} \cos(\alpha z) = \int_0^\infty u^{nz-1} e^{-au^n} \not{2} \cos(bu^n)\, du \text{, e}$$

$$\frac{\Gamma(z)}{n|\rho|^z} \not{2}\not{i}\; sen(\alpha z) = \int_0^\infty u^{nz-1} e^{-au^n} \not{2}\not{i}\; sen(bu^n)\, du$$

□

A Função Gama:

$$\Gamma(z) = \lim_{n\to\infty} \frac{n!\, n^z}{z(z+1)(z+2)\dots(z+n)}$$

Produto de Euler, $z \neq 0, -1, -2, \dots$

$$\Gamma(z) = \int_0^1 \left(\ln\left(\frac{1}{t}\right) \right)^{z-1} dt$$

Integral de Euler (1729)
$\mathrm{Re}(z) > 0$

$$\Gamma(z) = \int_0^\infty t^{z-1} e^{-t} dt$$

Integral de Euler de 2º tipo
$\mathrm{Re}(z) > 0$

Bohr-Mollerup:
"Se uma função f, $f:]0,+\infty[\to]0,+\infty[$ tal que o $\ln(f(z))$ é convexo, $f(1) = 1$ e $f(z+1) = z f(z)$, então, $f(z) = \Gamma(z)$ para todo $z \in]0,\infty[$ ".

$$\Gamma(z) = \lim_{n\to\infty} \frac{n^z}{z} \prod_{k=1}^{n} \frac{k}{z+k}$$

Produto de Gauss
$z \neq 0, -1, -2, \dots$

$$\Gamma(z) = \frac{e^{-\gamma z}}{z} \prod_{k=1}^{\infty} \left(1 + \frac{z}{k}\right)^{-1} e^{\frac{z}{k}}$$

Produto de Weierstrass
$z \neq 0, -1, -2, \dots$

$$\Gamma(z)\Gamma(1-z) = \pi \operatorname{cossec} \pi z \text{ para } 0 < z < 1$$

Fórmula Reflexiva de Euler

$$\Gamma(z) = \lim_{n\to\infty} \frac{1}{z} \prod_{k=1}^{n} \left(1 + \frac{1}{k}\right)^z \left(1 + \frac{z}{k}\right)^{-1}$$

Produto de Gauss
$z \neq 0, -1, -2, \dots$

$$\Gamma(z)\Gamma\left(z + \frac{1}{n}\right)\Gamma\left(z + \frac{2}{n}\right)\dots\Gamma\left(z + \frac{n-1}{n}\right) = \left(\sqrt{2\pi}\right)^{n-1} n^{\frac{1}{2} - nz}\,\Gamma(nz)$$

Fórmula Multiplicativa de Gauss (1812)

$$\Gamma(2z) = \frac{2^{2z-1}}{\sqrt{\pi}} \Gamma(z)\Gamma\left(z + \frac{1}{2}\right)$$

Fórmula Duplicativa de Legendre

$$\frac{\Gamma(z)}{n|\rho|^z} \operatorname{sen}(\alpha z) = \int_0^\infty u^{nz-1} e^{-au^n} \operatorname{sen}(bu^n)\, du$$

$$\frac{\Gamma(z)}{n|\rho|^z} \cos(\alpha z) = \int_0^\infty u^{nz-1} e^{-au^n} \cos(bu^n)\, du$$

$$\rho = a + bi,\ \operatorname{tg}\alpha = \frac{b}{a} \left(a = 0 \Rightarrow \alpha = \frac{\pi}{2} \right)$$

Integrais de Euler

$$\Gamma(z)\zeta(z) = \int_0^\infty \frac{u^{z-1}}{e^u - 1} du,\ \mathrm{Re}(z) > 1$$

Relação entre as funções
Zeta de Riemann e a Função Gama

Gráfico da Função

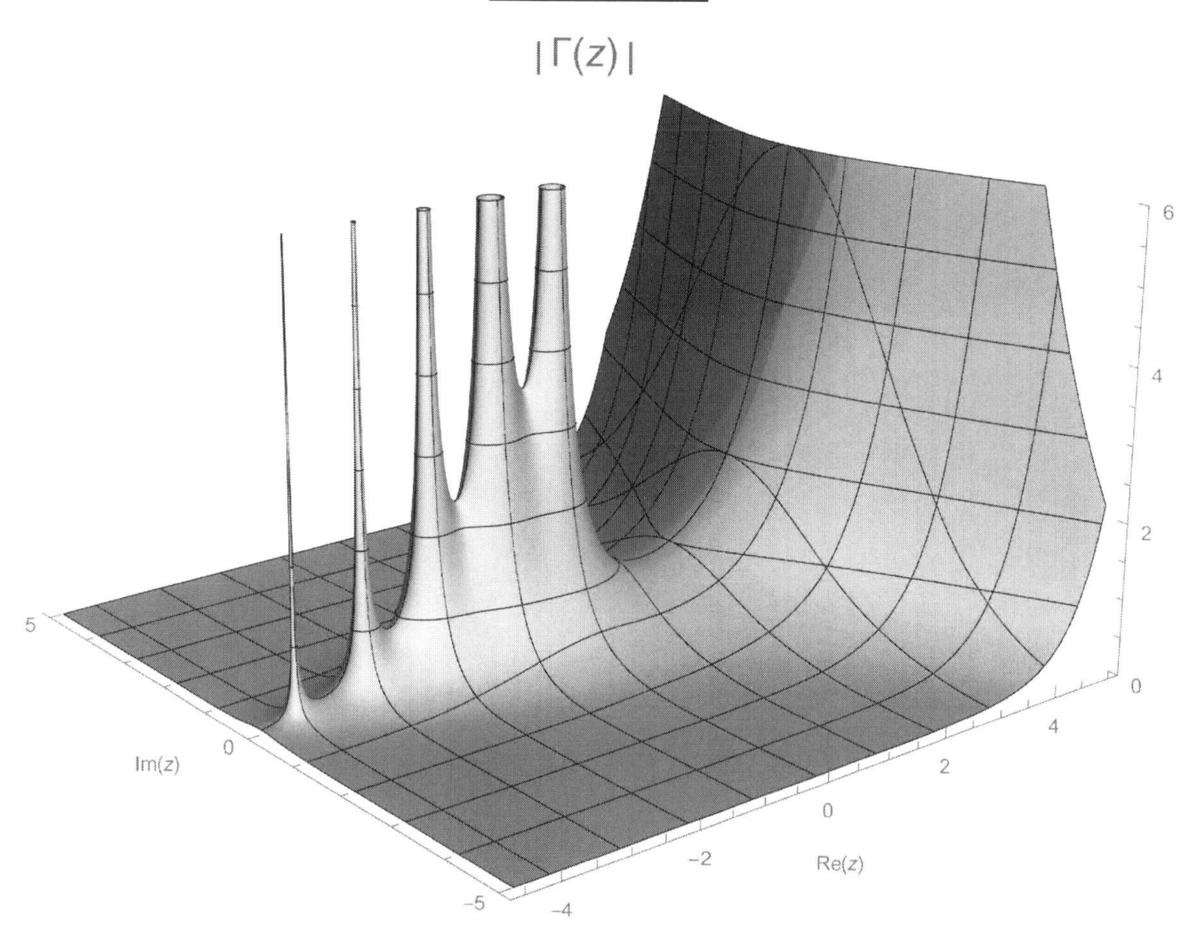

Função Gama nos Reais

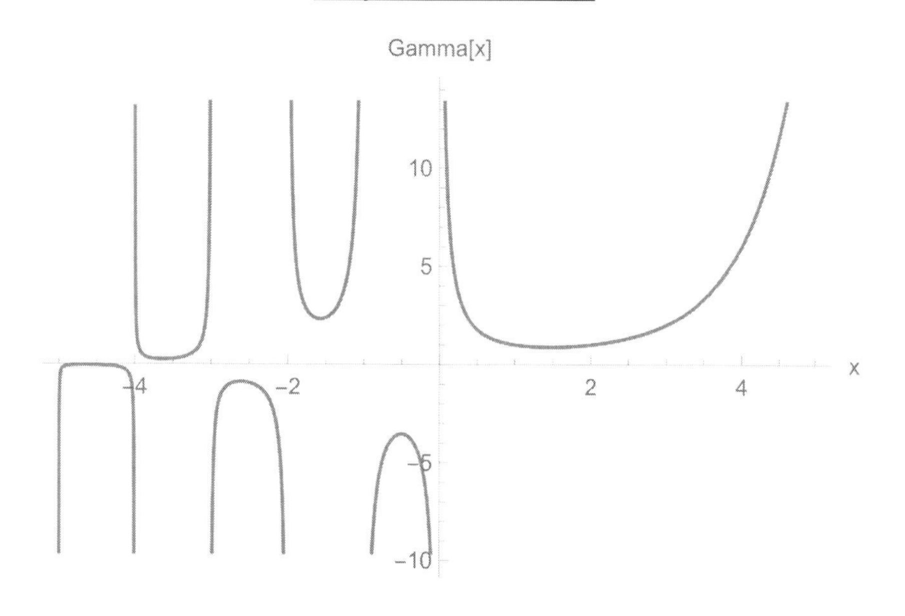

Manipulando a equação funcional da função Gama podemos ainda obter interessantes relações, observe,

$$\Gamma(a+n)=(a+n-1)...(a+2)(a+1)a\underbrace{(a-1)(a-2)...2.1}_{\Gamma(a)}$$

$$\Gamma(a+n)=(a+n-1)...(a+2)(a+1)a\Gamma(a)$$

Ou através de uma mudança sensível de notação,

Notação de Fatorial Ascendente ou Notação de Pochhammer[24]:

A notação de Pochhammer, $(a)_n$, na literatura especializada, aparece para representar tanto um fatorial ascendente como descendente, no entanto, ao trabalharmos com **funções especiais** assim como sua definição no *AS*[25] ela é utilizada para representar fatoriais ascendentes:

$$(a)_n =: \begin{cases} a(a+1)(a+2)\ ...\ (a+n-1),\ a\in\mathbb{C},\ n\in\mathbb{N} \\ 1,\ n=0,\ a\neq 0 \end{cases}$$

Propriedades: (nas condições da definição)

- $(a)_n = \binom{a}{n} n!$
- $(a)_{n+1} = a(a+1)_n = (a+n)(a)_n$
- $(a)_m (a+m)_n = (a)_{m+n}$
- $(-a)_n = (-1)(a-n+1)_n,\ 0\leq n\leq a$

Podemos escrever,

$$\Gamma(a+n)=(a)_n\Gamma(a)$$

assim,

$$\Gamma\left(\frac{1}{2}+n\right)=\left(\frac{1}{2}+n-1\right)...\left(\frac{1}{2}+2\right)\left(\frac{1}{2}+1\right)\frac{1}{2}\Gamma\left(\frac{1}{2}\right)$$

$$\Gamma\left(\frac{1}{2}+n\right)=\frac{2n-1}{2}...\frac{3}{2}\frac{1}{2}\Gamma\left(\frac{1}{2}\right)$$

---

[24] Leo August Pochhammer (1841-1920) Matemático prussiano, foi aluno de Kummer em Berlin onde obteve seu doutorado (1863), mais conhecido pelo seu trabalho sobre a Série Hipergeométrica onde além de ser responsável pela generalização desta, introduziu, a notação para o fatorial ascendente que leva seu nome (1870).

[25] *Abramowitz and Stegun*. É nome dos autores do livro de referência matemática estudunidense ***Handbook of Mathematical Functions with Formulas, Graphs, and Mathematical Tables*** (1964), hoje sucedido pelo *Digital Library of Mathematical Functions* (DLMF) e pelo *NIST Handbook of Mathematical Functions* editado pela Cambridge University Press.

$$\Gamma\left(\frac{1}{2}+n\right)=\frac{(2n-1)!!}{2^n}\Gamma\left(\frac{1}{2}\right)$$

De modo análogo podemos obter,

$$\Gamma\left(\frac{1}{3}+n\right)=\frac{(3n-2)!!!}{3^n}\Gamma\left(\frac{1}{3}\right)$$

$$\Gamma\left(\frac{1}{4}+n\right)=\frac{(4n-3)!^{(4)}}{4^n}\Gamma\left(\frac{1}{4}\right)$$

...

XI) $$\Gamma\left(n+\frac{1}{p}\right)=\frac{(pn-(p-1))!^{(p)}}{p^n}\Gamma\left(\frac{1}{p}\right)$$

Se agora quisermos calcular o valor da função Gama para números negativos não-inteiros de a ($a \neq -1,-2,-3,\ldots$), temos,

XII) $$\Gamma(a)=\frac{\Gamma(a+n)}{(a)_n},\quad -n<a<-n+1$$

Assim,

$$\Gamma\left(-\frac{1}{2}\right)=\frac{\Gamma\left(-\frac{1}{2}+1\right)}{-\frac{1}{2}}=-2\sqrt{\pi}$$

$$\Gamma\left(-\frac{3}{4}\right)=\frac{\Gamma\left(-\frac{3}{4}+1\right)}{-\frac{3}{4}}=-\frac{4}{3}\Gamma\left(\frac{1}{4}\right)$$

$$\Gamma\left(-\frac{2}{5}\right)=\frac{\Gamma\left(-\frac{2}{5}+1\right)}{-\frac{2}{5}}=-\frac{5}{2}\Gamma\left(\frac{3}{5}\right)$$

a) Utilizando a definição usual, $\Gamma(z)=\int_0^\infty t^{z-1}e^{-t}dt$, mostre que $\Gamma(n+1)=n!$.

Solução:

Vamos calcular o resultado da integral abaixo,

$$\int_0^\infty e^{-st}dt=\left[\frac{-e^{-st}}{s}\right]_0^\infty=\frac{1}{s}\text{, assim,}$$

$$\frac{d}{ds}\int_0^\infty e^{-st}dt=\frac{d}{ds}\left(\frac{1}{s}\right)\text{, se derivarmos ambos os lados em função de } s\text{,}$$

$$\int_0^\infty -t\,e^{-st}dt=-\frac{1}{s^2}\text{, se continuarmos o processo n-1 vezes,}$$

$$\int_0^\infty t^2e^{-st}dt=\frac{1.2}{s^3}$$

$$\int_0^\infty -t^3e^{-st}dt=-\frac{1.2.3}{s^4}$$

...

$$\int_0^\infty (-1)^n t^ne^{-st}dt=(-1)^n\frac{n!}{s^{n+1}}$$

$$\int_0^\infty t^ne^{-st}dt=\frac{n!}{s^{n+1}}\text{ ,}$$

Fazendo $s = 1$,

$$\int_0^\infty t^ne^{-t}dt=n!$$

b) Calcule a integral $\int_0^1 x^m(\ln x)^n\,dx,\ m,n\in\mathbb{N}$.

Solução:

Seja $x=e^{-t}\Leftrightarrow -t=\ln x,\ dx=-e^{-t}dt$, por tanto, $\begin{cases}x=1\rightarrow t=0\\ x=0\rightarrow t=\infty\end{cases}$, assim,

$$\int_0^1 x^m(\ln x)^n\,dx=\int_\infty^0(e^{-t})^m(-t)^n(-e^{-t}dt)$$

$$\int_0^1 x^m(\ln x)^n\,dx=(-1)^n\int_0^\infty e^{-t(m+1)}t^ndt$$

Seja agora $u=(m+1)t,\ dt=\frac{1}{m+1}du$,

$$\int_0^1 x^m(\ln x)^n\,dx=(-1)^n\int_0^\infty e^{-u}\left(\frac{u}{m+1}\right)^n\frac{1}{m+1}du$$

$$\int_0^1 x^m(\ln x)^n\,dx=\frac{(-1)^n}{(m+1)^{n+1}}\int_0^\infty e^{-u}u^ndu\text{, como }\int_0^\infty e^{-u}u^ndu=\Gamma(n+1)\text{, temos,}$$

$$\int_0^1 x^m(\ln x)^n\,dx=\frac{(-1)^n}{(m+1)^{n+1}}\Gamma(n+1)\text{, para } n\in\mathbb{N}\text{,}$$

$$\int_0^1 x^m(\ln x)^n\,dx=\frac{(-1)^n n!}{(m+1)^{n+1}}$$

Obs.: Se $m = n$, $\int_0^1 (x \ln x)^n \, dx = \frac{(-1)^n n!}{(n+1)^{n+1}}$

c) Calcule a integral $\int_0^{\frac{\pi}{2}} \ln \operatorname{sen} z \, dz$.

Solução:

Vamos usar a Propriedade do Rei,

$$\int_0^{\frac{\pi}{2}} \ln \operatorname{sen} z \, dz = \int_0^{\frac{\pi}{2}} \ln \operatorname{sen}\left(\frac{\pi}{2} - z\right) dz = \int_0^{\frac{\pi}{2}} \ln \cos z \, dz \Rightarrow \int_0^{\frac{\pi}{2}} \ln \operatorname{sen} z \, dz = \int_0^{\frac{\pi}{2}} \ln \cos z \, dz$$

$$2\int_0^{\frac{\pi}{2}} \ln \operatorname{sen} z \, dz = \int_0^{\frac{\pi}{2}} \ln \operatorname{sen} z \, dz + \int_0^{\frac{\pi}{2}} \ln \cos z \, dz = \int_0^{\frac{\pi}{2}} \ln \operatorname{sen} z \cos z \, dz$$

$$2\int_0^{\frac{\pi}{2}} \ln \operatorname{sen} z \, dz = \int_0^{\frac{\pi}{2}} \ln \frac{2 \operatorname{sen} z \cos z}{2} dz = \int_0^{\frac{\pi}{2}} \ln \operatorname{sen} 2z - \ln 2 \, dz = \int_0^{\frac{\pi}{2}} \ln \operatorname{sen} 2z \, dz - \frac{\pi}{2} \ln 2$$

Seja $u = 2z$, por tanto, $du = 2\,dz$,

$$2\int_0^{\frac{\pi}{2}} \ln \operatorname{sen} z \, dz = \int_0^{\pi} \ln \operatorname{sen} u \frac{du}{2} - \frac{\pi}{2} \ln 2 = \frac{1}{2}\int_0^{\pi} \ln \operatorname{sen} u \, du - \frac{\pi}{2} \ln 2$$

$$2\int_0^{\frac{\pi}{2}} \ln \operatorname{sen} z \, dz = \frac{1}{2} 2\int_0^{\frac{\pi}{2}} \ln \operatorname{sen} u \, du - \frac{\pi}{2} \ln 2 = \int_0^{\frac{\pi}{2}} \ln \operatorname{sen} z \, dz - \frac{\pi}{2} \ln 2$$

$$\int_0^{\frac{\pi}{2}} \ln \operatorname{sen} z \, dz = -\frac{\pi}{2} \ln 2$$

d) Prove que $\int_0^1 \ln \Gamma(z) \, dz = \ln \sqrt{2\pi}$ (Euler).

Demonstração:

Da propriedade do Rei, temos:

$\int_0^1 \ln \Gamma(z) \, dz = \int_0^1 \ln \Gamma(1-z) \, dz$, assim,

$$2\int_0^1 \ln \Gamma(z) \, dz = \int_0^1 \ln \Gamma(z) \, dz + \int_0^1 \ln \Gamma(1-z) \, dz = \int_0^1 \ln \underbrace{\Gamma(z)\Gamma(1-z)}_{\pi \operatorname{cossec} \pi z} dz = \int_0^1 \ln(\pi \operatorname{cossec} \pi z) \, dz$$

$$2\int_0^1 \ln \Gamma(z) \, dz = \int_0^1 \ln \pi - \ln \operatorname{sen}(\pi z) \, dz = \ln \pi - \int_0^1 \ln \operatorname{sen}(\pi z) \, dz$$

Seja $u = \pi z$, por tanto, $du = \pi \, dz$,

$$2\int_0^1 \ln \Gamma(z) \, dz = \ln \pi - \int_0^{\pi} \ln \operatorname{sen} u \frac{du}{\pi} = \ln \pi - \frac{1}{\pi}\int_0^{\pi} \ln \operatorname{sen} z \, dz = \ln \pi - \frac{2}{\pi} \underbrace{\int_0^{\frac{\pi}{2}} \ln \operatorname{sen} z \, dz}_{-\frac{\pi}{2}\ln 2}$$

$$2\int_0^1 \ln \Gamma(z) \, dz = \ln \pi - \frac{2}{\pi}\left(-\frac{\pi}{2} \ln 2\right) = \ln \pi + \ln 2$$

$$\int_0^1 \ln \Gamma(z) \, dz = \frac{1}{2} \ln 2\pi = \ln \sqrt{2\pi}$$

□

e) Prove que $\int_a^{a+1} \ln\Gamma(z)dz = \ln\left(\sqrt{2\pi}\right) + a\ln a - a$ (Raabe[26])

Demonstração:

Seja a função $f(a) = \int_a^{a+1} \ln\Gamma(z)dz$,

Por Leibniz sabemos que,

$$f'(a) = \frac{d}{da}\int_a^{a+1} \ln\Gamma(z)dz = \ln\Gamma(z)\Big|_a^{a+1} = \ln\Gamma(a+1) - \ln\Gamma(a) = \ln\left(\frac{\Gamma(a+1)}{\Gamma(a)}\right)$$

Lembrando que $\ln\Gamma(a+1) = a\Gamma(a)$,

$$f'(a) = \ln a$$

$$f(a) = \int \ln a\, da = a\ln a - a + C$$

$$f(0) = \int_0^1 \ln\Gamma(z)dz = \frac{1}{2}\ln 2\pi = C \Rightarrow C = \ln\sqrt{2\pi}$$, por tanto,

$$f(a) = \int_a^{a+1} \ln\Gamma(z)dz = a\ln a - a + \ln\left(\sqrt{2\pi}\right)$$

□

f) Calcule o valor de $\Gamma\left(\frac{1}{2}\right)$.

Solução:

Fazendo $z = \frac{1}{2}$ na fórmula complementar de Euler, segue

$$\Gamma(z)\Gamma(1-z) = \pi \operatorname{cossec} \pi z \quad \Rightarrow \quad \Gamma\left(\frac{1}{2}\right)\Gamma\left(\frac{1}{2}\right) = \pi \operatorname{cossec}\frac{\pi}{2}$$

$$\Gamma\left(\frac{1}{2}\right)^2 = \pi \operatorname{cossec}\frac{\pi}{2} = \pi$$

$$\Gamma\left(\frac{1}{2}\right) = \sqrt{\pi}$$

g) Calcule:

a) $\Gamma\left(\frac{1}{2}\right) = \sqrt{\pi}$

b) $\Gamma\left(\frac{3}{2}\right) = \Gamma\left(\frac{1}{2}+1\right) = \frac{1}{2}\Gamma\left(\frac{1}{2}\right)$

c) $\Gamma\left(\frac{5}{2}\right) = \Gamma\left(\frac{3}{2}+1\right) = \frac{3}{2}\Gamma\left(\frac{3}{2}\right) = \frac{3}{2}\Gamma\left(\frac{1}{2}+1\right) = \frac{3}{2}\frac{1}{2}\Gamma\left(\frac{1}{2}\right)$

d) $\Gamma\left(\frac{7}{2}\right) = \frac{5}{2}\Gamma\left(\frac{5}{2}\right) = \frac{5}{2}\frac{3}{2}\frac{1}{2}\sqrt{\pi}$

[26] Ludwig Raabe (1801-1859) matemático suíço.

h) Calcule a integral $\int_{-\infty}^{\infty} e^{-x^2}\,dx$ (Integral de Gauss).

Solução:

$$\int_{-\infty}^{\infty} e^{-x^2}\,dx = \int_{-\infty}^{0} e^{-x^2}\,dx + \int_{0}^{\infty} e^{-x^2}\,dx = 2\int_{0}^{\infty} e^{-x^2}\,dx\,,$$

Seja $t = x^2 \Rightarrow x = t^{\frac{1}{2}}$, por tanto, $dt = 2x\,dx \Rightarrow dx = \dfrac{1}{2x}dt = \dfrac{t^{\frac{-1}{2}}}{2}dt$

$$\int_{-\infty}^{\infty} e^{-x^2}\,dx = 2\int_{0}^{\infty} e^{-t}\,\frac{1}{2}t^{-\frac{1}{2}}dt = \int_{0}^{\infty} t^{\frac{-1}{2}}e^{-t}dx = \Gamma\left(\frac{1}{2}\right) = \sqrt{\pi}$$

$$\int_{-\infty}^{\infty} e^{-x^2}\,dx = \sqrt{\pi}$$

i) Calcule a integral $\int_{0}^{\infty} e^{-x^n}dx,\ n > 0$.

Solução:

Seja $t = x^n \Rightarrow x = t^{\frac{1}{n}}$, por tanto, $dx = \dfrac{1}{n}t^{\frac{1}{n}-1}\,dt$,

$$\int_{0}^{\infty} e^{-x^n}\,dx = \int_{0}^{\infty} e^{-t}\,\frac{t^{\frac{1}{n}-1}}{n}dt = \frac{1}{n}\int_{0}^{\infty} t^{\frac{1}{n}-1}e^{-t}dt = \frac{1}{n},\ z-1 = \frac{1}{n}-1 \Rightarrow z = \frac{1}{n}$$

$$\int_{0}^{\infty} e^{-x^n}\,dx = \frac{1}{n}\int_{0}^{\infty} t^{\frac{1}{n}-1}e^{-t}dt = \frac{1}{n}\Gamma\left(\frac{1}{n}\right) = \Gamma\left(\frac{1}{n}+1\right)$$

$$\int_{0}^{\infty} e^{-x^n}\,dx = \Gamma\left(\frac{1}{n}+1\right) = \Gamma\left(\frac{n+1}{n}\right)$$

j) Calcule o valor das integrais de Fresnel:

$$\int_{0}^{\infty} \operatorname{sen}\left(z^2\right)dz \quad \text{e} \quad \int_{0}^{\infty} \cos\left(z^2\right)dz$$

Solução:

Vamos utilizar as integrais de Euler:

$$\int_{0}^{\infty} u^{nz-1}e^{-au^n}\operatorname{sen}\left(bu^n\right)du = \frac{\Gamma(z)}{n|\rho|^z}\operatorname{sen}(\alpha\,z)$$

$n = 2,\ a = 0,\ b = 1$ e $z = \dfrac{1}{2}$

$$\int_0^\infty u^{2\frac{1}{2}-1} e^{-0u^2} \operatorname{sen}\left(1 z^2\right) du = \frac{\Gamma\left(\frac{1}{2}\right)}{2|1|^{\frac{1}{2}}} \operatorname{sen}\left(\frac{\pi}{2}\frac{1}{2}\right)$$

$$\int_0^\infty \operatorname{sen}\left(z^2\right) dz = \frac{\Gamma\left(\frac{1}{2}\right)}{2} \operatorname{sen}\left(\frac{\pi}{4}\right) = \frac{\sqrt{\pi}}{2}\frac{\sqrt{2}}{2} = \frac{\sqrt{2\pi}}{4} \Rightarrow \int_0^\infty \operatorname{sen}\left(z^2\right) dz = \frac{\sqrt{2\pi}}{4}$$

$$\int_0^\infty u^{nz-1} e^{-au^n} \operatorname{sen}\left(bu^n\right) du = \frac{\Gamma(z)}{n|\rho|^z} \operatorname{sen}(\alpha z)$$

$$\int_0^\infty u^{2\frac{1}{2}-1} e^{-0u^2} \cos\left(1 z^2\right) du = \frac{\Gamma\left(\frac{1}{2}\right)}{2|1|^{\frac{1}{2}}} \cos\left(\frac{\pi}{2}\frac{1}{2}\right)$$

$$\int_0^\infty \cos\left(z^2\right) dz = \frac{\Gamma\left(\frac{1}{2}\right)}{2} \cos\left(\frac{\pi}{4}\right) = \frac{\sqrt{\pi}}{2}\frac{\sqrt{2}}{2} = \frac{\sqrt{2\pi}}{4} \Rightarrow \int_0^\infty \cos\left(z^2\right) dz = \frac{\sqrt{2\pi}}{4}$$

k) Prove que a integral $\int_0^\infty \frac{1}{1+x^n} dx = \frac{\pi}{n} \operatorname{cossec}\frac{\pi}{n},\ n > 1$.

Solução:

Utilizaremos como ferramenta para resolvermos essa integral, o resultado $\int_0^\infty e^{-ax} dx = \frac{1}{a}$ [27], observe,

$\frac{1}{1+x^n} = \int_0^\infty e^{-\left(1+x^n\right)x} dx$, reescrevendo na variável y e montando a integral, temos,

$$\int_0^\infty \left(\frac{1}{1+x^n}\right) dx = \int_0^\infty \left(\int_0^\infty e^{-\left(1+x^n\right)y} dy\right) dx = \int_0^\infty \int_0^\infty e^{-y} e^{x^n y} dy\, dx$$

Fazendo $u = yx^n$ e $x = \frac{u^{\frac{1}{n}}}{y^{\frac{1}{n}}} = u^{\frac{1}{n}} y^{-\frac{1}{n}}$, por tanto, $du = nx^{n-1} y\, dy$ e $dx = \frac{1}{n} x^{1-n} y^{-1} du$, temos,

$$\int_0^\infty \left(\frac{1}{1+x^n}\right) dx = \int_0^\infty \int_0^\infty e^{-y} e^{-x^n y} dy\, dx = \frac{1}{n}\int_0^\infty \int_0^\infty e^{-y} e^{-x^n y} x^{1-n} y^{-1} dy\, du = \frac{1}{n}\int_0^\infty \int_0^\infty e^{-y} e^{u} \left(u^{\frac{1}{n}} y^{-\frac{1}{n}}\right)^{1-n} y^{-1} dy\, du$$

$$\int_0^\infty \left(\frac{1}{1+x^n}\right) dx = \frac{1}{n}\int_0^\infty \int_0^\infty e^{-y} e^{u} u^{\frac{1}{n}-1} y^{1-\frac{1}{n}} y^{-1} dy\, du = \frac{1}{n}\int_0^\infty \int_0^\infty \left(e^{-y} y^{-\frac{1}{n}}\right)\left(e^{u} u^{\frac{1}{n}-1}\right) dy\, du$$

---

[27] $\int_0^\infty e^{-ax} dx = \left[-\frac{e^{-ax}}{a}\right]_0^\infty = \frac{1}{a}$

$$\int_0^\infty \left(\frac{1}{1+x^n}\right)dx = \frac{1}{n}\int_0^\infty \int_0^\infty \left(e^{-y} y^{-\frac{1}{n}}\right)\left(e^{u} u^{\frac{1}{n}-1}\right) dy\, du = \frac{1}{n}\left(\int_0^\infty e^{-y} y^{-\frac{1}{n}} dy\right)\left(\int_0^\infty e^{u} u^{\frac{1}{n}-1} du\right)^{28}$$

$$\int_0^\infty \left(\frac{1}{1+x^n}\right)dx = \frac{1}{n}\left(\int_0^\infty e^{-y} y^{-\frac{1}{n}} dy\right)\left(\int_0^\infty e^{u} u^{\frac{1}{n}-1} du\right) = \frac{1}{n}\underbrace{\Gamma\left(\frac{1}{n}\right)\Gamma\left(1-\frac{1}{n}\right)}_{\pi \operatorname{cossec}\frac{\pi}{n}}$$

$$\int_0^\infty \frac{1}{1+x^n} dx = \frac{\pi}{n}\operatorname{cossec}\frac{\pi}{n},\ n>1$$

□

l) Mostre que[29]:

a) $\operatorname{sen}\pi z = \pi z \prod_{k=1}^{\infty}\left(1+\frac{z^2}{k^2}\right)$

b) $\pi \operatorname{cotg}\pi z = \frac{1}{z} + \sum_{k=1}^{\infty}\left(\frac{1}{z+k}+\frac{1}{z-k}\right) = \lim_{z\to\infty}\sum_{k=1}^{\infty}\frac{1}{z-k}$

Demonstração:

a) Da Fórmula da Reflexão de Euler, temos que,

$$\Gamma(z)\Gamma(1-z) = \frac{\pi}{\operatorname{sen}\pi z}$$

$$\Gamma(z)\underbrace{(-z)\Gamma(-z)}_{\Gamma(1-z)} = \frac{\pi}{\operatorname{sen}\pi z}$$

$$-z\Gamma(z)\Gamma(-z) = \frac{\pi}{\operatorname{sen}\pi z}$$

$$\operatorname{sen}\pi z = \pi\left(-\frac{1}{z}\right)\frac{1}{\Gamma(z)}\frac{1}{\Gamma(-z)}$$

Do Produto de Wierstrass,

$$\frac{1}{\Gamma(z)} = ze^{\gamma z}\prod_{k=1}^{\infty}\left(1+\frac{z}{k}\right)e^{-\frac{z}{k}}$$

$$\operatorname{sen}\pi z = \pi\left(-\frac{1}{z}\right)\left[ze^{\gamma z}\prod_{k=1}^{\infty}\left(1+\frac{z}{k}\right)e^{-\frac{z}{k}}\right]\left[(-z)e^{-\gamma x}\prod_{k=1}^{\infty}\left(1-\frac{z}{k}\right)e^{\frac{z}{k}}\right]$$

$$\operatorname{sen}\pi z = \pi z e^{\gamma z}e^{-\gamma z}\prod_{k=1}^{\infty}\left(1+\frac{z}{k}\right)\left(1-\frac{z}{k}\right)e^{-\frac{z}{k}}e^{\frac{z}{k}}$$

---

[28] Teorema: "Sejam $f(x)$ e $g(y)$ integráveis, então: $\int_a^b \int_c^d f(x)g(y)\,dy\,dx = \left(\int_a^b f(x)dx\right)\left(\int_c^d g(y)dy\right)$". Para demonstração ver apêndice.

[29] George E. Andrews, Richard Askey, Ranjan Roy. "Special Functions". Cambridge University Press.

$$\operatorname{sen}\pi z=\pi z\prod_{k=1}^{\infty}\left(1+\frac{z}{k}\right)\left(1-\frac{z}{k}\right)=\pi z\prod_{k=1}^{\infty}\left(1-\frac{z^2}{k^2}\right)$$

$$\operatorname{sen}\pi z=\pi z\prod_{k=1}^{\infty}\left(1-\frac{z^2}{k^2}\right)$$

□

b) Calculando a derivada logarítmica da expressão do item (a),

$$\operatorname{sen}\pi z=\pi z\prod_{k=1}^{\infty}\left(1-\frac{z^2}{k^2}\right)$$

$$\ln\operatorname{sen}\pi z=\ln\left[\pi z\prod_{k=1}^{\infty}\left(1-\frac{z^2}{k^2}\right)\right]$$

$$\ln\operatorname{sen}\pi z=\ln\pi z+\sum_{k=1}^{\infty}\ln\left(1-\frac{z^2}{k^2}\right)$$

$$\frac{d}{dz}\ln\operatorname{sen}\pi z=\frac{d}{dz}\ln\pi z+\sum_{k=1}^{\infty}\frac{d}{dz}\ln\left(1-\frac{z^2}{k^2}\right)$$

$$\frac{\pi}{\operatorname{sen}\pi z}\cos\pi z=\frac{\pi}{\pi z}+\sum_{k=1}^{\infty}\left[\frac{k^2}{k^2-z^2}\left(\frac{-2z}{k^2}\right)\right]$$

$$\pi\operatorname{cotg}\pi z=\frac{1}{z}+\sum_{k=1}^{\infty}\left[\frac{2z}{z^2-k^2}\right]$$

$$\pi\operatorname{cotg}\pi z=\frac{1}{z}+\sum_{k=1}^{\infty}\left[\frac{z-k+z+k}{(z+k)(z-k)}\right]$$

$$\pi\operatorname{cotg}\pi z=\frac{1}{z}+\sum_{k=1}^{\infty}\left[\frac{1}{z+k}+\frac{1}{z-k}\right]=\lim_{z\to\infty}\sum_{k=1}^{\infty}\frac{1}{z-k}$$

□

5) Funções Log-Gama e Poli-Gama

Uma vez, que assim como o fatorial, a função Gama tem um crescimento muito rápido, para argumentos muito grandes se faz necessário obtermos de retorno, não o valor da função, mas o seu logaritmo natural, e atribui-se o nome de **Função Log-Gama** para essa função. Para valores que diferem de uma unidade, costuma-se usar a equação funcional:

I) $$\ln\Gamma(z+1)=\ln\Gamma(z)+\ln z$$

A derivada dessa função[30] também costuma ser muito utilizada, por exemplo, no estudo da propagação de ondas, recebendo o nome de **Função DiGama ou Psi**.

Função DiGama: $\psi(z)$

II) $$\psi(z)=\frac{d}{dz}\ln\Gamma(z)=\frac{\Gamma'(z)}{\Gamma(z)}=\frac{1}{\Gamma(z)}\int_0^\infty t^{z-1}e^{-t}\ln t\,dt$$

Para $z\neq 0,-1,-2,\ldots$

III) $$\psi(z+1)=\psi(z)+\frac{1}{z}$$

Demonstração:

Da propriedade funcional temos,

$\Gamma(z+1)=z\Gamma(z)$, derivando,

$\Gamma'(z+1)=z\Gamma'(z)+\Gamma(z)$

$$\frac{\Gamma'(z+1)}{\Gamma(z+1)}=\frac{\Gamma'(z)}{\Gamma(z)}+\frac{1}{z}\Rightarrow\psi(z+1)=\psi(z)+\frac{1}{z}$$

□

Importantes relações que decorrem desta são:

IV) $$\psi(z)=\frac{\Gamma'(z)}{\Gamma(z)}=-\frac{1}{z}-\gamma+\sum_{n=1}^{\infty}\left(\frac{1}{n}-\frac{1}{n+z}\right)$$

$$\psi(p)=H_{p-1}-\gamma,\ p\in\mathbb{N}^*$$

Demonstração:
Da relação de Weierstrass, temos,

[30] A derivada logarítmica de uma função é uma ferramenta muito utilizada, ver apêndice.

$$\frac{1}{\Gamma(z)}=\lim_{n\to\infty}\frac{1}{\Gamma_n(z)}=z\,e^{\gamma z}\prod_{n=1}^{\infty}\left(1+\frac{z}{n}\right)e^{\frac{-z}{n}}$$

Aplicando o logaritmo natural em ambos os lados,

$$-\Gamma(z)=\ln z+\gamma z+\sum_{n=1}^{\infty}\left[\ln\left(1+\frac{z}{n}\right)-\frac{z}{n}\right]$$

Derivando,

$$\psi(z)=\frac{\Gamma'(z)}{\Gamma(z)}=-\frac{1}{z}-\gamma+\sum_{n=1}^{\infty}\left(\frac{1}{n}-\frac{1}{n+z}\right),$$

Para $z = p$, natural não-nulo,

$$\psi(p)=-\frac{1}{p}-\gamma+\lim_{n\to\infty}\left[H_n-\left(H_{n+p}-H_p\right)\right]$$

$$\psi(p)=-\gamma+H_p-\frac{1}{p}$$

$$\psi(p)=-\gamma+H_{p-1}$$

□

Corolário: $H_p=\sum_{n=1}^{\infty}\left(\frac{1}{n}-\frac{1}{n+p}\right)=p\sum_{n=1}^{\infty}\frac{1}{n(n+p)}$

Demonstração:

$\sum_{n=1}^{\infty}\left(\frac{1}{n}-\frac{1}{n+p}\right)=\lim_{n\to\infty}\left[H_n-\left(H_{n+p}-H_p\right)\right]$, para n muito grande, $H_n\to H_{n+p}$, assim,

$$\sum_{n=1}^{\infty}\left(\frac{1}{n}-\frac{1}{n+p}\right)=\lim_{n\to\infty}\left[\cancel{H_n}-\cancel{H_{n+p}}+H_p\right]=H_p$$

□

Vamos obter agora uma relação utilizando a fórmula de duplicação de Legendre, observe,

$$\Gamma(2z)=\frac{2^{2z-1}}{\sqrt{\pi}}\Gamma(z)\Gamma\left(z+\frac{1}{2}\right)$$

$$\ln\Gamma(2z)=\ln\left[\frac{2^{2z-1}}{\sqrt{\pi}}\Gamma(z)\Gamma\left(z+\frac{1}{2}\right)\right]$$

$\ln\Gamma(2z)=(2z-1)\ln 2+\ln\Gamma(z)+\ln\Gamma\left(z+\frac{1}{2}\right)-\frac{1}{2}\ln\pi$, diferenciando em relação à z,

$$2\psi(2z)=2\ln 2+\psi(z)+\psi\left(z+\frac{1}{2}\right)$$

V) $$\boxed{\psi\left(z+\frac{1}{2}\right)=2\ln 2+\psi(z)-2\psi(2z)}$$

A função DiGama, assim como a função Gama, também possui uma **fórmula reflexiva**, observe: $\Gamma(1-z)\Gamma(z)=\pi \operatorname{cossec} \pi z$, aplicando o ln de ambos os lados,

$\ln\Gamma(1-z)+\ln\Gamma(z)=\ln\pi-\ln \operatorname{sen}\pi z$, derivando,

$(-1)\psi(1-z)+\psi(z)=-\dfrac{\pi}{\operatorname{sen}\pi z}\cos\pi z \Rightarrow \psi(z)-\psi(1-z)=-\pi\operatorname{cotg}\pi z$, finalmente,

<u>Fórmula Reflexiva da Função DiGama</u>

VI) $$\boxed{\psi(z)-\psi(1-z)=-\pi\operatorname{cotg}\pi z}$$

Queremos agora encontrar uma expressão em termos de integral para a função DiGama, essa representação é devida a Gauss, porém, antes, vamos reescrever a constante γ em forma de uma integral:

Da definição da constante $\gamma=\lim\limits_{n\to\infty}\left[H_n-\ln n\right]$, onde, $H_n=\sum\limits_{k=1}^{n}\dfrac{1}{k}$, desse modo, observe que $\int_0^1 x^{k-1}dx=\dfrac{1}{k}$, assim, podemos escrever, $H_n=\sum\limits_{k=1}^{n}\dfrac{1}{k}=\sum\limits_{k=1}^{n}\int_0^1 x^{k-1}dx$ e em sendo uma soma finita, podemos permutar o sinal de integração com a somatória, assim, $H_n=\sum\limits_{k=1}^{n}\int_0^1 x^{k-1}dx=\int_0^1\sum\limits_{k=1}^{n}x^{k-1}dx$, o que nos deixa com uma soma finita de PG, $\sum\limits_{k=1}^{n}x^{k-1}=\dfrac{1-x^n}{1-x}$, assim,

$$H_n=\int_0^1\frac{1-x^n}{1-x}dx,$$

substituindo,

$\gamma=\lim\limits_{n\to\infty}\left[\displaystyle\int_0^1\frac{1-x^n}{1-x}dx-\ln n\right]$, a ideia agora é fazermos uma substituição de modo que a integral nos leve a definição do número e através de seu limite,

Seja $y=1-x$, por tanto, $dx=-dy$,

$\gamma=\lim\limits_{n\to\infty}\left[-\displaystyle\int_1^0\frac{1-(1-y)^n}{y}dy-\ln n\right]$, seja agora $y=\dfrac{t}{n}$, por tanto, $dy=\dfrac{1}{n}dt$,

$\gamma=\lim\limits_{n\to\infty}\left[\displaystyle\int_0^n\frac{1-\left(1-\frac{t}{n}\right)^n}{t}dt-\ln n\right]$, vamos agora reescrever o $\ln n$ como integral,

$$\gamma=\lim_{n\to\infty}\left[\int_0^n \frac{1-\left(1-\frac{t}{n}\right)^n}{t}dt-\int_1^n \frac{1}{t}dt\right]$$, como temos intervalos de integração diferentes, vamos separar a 1ª integral em duas,

$$\gamma=\lim_{n\to\infty}\left[\int_0^1 \frac{1-\left(1-\frac{t}{n}\right)^n}{t}dt+\int_1^n \frac{1-\left(1-\frac{t}{n}\right)^n}{t}dt-\int_1^n \frac{1}{t}dt\right]$$

$$\gamma=\lim_{n\to\infty}\left[\int_0^1 \frac{1}{t}dt+\int_0^1 \frac{-\left(1-\frac{t}{n}\right)^n}{t}dt+\int_1^n \frac{-\left(1-\frac{t}{n}\right)^n}{t}dt+\int_1^n \frac{1}{t}-\int_1^n \frac{1}{t}dt\right]$$

$$\gamma=\lim_{n\to\infty}\left[\int_0^1 \frac{1}{t}dt-\int_0^1 \frac{\left(1-\frac{t}{n}\right)^n}{t}dt-\int_1^n \frac{\left(1-\frac{t}{n}\right)^n}{t}dt\right]$$

$$\gamma=\lim_{n\to\infty}\left[\int_0^1 \frac{1}{t}dt-\int_0^n \frac{\left(1-\frac{t}{n}\right)^n}{t}dt\right]$$

$$\gamma=\int_0^1 \frac{1}{t}dt-\lim_{n\to\infty}\int_0^n \frac{\left(1-\frac{t}{n}\right)^n}{t}dt$$, como a série é não negativa no intervalo,

$$\gamma=\int_0^1 \frac{1}{t}dt-\int_0^\infty \lim_{n\to\infty}\frac{\left(1-\frac{t}{n}\right)^n}{t}dt$$

$$\gamma=\underbrace{\int_0^1 \frac{1}{t}dt}_{A}-\underbrace{\int_0^\infty \frac{e^{-t}}{t}dt}_{B}$$, fazendo a mudança de variáveis separadamente em cada integral,

$A: \int_0^1 \frac{1}{t}dt$, seja $t=1-x$, por tanto, $dt=-dx$,

$$A: \int_0^1 \frac{1}{t}dt=\int_1^0 \frac{-1}{1-x}dx=\int_0^1 \frac{1}{1-x}dx$$

$B: -\int_0^\infty \frac{e^{-t}}{t}dt$, seja $e^{-t}=x \Leftrightarrow -t=\ln x \Leftrightarrow t=\ln\left(\frac{1}{x}\right)$, por tanto, $-e^{-t}dt=dx$,

$$B: -\int_0^{\infty}\frac{e^{-t}}{t}dt = \int_0^{\infty}\frac{-e^{-t}}{t}dt = \int_0^{1}\frac{dx}{\ln\left(\frac{1}{x}\right)} = \int_0^{1}\frac{1}{\ln x}dx,$$

Juntando as integrais novamente, temos:

$\gamma = \int_0^1 \frac{1}{1-x}dx + \int_0^1 \frac{1}{\ln x}dx$, finalmente,

$$\text{VII)} \quad \boxed{\gamma = \int_0^1 \frac{1}{1-x} + \frac{1}{\ln x}dx}$$

Continuando em busca da fórmula de Gauss,

$\psi(z) = -\gamma + \sum_{n=1}^{\infty}\left(\frac{1}{n} - \frac{1}{n+z-1}\right)$, reescrevendo os termos do somatório como integrais,

$$\psi(z) = -\gamma + \sum_{n=1}^{\infty}\left(\frac{1}{n} - \frac{1}{n+z-1}\right) = -\gamma + \sum_{n=1}^{\infty}\left(\left[\frac{x^n}{n}\right]_0^1 - \left[\frac{x^{n+z-1}}{n+z-1}\right]_0^1\right) = -\gamma + \sum_{n=1}^{\infty}\left(\int_0^1 x^{n-1} - x^{n+z-2}dx\right),$$

Do Teorema da Convergência,

$\psi(z) = -\gamma + \int_0^1 \sum_{n=1}^{\infty} x^{n-1} - \sum_{n=1}^{\infty} x^{n+z-2}\,dx$, para calcularmos as séries geométricas infinitas, observe,

$$\sum_{n=1}^{\infty} x^{n-1} = \frac{1}{x}\left[-1+1+\sum_{n=1}^{\infty} x^n\right] = \frac{1}{t}\left[-1+\underbrace{1+x+x^2+x^3+\ldots}_{PG\infty}\right] = \frac{1}{x}\left[-1+\frac{1}{1-x}\right] = \frac{1}{x}\left[\frac{\cancel{-1}+x+\cancel{1}}{1-x}\right] = \frac{1}{1-x},$$

analogamente,

$\sum_{n=1}^{\infty} x^{n+z-2} = x^{z-1}\frac{1}{x}\left[-1+1+\sum_{n=1}^{\infty} x^n\right] = \frac{x^{z-1}}{1-x}$, substituindo,

$\psi(z) = -\gamma + \int_0^1 \frac{1}{1-x} - \frac{x^{z-1}}{1-x}dx$, substituindo o valor de γ,

$$\psi(z) = -\int_0^1 \frac{1}{1-x} + \frac{1}{\ln x}dx + \int_0^1 \frac{1}{1-x} - \frac{x^{z-1}}{1-x}dx$$

$\psi(z) = -\int_0^1 \frac{x^{z-1}}{1-x} + \frac{1}{\ln x}dx$, seja agora $\ln x = -t \Leftrightarrow x = e^{-t}$, por tanto, $dx = -e^{-t}dt$,

$$\psi(z) = \int_0^1 \frac{-x^{z-1}}{1-x} - \frac{1}{\ln x}dx = \int_{\infty}^{0}\left[\frac{-\left(e^{-t}\right)^{z-1}}{1-e^{-t}} + \frac{1}{t}\right]\left(-e^{-t}\right)dt = \int_0^{\infty}\frac{e^{-t}}{t} - \frac{e^{zt}}{1-e^{-t}}dt$$

Fórmula de Gauss

VIII) $$\psi(z)=\int_0^{\infty}\left(\frac{e^{-t}}{t}-\frac{e^{-zt}}{1-e^{-t}}\right)dt,\ \text{Re}(z)>0$$

Uma outra importante expressão da função DiGama em forma de integral é devida a Dirichlet[31],

Seja para isso a integral $\int_0^{\infty}\int_1^{s} e^{-tz}\,dt\,dz$, temos:

$$\int_0^{\infty}\left(\int_1^{t} e^{-uv}dv\right)du=\int_0^{\infty}\left[-\frac{e^{-uv}}{u}\right]_1^{t}du=\int_0^{\infty}\frac{e^{-u}-e^{-tu}}{u}du$$ (I), invertendo os extremos,

$$\int_1^{t}\left(\int_0^{\infty} e^{-uv}du\right)dt=\int_1^{t}\left[-\frac{e^{-uv}}{v}\right]_0^{\infty}dv=\int_1^{t}\frac{1}{v}dv=\ln t$$ (II), de (I) e (II), ficamos com,

$$\int_0^{\infty}\frac{e^{-u}-e^{-tu}}{u}du=\ln t$$ (III)[32]

Vamos fazer o mesmo agora com a integral $\int_0^{\infty}\int_0^{\infty}\frac{e^{-t-u}-e^{-t-tu}}{u}t^{z-1}dt\,du$

$$\int_0^{\infty}\left(\int_0^{\infty}\frac{e^{-t-u}-e^{-t-su}}{u}t^{z-1}du\right)dt=\int_0^{\infty}\left(t^{z-1}e^{-t}\underbrace{\int_0^{\infty}\frac{e^{-u}-e^{-tu}}{u}du}_{\ln t}\right)dt=\int_0^{\infty}e^{-t}t^{z-1}\ln t\,dt$$

$$\int_0^{\infty}\left(\int_0^{\infty}\frac{e^{-t-u}-e^{-t-tu}}{u}t^{z-1}du\right)dt=\int_0^{\infty}e^{-t}t^{z-1}\ln t\,dt=\frac{d}{dz}\int_0^{\infty}e^{-t}t^{z-1}dt=\Gamma'(z),$$

Reintegrando, invertendo os extremos,

$$\int_0^{\infty}\left(\int_0^{\infty}\frac{e^{-t-u}-e^{-t-tu}}{u}t^{z-1}dt\right)du=\int_0^{\infty}\frac{1}{u}\left(\int_0^{\infty}\left(e^{-t-u}-e^{-t-tu}\right)t^{z-1}dt\right)du$$

$$\int_0^{\infty}\left(\int_0^{\infty}\frac{e^{-t-u}-e^{-t-tu}}{u}t^{z-1}dt\right)du=\int_0^{\infty}\frac{1}{u}\left(\int_0^{\infty}t^{z-1}e^{-t-u}dt-\int_0^{\infty}t^{z-1}e^{-t-tu}dt\right)du$$

---

[31] Andrews, George E. , Askey, Richard, Roy, Ranjan. "Special Functions". Cambridge University Press, 1999.

[32] O pode ser obtido diretamente utilizando-se a integral de Froullani.

$$\int_0^\infty\left(\int_0^\infty \frac{e^{-t-u}-e^{-t-tu}}{u}t^{z-1}dt\right)du=\int_0^\infty \frac{1}{u}\left(e^{-u}\underbrace{\int_0^\infty t^{z-1}e^{-t}dt}_{\Gamma(z)}-\underbrace{\int_0^\infty\left(t^{z-1}e^{-t}\right)e^{-tu}dt}_{\Gamma(z)(u+1)^{-z}}\right)du$$

$$\int_0^\infty\left(\int_0^\infty \frac{e^{-t-u}-e^{-t-tu}}{u}t^{z-1}dt\right)du=\Gamma(z)\int_0^\infty \frac{1}{u}\left(e^{-u}-\frac{1}{(u+1)^z}\right)du$$

Igualando as duas,

$$\Gamma'(z)=\Gamma(z)\int_0^\infty \frac{1}{u}\left(e^{-u}-\frac{1}{(u+1)^z}\right)du$$

$$\frac{\Gamma'(z)}{\Gamma(z)}=\int_0^\infty \frac{1}{u}\left(e^{-u}-\frac{1}{(u+1)^z}\right)du$$

$$\psi(z)=\int_0^\infty \frac{1}{u}\left(e^{-u}-\frac{1}{(1+u)^z}\right)du\text{, ou, }\psi(z)=\int_0^\infty \frac{1}{t}\left(e^{-t}-\frac{1}{(1+t)^z}\right)dt$$

Fórmula de Dirichlet

IX) $$\boxed{\psi(z)=\int_0^\infty \frac{1}{t}\left(e^{-t}-\frac{1}{(1+t)^z}\right)dt,\ \mathrm{Re}(z)>0}$$

X) Teorema de Gauss da Função DiGama:

"Sejam, p, q, n inteiros, tais que $0<p<q$, temos que,

a) $\psi(z+n)=\frac{1}{z}+\frac{1}{z+1}+\ldots+\frac{1}{z+n-1}+\psi(z)$

b) $\psi\left(\frac{p}{q}\right)=-\gamma-\ln q-\frac{\pi}{2}\mathrm{cotg}\left(\frac{p\pi}{q}\right)+\sum_{n=1}^{q-1}\left(\cos\frac{2\pi np}{q}\right)\ln\left(2\,\mathrm{sen}\frac{\pi n}{q}\right)$"

Demonstração:

a) Da função Gama sabemos que,

$$\Gamma(z+n)=(z+n-1)(z+n-2)\ldots z\Gamma(z)$$

Calculando a derivada logarítmica,

$$\frac{d}{dz}\ln\Gamma(z+n)=\frac{d}{dz}\ln(z+n-1)(z+n-2)\ldots z\Gamma(z)$$

$$\psi(z+n)=\frac{d}{dz}\left[\ln(z+n-1)+\ln(z+n-2)+\ldots+\ln\Gamma(z)\right]$$

$$\psi(z+n)=\frac{1}{z}+\frac{1}{z+1}+\ldots+\frac{1}{z+n-1}+\psi(z)$$

□

b) Na expressão,

$$\psi(z)=-\gamma+\sum_{n=0}^{\infty}\left(\frac{1}{n+1}-\frac{1}{z+1}\right)$$

Substituindo, $z=\frac{p}{q}$

$$\psi\left(\frac{p}{q}\right)+\gamma=\sum_{n=0}^{\infty}\left(\frac{1}{n+1}-\frac{q}{p+nq}\right)$$

Que equivale a,

$$\psi\left(\frac{p}{q}\right)+\gamma=\lim_{t\to 1^-}\sum_{n=0}^{\infty}\left(\frac{1}{n+1}-\frac{q}{p+nq}\right)t^{p+nq}$$

Pelo teorema de Abel[33],

$$\lim_{t\to 1^-}\sum_{n=0}^{\infty}\left(\frac{1}{n+1}-\frac{q}{p+nq}\right)t^{p+nq}=:\lim_{t\to 1^-}s(t)\text{ , assim,}$$

$$s(t)=\sum_{n=0}^{\infty}\frac{t^{p+nq}}{n+1}-\sum_{n=0}^{\infty}\frac{qt^{p+nq}}{p+nq}$$

Que pode ser reescrito como,

$$s(t)=t^{p-q}\sum_{n=0}^{\infty}\frac{t^{q(n+1)}}{n+1}-q\sum_{n=0}^{\infty}\frac{t^{p+nq}}{p+nq}\quad\text{(I)}$$

Se fizermos $u=n+1$, no 1º somatório, teremos,

[33] "Seja $\sum_{n=0}^{\infty}a_n=A$ uma série convergente de soma A. Se $f(z)=\sum_{n=0}^{\infty}a_nz^n$, $|z|<1$ então $\lim_{x\to 1^-}f(x)=A$, para x real".

$$t^{p-q}\sum_{n=0}^{\infty}\frac{t^{q(n+1)}}{n+1}=t^{p-q}\sum_{u=1}^{\infty}\frac{\left(t^{q}\right)^{u}}{u}$$, que da expansão de ln (1 – x) em série de potência[34], resulta,

$$t^{p-q}\sum_{u=1}^{\infty}\frac{\left(t^{q}\right)^{u}}{u}=-t^{p-q}\ln\left(1-t^{q}\right) \quad \text{(II)}$$

Para o 2º somatório, basta aplicarmos o

Teorema da dissecção de Simpson[35] (1759):

"Se $f(x)=\sum_{n=0}^{\infty}a_n x^n$, então $\sum_{n=0}^{\infty}a_{kn+m}x^{kn+m}=\frac{1}{k}\sum_{j=0}^{k-1}w^{-jm}f\left(w^{j}x\right)$,

onde $w=e^{\frac{2\pi}{k}i}$ é a *k-ésima* raiz da unidade e $m \not\equiv 0 \pmod{k}$"

e mais uma vez, a expansão do logaritmo,

Assim, nas condições do teorema, seja $f(t)=\sum_{n=1}^{\infty}\frac{t^n}{n}$ e $w=e^{\frac{2\pi}{q}i}$ é a *q-ésima* raiz da unidade, segue,

$$\sum_{n=0}^{\infty}\frac{t^{p+nq}}{p+nq}=-\frac{1}{q}\sum_{n=0}^{q-1}w^{-np}\ln\left(1-w^{n}t\right) \quad \text{(III)}$$

Substituindo (II) e (III) em (I),

$$s(t)=t^{p-q}\sum_{n=0}^{\infty}\frac{t^{q(n+1)}}{n+1}-q\sum_{n=0}^{\infty}\frac{t^{p+nq}}{p+nq}$$

$$s(t)=-t^{p-q}\ln\left(1-t^{q}\right)+\sum_{n=0}^{q-1}w^{-np}\ln\left(1-w^{n}t\right)$$

Igualando os índices,

$$s(t)=-t^{p-q}\ln\left(1-t^{q}\right)+t^{p-q}\ln\left(1-t\right)-t^{p-q}\ln\left(1-t\right)+\sum_{n=1}^{q-1}w^{-np}\ln\left(1-w^{n}t\right)$$

---

34 $\ln(1-x)=-\sum_{k=1}^{\infty}\frac{x^k}{k}$

35 Thomas Simpson (1710-1761) matemático britânico, autodidata, tendo chegado a atuar como professor de matemática na Royal Military Academy, foi membro da Royal Society, divulgou a obra de De Moivre, de modo a torná-la mais acessível, tem associado a seu nome uma regra de integração numérica muito utilizada e cuja autoria se discute. Foi ainda responsável por diversas obras, entre elas, este artigo publicado no Philosophical Transactions da Royal Society em 1º de janeiro de 1757, onde expõem a ideia do teorema em questão:

Simpson Thomas. 1757CIII. The invention of a general method for determining the sum of every 2d, 3d, 4th, or 5th, &c. term of a series, taken in order; the sum of the whole series being known. *Phil. Trans. R. Soc.* **50:** 757–769 (http://doi.org/10.1098/rstl.1757.0104) .

$$s(t)=-t^{p-q}\ln\frac{1-t^{q}}{1-t}-t^{p-q}\ln(1-t)+\ln(1-t)+\sum_{n=1}^{q-1}w^{-np}\ln(1-w^{n}t)$$

$$s(t)=-t^{p-q}\ln\frac{1-t^{q}}{1-t}-\left(t^{p-q}-1\right)\ln(1-t)+\sum_{n=1}^{q-1}w^{-np}\ln(1-w^{n}t)$$

Aplicando o limite, para $t\to 1^{-}$,

$$\psi\left(\frac{p}{q}\right)+\gamma=\lim_{t\to 1^{-}}\sum_{n=0}^{\infty}\left(\frac{1}{n+1}-\frac{q}{p+nq}\right)t^{p+nq}$$

$$\psi\left(\frac{p}{q}\right)+\gamma=\lim_{t\to 1^{-}}s(t)$$

$$\psi\left(\frac{p}{q}\right)+\gamma=-\ln q+\sum_{n=1}^{q-1}w^{-np}\ln(1-w^{n})\ \text{(IV)}$$

Se substituirmos $p=q-p$ em (IV),

$$\psi\left(\frac{q-p}{q}\right)+\gamma=-\ln q+\sum_{n=1}^{q-1}w^{-n(q-p)}\ln(1-w^{n})\ \text{(V)}$$

O somatório da equação (IV) pode ser reescrita como,

$$\sum_{n=1}^{q-1}w^{-np}\ln(1-w^{n})=\sum_{n=1}^{q-1}\left(e^{\frac{2\pi}{q}i}\right)^{-np}\ln(1-w^{n})=\sum_{n=1}^{q-1}\left(e^{\frac{-2\pi np}{q}i}\right)\ln(1-w^{n})=\sum_{n=1}^{q-1}\left(\cos\frac{2\pi np}{q}-i\,\text{sen}\frac{2\pi np}{q}\right)\ln(1-w^{n})$$

Por sua vez, o somatório da equação (V) fica,

$$\sum_{n=1}^{q-1}w^{-n(q-p)}\ln(1-w^{n})=\sum_{n=1}^{q-1}\left(e^{\frac{2\pi}{q}i}\right)^{-n(q-p)}\ln(1-w^{n})=\sum_{n=1}^{q-1}\left(e^{-2\pi n}e^{\frac{2\pi np}{q}i}\right)\ln(1-w^{n})=\sum_{n=1}^{q-1}\left(\cos\frac{2\pi np}{q}+i\,\text{sen}\frac{2\pi np}{q}\right)\ln(1-w^{n}$$

Somando membro a membro,

$$\psi\left(\frac{p}{q}\right)+\psi\left(\frac{q-p}{q}\right)+2\gamma=-2\ln q+2\sum_{n=1}^{q-1}\left(\cos\frac{2\pi np}{q}\right)\ln(1-w^{n})$$

Uma vez que estamos trabalhando com números reais no 1º membro, podemos extrair a parte real do 2º membro,

$$\text{Re}\left[\ln(1-w^{n})\right]=\text{Re}\left[\ln\left(1-e^{\frac{2\pi n}{q}}\right)\right]=\text{Re}\left[\ln\left(1-\cos\frac{2\pi n}{q}+i\,\text{sen}\frac{2\pi n}{q}\right)\right]$$

$$\text{Re}\left[\ln\left(1-\cos\frac{2\pi n}{q}+i\,\text{sen}\frac{2\pi n}{q}\right)\right]=\ln\left|1-\cos\frac{2\pi n}{q}+i\,\text{sen}\frac{2\pi n}{q}\right|=\ln\left[\left(1-\cos\frac{2\pi n}{q}\right)^2+\text{sen}^2\frac{2\pi n}{q}\right]^{\frac{1}{2}}$$

$$\text{Re}\left[\ln\left(1-\cos\frac{2\pi n}{q}+i\,\text{sen}\frac{2\pi n}{q}\right)\right]=\ln\left[2-2\cos\frac{2\pi n}{q}\right]^{\frac{1}{2}}=\frac{1}{2}\ln\left(2-2\cos\frac{2\pi n}{q}\right)$$

Substituindo,

$$\psi\left(\frac{p}{q}\right)+\psi\left(\frac{q-p}{q}\right)+2\gamma=-2\ln q+\sum_{n=1}^{q-1}\left(\cos\frac{2\pi np}{q}\right)\ln\left(2-2\cos\frac{2\pi n}{q}\right)$$

$$\psi\left(\frac{p}{q}\right)+\psi\left(1-\frac{p}{q}\right)=-2\gamma-2\ln q+\sum_{n=1}^{q-1}\left(\cos\frac{2\pi np}{q}\right)\ln\left(2-2\cos 2\left(\frac{\pi n}{q}\right)\right)$$

No 1º membro, vale lembrarmos da propriedade reflexiva da função DiGama,

$\psi(z)-\psi(1-z)=-\pi\,\text{cotg}\,\pi z$, assim,

$$\psi\left(\frac{p}{q}\right)-\psi\left(1-\frac{p}{q}\right)=-\pi\,\text{cotg}\left(\pi\frac{p}{q}\right)$$

Somando com a expressão,

$$2\psi\left(\frac{p}{q}\right)=-2\gamma-2\ln q-\pi\,\text{cotg}\left(\frac{p}{q}\pi\right)+\sum_{n=1}^{q-1}\left(\cos\frac{2\pi np}{q}\right)\ln\left(2-2\cos 2\left(\frac{\pi n}{q}\right)\right)$$

Quanto ao 2º membro, vale lembrarmos que $\cos 2\theta=1-2\text{sen}^2\theta$, aplicando na expressão,

$$2\psi\left(\frac{p}{q}\right)=-2\gamma-2\ln q-\pi\,\text{cotg}\left(\frac{p}{q}\pi\right)+\sum_{n=1}^{q-1}\left(\cos\frac{2\pi np}{q}\right)\ln\left(2-2\left(1-2\,\text{sen}^2\frac{\pi n}{q}\right)\right)$$

$$\psi\left(\frac{p}{q}\right)=-\gamma-\ln q-\frac{\pi}{2}\text{cotg}\left(\frac{p}{q}\pi\right)+\frac{1}{2}\sum_{n=1}^{q-1}\left(\cos\frac{2\pi np}{q}\right)\ln\left(4\,\text{sen}^2\frac{\pi n}{q}\right)$$

$$\psi\left(\frac{p}{q}\right)=-\gamma-\ln q-\frac{\pi}{2}\text{cotg}\left(\frac{p}{q}\pi\right)+\frac{1}{2}\sum_{n=1}^{q-1}\left(\cos\frac{2\pi np}{q}\right)\ln\left(2\,\text{sen}\frac{\pi n}{q}\right)^2$$

Finalmente,

$$\boxed{\psi\left(\frac{p}{q}\right)=-\gamma-\ln q-\frac{\pi}{2}\text{cotg}\left(\frac{p\pi}{q}\right)+\sum_{n=1}^{q-1}\left(\cos\frac{2\pi np}{q}\right)\ln\left(2\,\text{sen}\frac{\pi n}{q}\right)}$$

□

XI) Integrais de Binet

As expressões da função $\ln\Gamma(x)$ em forma de integral devidas à Binet são de grande utilidade no desenvolvimento da teoria analítica dos números e outros campos da matemática. São duas as integrais em questão:

1ª Integral de Binet:

$$\ln\Gamma(z)=\left(z-\frac{1}{2}\right)\ln z-z+\frac{1}{2}\ln 2\pi+\int_0^{\infty}\left(\frac{1}{2}-\frac{1}{t}+\frac{1}{e^t-1}\right)\frac{e^{-tz}}{t}dt,\ \mathrm{Re}(z)>0$$

2ª Integral de Binet:

$$\ln\Gamma(z)=\left(z-\frac{1}{2}\right)\ln z-z+\frac{1}{2}\ln 2\pi+2\int_0^{\infty}\frac{\mathrm{tg}^{-1}\left(\frac{t}{z}\right)}{e^{2\pi t}-1}dt,\ \mathrm{Re}(z)>0$$

Demonstração[36]:

1ª Integral de Binet:

Da integral de Gauss,

$\psi(z)=\int_0^{\infty}\left(\frac{e^{-t}}{t}-\frac{e^{-zt}}{1-e^{-t}}\right)dt,\ \mathrm{Re}(z)>0$, temos,

$$\psi(z+1)=\int_0^{\infty}\left(\frac{e^{-t}}{t}-\frac{e^{-(z+1)t}}{1-e^{-t}}\right)dt=\int_0^{\infty}\left(\frac{e^{-t}}{t}-\frac{e^{-zt}e^{-t}}{1-e^{-t}}\right)dt=\int_0^{\infty}\left(\frac{e^{-t}}{t}-\frac{e^{-zt}}{\frac{1-e^{-t}}{e^{-t}}}\right)dt$$

$$\psi(z+1)=\int_0^{\infty}\left(\frac{e^{-t}}{t}-\frac{e^{-zt}}{\frac{1-e^{-t}}{e^{-t}}}\right)dt=\int_0^{\infty}\left(\frac{e^{-t}}{t}-\frac{e^{-zt}}{e^{t}-1}\right)dt$$

$$\psi(z+1)=\int_0^{\infty}\left(\frac{e^{-tz}}{2}-\frac{e^{-tz}}{2}\right)+\frac{e^{-t}+\left(e^{-tz}-e^{-tz}\right)}{t}-\frac{e^{-tz}}{e^{t}-1}dt$$

$$\psi(z+1)=\int_0^{\infty}\frac{e^{-tz}}{2}-\frac{e^{-tz}}{2}+\frac{e^{-t}-e^{-tz}}{t}+\frac{e^{-tz}}{t}-\frac{e^{-tz}}{e^{t}-1}dt$$

[36] Flammable Maths. “Slaying a Monster: Binet’s Second Formula for Log Gamma. YouTube. (https://www.youtube.com/watch?v=-dwJNStCy98) acessado em outubro de 2021.

$$\psi(z+1)=\int_0^\infty \frac{e^{-tz}}{2}+\frac{e^{-t}-e^{-tz}}{t}-\frac{e^{-tz}}{2}+\frac{e^{-tz}}{t}-\frac{e^{-tz}}{e^t-1}dt$$

$$\frac{d}{dz}\ln\Gamma(z+1)=\frac{1}{2}\int_0^\infty e^{-tz}dt+\int_0^\infty \frac{e^{-t}-e^{-tz}}{t}dt-\int_0^\infty\left(\frac{1}{2}-\frac{1}{t}+\frac{1}{e^t-1}\right)e^{-tz}dt$$

Onde, como vimos na dedução da integral de Dirichlet,

$\int_0^\infty \frac{e^{-t}-e^{-tz}}{t}dt=\ln z$, ainda, $\int_0^\infty e^{-tz}dt=\frac{1}{z}$, assim,

$$\frac{d}{dz}\ln\Gamma(z+1)=\frac{1}{2z}+\ln z-\int_0^\infty\left(\frac{1}{2}-\frac{1}{t}+\frac{1}{e^t-1}\right)e^{-tz}dt$$

A integrando acima é contínuo e limitado superiormente quando $t\to\infty$, segue que a integral é convergente para $z>0$, por tanto, podemos realizar a integração sob o sinal da integral em z, indo de 1 a z,

$$\ln\Gamma(z+1)=\int_1^z \frac{1}{2z}+\ln z\,dz-\int_0^\infty\int_1^z\left(\frac{1}{2}-\frac{1}{t}+\frac{1}{e^t-1}\right)e^{-tz}dz\,dt$$

$$\ln\Gamma(z+1)=\frac{1}{2}\int_1^z \frac{1}{z}dz+\int_1^z \ln z\,dz-\int_0^\infty\left(\frac{1}{2}-\frac{1}{t}+\frac{1}{e^t-1}\right)\int_1^z e^{-tz}dz\,dt$$

$$\ln\Gamma(z+1)=\frac{1}{2}\ln z+z(\ln z-1)+1-\int_0^\infty\left(\frac{1}{2}-\frac{1}{t}+\frac{1}{e^t-1}\right)\frac{e^{-t}-e^{-tz}}{t}dt$$

$$\ln\Gamma(z+1)=\left(z+\frac{1}{2}\right)\ln z-z+1+\int_0^\infty\left(\frac{1}{2}-\frac{1}{t}+\frac{1}{e^t-1}\right)\frac{e^{-tz}-e^{-t}}{t}dt$$

Usando a identidade, $\ln\Gamma(z+1)=\ln z+\ln\Gamma(z)$,

$$\ln\Gamma(z)=\left(z+\frac{1}{2}\right)\ln z-z+1+\int_0^\infty\left(\frac{1}{2}-\frac{1}{t}+\frac{1}{e^t-1}\right)\frac{e^{-tz}-e^{-t}}{t}dt-\ln z$$

$$\ln\Gamma(z)=\left(z-\frac{1}{2}\right)\ln z-z+1+\int_0^\infty\left(\frac{1}{2}-\frac{1}{t}+\frac{1}{e^t-1}\right)\frac{e^{-tz}-e^{-t}}{t}dt$$

Dividindo em duas a integral,

$$\ln\Gamma(z)=\left(z-\frac{1}{2}\right)\ln z-z+1+\int_0^\infty\left(\frac{1}{2}-\frac{1}{t}+\frac{1}{e^t-1}\right)\frac{e^{-tz}}{t}dt-\int_0^\infty\left(\frac{1}{2}-\frac{1}{t}+\frac{1}{e^t-1}\right)\frac{e^{-t}}{t}dt$$

Para resolvermos a segunda integral, vamos utilizar o artifício usado por Pringsheim[37] em seu artigo *Zur Theorie der Gammafunktion* (Math. Ann., XXXI, 1888, pg.473),

[37] Alfred Israel Pringsheim (1850-1941), matemático judeu-alemão.

Para $z=\frac{1}{2}$,

$$\ln\Gamma\left(\frac{1}{2}\right)=\frac{1}{2}+\int_0^{\infty}\left(\frac{1}{2}-\frac{1}{t}+\frac{1}{e^t-1}\right)\frac{e^{-\frac{1}{2}t}}{t}dt-\int_0^{\infty}\left(\frac{1}{2}-\frac{1}{t}+\frac{1}{e^t-1}\right)\frac{e^{-t}}{t}dt$$

Denominando por $A=\int_0^{\infty}\left(\frac{1}{2}-\frac{1}{t}+\frac{1}{e^t-1}\right)\frac{e^{-t}}{t}dt$ e $B=\int_0^{\infty}\left(\frac{1}{2}-\frac{1}{t}+\frac{1}{e^t-1}\right)\frac{e^{-\frac{1}{2}t}}{t}dt$ as integrais, ficamos com,

$\frac{1}{2}\ln\pi=\frac{1}{2}+B-A$, onde,

$$B-A=\int_0^{\infty}\left(\frac{1}{2}-\frac{1}{t}+\frac{1}{e^t-1}\right)\frac{e^{-\frac{1}{2}t}}{t}dt-\int_0^{\infty}\left(\frac{1}{2}-\frac{1}{t}+\frac{1}{e^t-1}\right)\frac{e^{-t}}{t}dt$$, ainda,

Também, de, $A=\int_0^{\infty}\left(\frac{1}{2}-\frac{2}{t}+\frac{1}{e^{\frac{1}{2}t}-1}\right)\frac{e^{-\frac{1}{2}t}}{t}dt$, temos,

$$B-A=\int_0^{\infty}\left(\frac{1}{2}-\frac{1}{t}+\frac{1}{e^t-1}\right)\frac{e^{-\frac{1}{2}t}}{t}dt-\int_0^{\infty}\left(\frac{1}{2}-\frac{2}{t}+\frac{1}{e^{\frac{1}{2}t}-1}\right)\frac{e^{-\frac{1}{2}t}}{t}dt$$

$$B-A=\int_0^{\infty}\left(\frac{1}{t}+\frac{1}{e^t-1}-\frac{1}{e^{\frac{1}{2}t}-1}\right)\frac{e^{-\frac{1}{2}t}}{t}dt=\int_0^{\infty}\left(\frac{1}{t}+\frac{1}{e^t-1}-\frac{e^{\frac{1}{2}t}+1}{e^t-1}\right)\frac{e^{-\frac{1}{2}t}}{t}dt$$

$$B-A=\int_0^{\infty}\left(\frac{1}{t}-\frac{e^{\frac{1}{2}t}}{e^t-1}\right)\frac{e^{-\frac{1}{2}t}}{t}dt$$, ainda,

$$B-A=\int_0^{\infty}\left(\frac{e^{-\frac{1}{2}t}}{t}-\frac{1}{e^t-1}\right)\frac{1}{t}dt$$

$$B=\int_0^{\infty}\left(\underbrace{\frac{e^{-\frac{1}{2}t}}{t}-\frac{1}{e^t-1}}_{Bt-At}+\underbrace{\left(\frac{e^{-t}}{2}-\frac{e^{-t}}{t}+\frac{e^{-t}}{e^t-1}\right)}_{At}\right)\frac{1}{t}dt$$

$$B=\int_0^\infty\left(\frac{e^{-\frac{1}{2}t}-e^{-t}}{t}-\frac{e^{-t}}{2}-\left(\frac{1}{e^t-1}-e^{-t}-\frac{e^{-t}}{e^t-1}\right)\right)\frac{1}{t}dt$$ [38]

$$B=\int_0^\infty\left(\frac{e^{-\frac{1}{2}t}-e^{-t}}{t^2}-\frac{e^{-t}}{2t}\right)dt$$

$$B=\int_0^\infty\left[-\frac{d}{dt}\left(\frac{e^{-\frac{1}{2}t}-e^{-t}}{t}\right)-\frac{1}{2t}\left(e^{-\frac{1}{2}t}-e^{-t}\right)\right]dt$$ [39]

$$B=\left[-\frac{e^{-\frac{1}{2}t}-e^{-t}}{t}\right]_0^\infty+\frac{1}{2}\underbrace{\int_0^\infty\frac{e^{-t}-e^{-\frac{1}{2}t}}{t}dt}_{\ln 2}$$

$$B=\frac{1}{2}+\frac{1}{2}\ln 2$$

Consequentemente,

$$A=1-\frac{1}{2}\ln 2\pi$$

Assim,

$$\boxed{\ln\Gamma(z)=\left(z-\frac{1}{2}\right)\ln z-z+\frac{1}{2}\ln 2\pi+\int_0^\infty\left(\frac{1}{2}-\frac{1}{t}+\frac{1}{e^t-1}\right)\frac{e^{-tz}}{t}dt,\ \mathrm{Re}(z)>0}$$

□

38 $\frac{1}{e^t-1}-e^{-t}-\frac{e^{-t}}{e^t-1}=\frac{1-e^{-t}}{1-e^t}+e^{-t}=\frac{1-e^{-t}+e^{-t}\left(1-e^t\right)}{1-e^t}=\frac{1-e^{-t}+e^{-t}-1}{1-e^t}=0$

39 $-\frac{d}{dt}\left(\frac{e^{-\frac{1}{2}t}-e^{-t}}{t}\right)=\frac{e^{-\frac{1}{2}t}-e^{-t}}{t^2}+\left(\frac{e^{-\frac{1}{2}t}}{2t}-\frac{e^{-t}}{t}\right)=\frac{e^{-\frac{1}{2}t}-e^{-t}}{t^2}+\frac{e^{-\frac{1}{2}t}-2e^{-t}}{2t}$

2ª Integral de Binet:

Seja a integral abaixo,

$$2\int_0^{\infty}\frac{\operatorname{tg}^{-1}\left(\frac{x}{z}\right)}{e^{2\pi x}-1}dx=2\int_0^{\infty}\frac{1}{e^{2\pi x}-1}\int_0^{\infty}e^{-zt}\frac{\operatorname{sen}(xt)}{t}dtdx$$

$$2\int_0^{\infty}\frac{\operatorname{tg}^{-1}\left(\frac{x}{z}\right)}{e^{2\pi x}-1}dx=2\int_0^{\infty}\frac{e^{-zt}}{t}\int_0^{\infty}\frac{\operatorname{sen}(xt)}{e^{2\pi x}-1}dxdt$$

$$2\int_0^{\infty}\frac{\operatorname{tg}^{-1}\left(\frac{x}{z}\right)}{e^{2\pi x}-1}dx=2\int_0^{\infty}\frac{e^{-zt}}{t}\int_0^{\infty}\frac{\frac{\operatorname{sen}(xt)}{e^{2\pi x}}}{\frac{e^{2\pi x}-1}{e^{2\pi x}}}dxdt$$

$$2\int_0^{\infty}\frac{\operatorname{tg}^{-1}\left(\frac{x}{z}\right)}{e^{2\pi x}-1}dx=2\int_0^{\infty}\frac{e^{-zt}}{t}\int_0^{\infty}\operatorname{sen}(xt)e^{-2\pi x}\frac{1}{1-e^{-2\pi x}}dxdt$$

Observe que parte do integrando pode ser reescrito como uma série geométrica,

$$\frac{1}{1-e^{-2\pi x}}=\frac{a_1}{1-q}=1+e^{-2\pi x}+e^{-4\pi x}+\ldots=\sum_{k=0}^{\infty}e^{-2\pi kx}\text{ , assim,}$$

$$2\int_0^{\infty}\frac{\operatorname{tg}^{-1}\left(\frac{x}{z}\right)}{e^{2\pi x}-1}dx=2\int_0^{\infty}\frac{e^{-zt}}{t}\int_0^{\infty}\operatorname{sen}(xt)e^{-2\pi x}\sum_{k=0}^{\infty}e^{-2\pi kx}\,dxdt$$

Do Teorema da Convergência Dominada,

$$2\int_0^{\infty}\frac{\operatorname{tg}^{-1}\left(\frac{x}{z}\right)}{e^{2\pi x}-1}dx=2\int_0^{\infty}\frac{e^{-zt}}{t}\sum_{k=0}^{\infty}\int_0^{\infty}\operatorname{sen}(xt)e^{-2\pi x(k+1)}\,dxdt$$, da alteração dos parâmetros da somatória,

$$2\int_0^{\infty}\frac{\operatorname{tg}^{-1}\left(\frac{x}{z}\right)}{e^{2\pi x}-1}dx=2\int_0^{\infty}\frac{e^{-zt}}{t}\sum_{k=1}^{\infty}\int_0^{\infty}\operatorname{sen}(xt)e^{-2\pi kx}\,dxdt$$

Integrando por partes,

$$\int_0^{\infty} \operatorname{sen}(xt) e^{-2\pi kx} dx$$

$$\begin{array}{ccc} & D & I \\ + & e^{-2\pi kx} & \operatorname{sen}(xt) \\ - & -2\pi k e^{-2\pi kx} & -\dfrac{\cos(xt)}{t} \\ + & 4\pi^2 k^2 e^{-2\pi kx} & -\dfrac{\operatorname{sen}(xt)}{t^2} \end{array}$$

$$\int_0^{\infty} \operatorname{sen}(xt) e^{-2\pi kx} dx = -e^{-2\pi kx} \frac{\cos(xt)}{t} - 2\pi k e^{-2\pi kx} \frac{\operatorname{sen}(xt)}{t^2} - \frac{4\pi^2 k^2}{t^2} \int_0^{\infty} \operatorname{sen}(xt) e^{-2\pi kx}$$

$$\left(1 + \frac{4\pi^2 k^2}{t^2}\right) \int_0^{\infty} \operatorname{sen}(xt) e^{-2\pi kx} dx = \left[-e^{-2\pi kx} \frac{\cos(xt)}{t} - 2\pi k e^{-2\pi kx} \frac{\operatorname{sen}(xt)}{t^2}\right]_0^{\infty}$$

$$\left(\frac{4\pi^2 k^2 + t^2}{t^2}\right) \int_0^{\infty} \operatorname{sen}(xt) e^{-2\pi kx} dx = \frac{1}{t}$$

$$\int_0^{\infty} \operatorname{sen}(xt) e^{-2\pi kx} dx = \frac{t}{t^2 + (2k\pi)^2} \text{ , assim,}$$

$$2\int_0^{\infty} \frac{\operatorname{tg}^{-1}\left(\dfrac{x}{z}\right)}{e^{2\pi x} - 1} dx = 2\int_0^{\infty} \frac{e^{-zt}}{t} \sum_{k=1}^{\infty} \int_0^{\infty} \operatorname{sen}(xt) e^{-2\pi kx} dxdt = 2\int_0^{\infty} \frac{e^{-zt}}{t} \sum_{k=1}^{\infty} \frac{t}{t^2 + (2k\pi)^2} dt$$

A expressão interna ao somatório representa uma série conhecida[40],

$$\boxed{\operatorname{cotg}(z) = \frac{1}{z} + 2z \sum_{k=1}^{\infty} \frac{1}{z^2 - (\pi k)^2}}$$

Através da substituição, $z = \frac{t}{2}$, seremos capazes de alterarmos parte do denominador do somatório, de $(\pi k)^2$ para $(2\pi k)^2$,

$$\operatorname{cotg}(z) = \frac{1}{z} + 2z \sum_{k=1}^{\infty} \frac{1}{z^2 - (\pi k)^2} \Rightarrow \operatorname{cotg}\left(\frac{t}{2}\right) = \frac{2}{t} + 2\frac{t}{2} \sum_{k=1}^{\infty} \frac{1}{\left(\dfrac{t}{2}\right)^2 - (\pi k)^2}$$

$$\operatorname{cotg}\left(\frac{t}{2}\right) = \frac{2}{t} + 2\frac{t}{2} \sum_{k=1}^{\infty} \frac{1}{\left(\dfrac{t}{2}\right)^2 - (\pi k)^2} = \frac{2}{t} + t \sum_{k=1}^{\infty} \frac{1}{\dfrac{1}{4}\left[t^2 - (2\pi k)^2\right]} = \frac{2}{t} + 4t \sum_{k=1}^{\infty} \frac{1}{t^2 - (2\pi k)^2}$$

[40] Ver no apêndice o tópico *Série de Fourier*.

$$\sum_{k=1}^{\infty}\frac{t}{t^2+(2k\pi)^2}=\frac{1}{4}\operatorname{cotgh}\left(\frac{t}{2}\right)-\frac{1}{2t}$$, substituindo na integral,

$$2\int_0^{\infty}\frac{\operatorname{tg}^{-1}\left(\frac{x}{z}\right)}{e^{2\pi x}-1}dx=2\int_0^{\infty}\frac{e^{-zt}}{t}\sum_{k=1}^{\infty}\frac{t}{t^2+(2k\pi)^2}\,dt$$

$$2\int_0^{\infty}\frac{\operatorname{tg}^{-1}\left(\frac{x}{z}\right)}{e^{2\pi x}-1}dx=2\int_0^{\infty}\frac{e^{-zt}}{t}\left(\frac{1}{4}\operatorname{cotgh}\left(\frac{t}{2}\right)-\frac{1}{2t}\right)dt$$

$$2\int_0^{\infty}\frac{\operatorname{tg}^{-1}\left(\frac{x}{z}\right)}{e^{2\pi x}-1}dx=\int_0^{\infty}\frac{e^{-zt}}{t}\left(\frac{1}{2}\operatorname{cotgh}\left(\frac{t}{2}\right)-\frac{1}{t}\right)dt$$

Vamos agora fazer uma nova substituição para trabalharmos com uma cotangente hiperbólica inteira,

Seja, $u=\frac{t}{2}$, $dt=2du$,

$$2\int_0^{\infty}\frac{\operatorname{tg}^{-1}\left(\frac{x}{z}\right)}{e^{2\pi x}-1}dx=\int_0^{\infty}\frac{e^{-2zu}}{2u}\left(\frac{1}{2}\operatorname{cotgh}(u)-\frac{1}{2u}\right)2du$$, finalmente,

$$2\int_0^{\infty}\frac{\operatorname{tg}^{-1}\left(\frac{x}{z}\right)}{e^{2\pi x}-1}dx=\frac{1}{2}\int_0^{\infty}\frac{e^{-2zu}}{u}\left(\operatorname{cotgh}(u)-\frac{1}{u}\right)du$$

Para realizarmos a integração vamos utilizar a derivação sob o sinal da integral,

$$F(z)=\frac{1}{2}\int_0^{\infty}\frac{e^{-2zu}}{u}\left(\operatorname{cotgh}(u)-\frac{1}{u}\right)du$$

$$F'(z)=\frac{1}{2}\int_0^{\infty}\frac{\partial}{\partial z}\left[\frac{e^{-2zu}}{u}\left(\operatorname{cotgh}(u)-\frac{1}{u}\right)\right]du$$

$$F'(z)=\frac{1}{\cancel{2}}\int_0^{\infty}\frac{-\cancel{2}\cancel{u}\,e^{-2zu}}{\cancel{u}}\left(\operatorname{cotgh}(u)-\frac{1}{u}\right)du=\int_0^{\infty}e^{-2zu}\left(\frac{1}{u}-\operatorname{cotgh}(u)\right)du$$

$$F'(z)=\int_0^{\infty}e^{-2zu}\left(\frac{1}{u}-\frac{e^{u}+e^{-u}}{e^{u}-e^{-u}}\right)du=\int_0^{\infty}e^{-2zu}\left(\frac{1}{u}-\frac{e^{u}+e^{-u}}{e^{u}-e^{-u}}\frac{e^{-u}}{e^{-u}}\right)du=\int_0^{\infty}e^{-2zu}\left(\frac{1}{u}-\frac{1+e^{-2u}}{1-e^{-2u}}\right)du$$

Simplificando, seja $t=2u$, $dt=2du$,

$$F'(z)=\int_0^{\infty} e^{-2zu}\left(\frac{1}{u}-\frac{1+e^{-2u}}{1-e^{-2u}}\right)du=\int_0^{\infty} e^{-tz}\left(\frac{2}{t}-\frac{1+e^{-t}}{1-e^{-t}}\right)\frac{1}{2}dt$$

$F'(z)=\int_0^{\infty} e^{-tz}\left(\frac{1}{t}-\frac{1+e^{-t}}{2\left(1-e^{-t}\right)}\right)dt$, com um pouco de manipulação algébrica,

$$F'(z)=\int_0^{\infty}\left(\frac{e^{-tz}+e^{-t}-e^{-t}}{t}-\frac{e^{-tz}+e^{-tz}e^{-t}-2e^{-tz}+2e^{-tz}}{2\left(1-e^{-t}\right)}\right)dt$$

$$F'(z)=\int_0^{\infty}\left(\frac{e^{-tz}-e^{-t}+e^{-t}}{t}-\frac{e^{-tz}e^{-t}-e^{-tz}+2e^{-tz}}{2\left(1-e^{-t}\right)}\right)dt$$

Lembrando que $\int_0^{\infty}\frac{e^{-t}-e^{-tz}}{t}dt=\ln z$ e reagrupando o integrando,

$$F'(z)=-\int_0^{\infty}\frac{e^{-t}-e^{-tz}}{t}dt+\int_0^{\infty}\frac{e^{-t}}{t}dt+\int_0^{\infty}\frac{e^{-tz}\cancel{\left(1-e^{-t}\right)}}{2\cancel{\left(1-e^{-t}\right)}}dt-\int_0^{\infty}\frac{\cancel{2}e^{-tz}}{\cancel{2}\left(1-e^{-t}\right)}dt$$

$$F'(z)=\underbrace{-\int_0^{\infty}\frac{e^{-t}-e^{-tz}}{t}dt}_{\ln z}+\int_0^{\infty}\frac{e^{-tz}}{2}dt+\underbrace{\int_0^{\infty}\frac{e^{-t}}{t}-\frac{e^{-tz}}{1-e^{-t}}dt}_{\psi(z)\,(Gauss)}$$

$$F'(z)=-\ln z+\left[\frac{e^{-tz}}{2z}\right]_0^{\infty}+\frac{\partial}{\partial z}\ln\Gamma(z)=\frac{1}{2z}-\ln z+\frac{\partial}{\partial z}\ln\Gamma(z)$$

$$F'(z)=\frac{1}{2z}-\ln z+\frac{\partial}{\partial z}\ln\Gamma(z)$$

$$F(z)=\int\frac{1}{2z}dz-\int\ln z\,dz+\int\frac{\partial}{\partial z}\ln\Gamma(z)dz$$

$F(z)=\frac{1}{2}\ln z-z\ln z+z+\ln\Gamma(z)+C$, para encontrarmos o valor da constante C, devemos observar a nossa integral inicial,

$2\int_0^{\infty}\frac{\operatorname{tg}^{-1}\left(\frac{x}{z}\right)}{e^{2\pi x}-1}dx$, onde é fácil percebermos que $\lim_{z\to\infty}2\int_0^{\infty}\frac{\operatorname{tg}^{-1}\left(\frac{x}{z}\right)}{e^{2\pi x}-1}dx=0$, assim, temos que,

$$\lim_{z\to\infty}F(z)=\lim_{z\to\infty}\left[\frac{1}{2}\ln z-z\ln z+z+\ln\Gamma(z)+C\right]=0$$

Mas, quando $z\to\infty$, a fórmula de Stirling[41] tende, assintoticamente, à $z!$,

---

[41] Ver Apêndice.

$$\text{Stirling: } z! \sim \sqrt{2\pi z}\left(\frac{z}{e}\right)^z$$

onde, $z! = \Gamma(z+1) = z\,\Gamma(z)$, ou seja, se dividirmos ambos os lados da fórmula de Stirling por z, no limite, teremos,

$$\frac{z!}{z} = \frac{\sqrt{2\pi z}}{z}\left(\frac{z}{e}\right)^z \Rightarrow \Gamma(z) = \frac{\sqrt{2\pi}}{\sqrt{z}}\left(\frac{z}{e}\right)^z$$

Aplicando o logaritmo natural em ambos os lados, temos,

$$\ln\Gamma(z) = \ln\frac{\sqrt{2\pi}}{\sqrt{z}}\left(\frac{z}{e}\right)^z = \frac{1}{2}\ln 2\pi - \frac{1}{2}\ln z + z(\ln z - 1) \text{ (quando } z \to \infty\text{)}$$

Substituindo no limite,

$$\lim_{z\to\infty} F(z) = \lim_{z\to\infty}\left[\frac{1}{2}\ln z - z(\ln z - 1) + \ln\Gamma(z) + C\right] = 0$$

$$\lim_{z\to\infty} F(z) = \lim_{z\to\infty}\left[\frac{1}{2}\ln z - z(\ln z - 1) + \left(\frac{1}{2}\ln 2\pi - \frac{1}{2}\ln z + z(\ln z - 1)\right) + C\right] = 0$$

$$\lim_{z\to\infty} F(z) = \lim_{z\to\infty}\left[\cancel{\frac{1}{2}\ln z} - \cancel{z(\ln z - 1)} + \left(\frac{1}{2}\ln 2\pi - \cancel{\frac{1}{2}\ln z} + \cancel{z(\ln z - 1)}\right) + C\right] = 0$$

Por tanto, $C = -\ln 2\pi$, finalmente,

$$F(z) = \frac{1}{2}\ln z - z\ln z + z + \ln\Gamma(z) - \ln 2\pi$$

$$2\int_0^\infty \frac{\mathrm{tg}^{-1}\left(\frac{x}{z}\right)}{e^{2\pi x} - 1}dx = \frac{1}{2}\int_0^\infty \frac{e^{-2zu}}{u}\left(\operatorname{cotgh}(u) - \frac{1}{u}\right)du = F(z)$$

$$2\int_0^\infty \frac{\mathrm{tg}^{-1}\left(\frac{x}{z}\right)}{e^{2\pi x} - 1}dx = \frac{1}{2}\ln z - z\ln z + z + \ln\Gamma(z) - \ln 2\pi \text{, reorganizando,}$$

$$\ln\Gamma(z) = \left(z - \frac{1}{2}\right)\ln z - z + \frac{1}{2}\ln 2\pi + 2\int_0^\infty \frac{\mathrm{tg}^{-1}\left(\frac{t}{z}\right)}{e^{2\pi t} - 1}dt,\ \mathrm{Re}(z) > 0$$

□

Expansão da Função LogGama em Série de Fourier

As duas expressões da função DiGama encontradas anteriormente, nos permitirão calcular a expansão da função LogGama, $\ln\Gamma(x)$, em Série de Fourier[42], resultado este encontrado[43] por Ernst Kummer em 1847 e conhecido pelo teorema que leva seu nome:

XII) **Teorema de Kummer**: "Seja x real, tal que $x \in]0,1[$, então,

$$\ln\Gamma(x) = \frac{1}{2}\ln 2\pi - \frac{1}{2}\ln(2\,\text{sen}\,\pi x) + \frac{1}{2}(\gamma + \ln 2\pi)(1-2x) + \frac{1}{\pi}\sum_{k=1}^{\infty}\frac{1}{k}\ln k\,\text{sen}\,2k\pi x\text{"}$$

Demonstração:[44]

- Introdução:

Vamos inicialmente calcular o valor de algumas séries que serão de grande ajuda mais para frente, assim, da expansão em série de Taylor de $\ln(1-x)$,

$$\ln(1-x) = -x - \frac{x^2}{2} - \frac{x^3}{3} - \frac{x^4}{4} - \ldots,\ |x| < 1$$

Assim,

$$-\ln\left(1-e^{2\pi i x}\right) = e^{2\pi i x} + \frac{e^{4\pi i x}}{2} + \frac{e^{6\pi i x}}{3} + \frac{e^{8\pi i x}}{4} + \ldots,\ 0 < x < 1$$

Dividindo a série na sua parte real e imaginária, temos,

$$-\ln\left[(1-\cos 2\pi x) - i(\text{sen}\,2\pi x)\right] = \sum_{k=1}^{\infty}\frac{\cos 2k\pi x}{k} + i\frac{\text{sen}\,2k\pi x}{k}$$

$$-\ln\left[\rho e^{\theta i}\right] = -\ln\rho - \theta i$$

$$\rho = \sqrt{(1-\cos 2\pi x)^2 + (\text{sen}\,2\pi x)^2} = \sqrt{2 - 2\cos 2\pi x} = \sqrt{2(1-\cos 2\pi x)}$$

$$\rho = \sqrt{2\left(\text{sen}^2\,\pi x + \cancel{\cos^2 \pi x} - \cancel{\cos^2 \pi x} + \text{sen}^2\,\pi x\right)} = 2\,\text{sen}\,\pi x$$

Parte real:

$$-\ln(2\,\text{sen}\,\pi x) = \sum_{k=1}^{\infty}\frac{\cos 2k\pi x}{k} \quad \text{(I)}$$

[42] Ver Apêndice.

[43] A descoberta da expansão de $\ln\Gamma(x)$ em série de Fourier foi creditada por muitos anos ao matemático alemão Ernst Kummer(1810-1893) em 1847 no entanto já havia sido descoberto (ver "Integral de Malmstèm") por Carl Johan Malmstèn no ano anterior.

[44] Pela clareza e objetividade, seguiremos a demonstração encontrada em:
Andrews, George E. , Askey, Richard, Roy, Ranjan. "Special Functions". Cambridge University Press, 1999.

Parte imaginária:

A parte imaginária está representada pela série $\sum_{k=1}^{\infty}\frac{\operatorname{sen} 2k\pi x}{k}$ e para encontrarmos o valor de sua soma, teremos de utilizar outros recursos, observe:

Seja a função $f(x)=x$, a função é contínua no intervalo]0, 1[, por tanto, admite representação em série de Fourier, ainda, uma vez que a função é ímpar, terá uma série em senos.

$f(x)=\sum_{n=1}^{\infty}b_n \operatorname{sen}(2k\pi x)$, onde, $b_n = 4\int_0^{\frac{1}{2}} f(x)\operatorname{sen}(2k\pi x)dx$, assim,

$$b_n = 4\int_0^{\frac{1}{2}} f(x)\operatorname{sen}(2k\pi x)dx = 4\int_0^{\frac{1}{2}} x\operatorname{sen}(2k\pi x)dx$$

	D	I
$+$	x	$\operatorname{sen} 2k\pi x$
$-$	1	$-\frac{\cos 2k\pi x}{2k\pi}$
$+$	0	$-\frac{\operatorname{sen} 2k\pi x}{4k^2\pi^2}$

$$\left[-x\frac{\cos 2k\pi x}{2k\pi}+\frac{\operatorname{sen} 2k\pi x}{4k^2\pi^2}\right]_0^{\frac{1}{2}} = -\frac{1}{4k\pi}\cos k\pi$$

$$b_n = 4\left(-\frac{1}{4k\pi}\cos k\pi\right) = \frac{(-1)^{k+1}}{k\pi} = \frac{(-1)^{k-1}}{k\pi}, \text{ assim,}$$

$f(x)=\sum_{n=1}^{\infty}\frac{(-1)^{k-1}}{k\pi}\operatorname{sen}(2k\pi x)$, necessitamos eliminar o fator $(-1)^{k+1}$, para isso, basta substituirmos $2k\pi x$ por $(\pi k - 2\pi\theta k)$ e teremos,

$$(-1)^{k+1}\operatorname{sen}(\pi k - 2k\pi\theta) = (-1)^{k+1}[\operatorname{sen}\pi k\cos 2k\pi\theta - \operatorname{sen} 2k\pi\theta\cos\pi k] = (-1)^{k+1}\left[(-1)^{k+1}\operatorname{sen} 2k\pi\theta\right] = \operatorname{sen} 2k\pi\theta$$

,

Ou seja, $(-1)^{k+1}\operatorname{sen}(\underbrace{2k\pi x}_{\pi k-2\pi\theta k}) = \operatorname{sen} 2\pi\theta k$,

Assim, basta substituirmos na função $f(x)$, $x=\frac{\pi k - 2k\pi\theta}{2k\pi}=\frac{1}{2}-\theta$,

$$f(x)=x=\sum_{n=1}^{\infty}\frac{(-1)^{k-1}}{k\pi}\operatorname{sen}(2k\pi x)$$

$$x=\sum_{n=1}^{\infty}\frac{(-1)^{k-1}}{k\pi}\operatorname{sen}(2k\pi x)\Rightarrow\frac{1}{2}-\theta=\sum_{n=1}^{\infty}\frac{1}{k\pi}\operatorname{sen}(2k\pi\theta)\Rightarrow\pi\left(\frac{1}{2}-\theta\right)=\sum_{n=1}^{\infty}\frac{1}{k}\operatorname{sen}(2k\pi\theta),$$

$$\sum_{n=1}^{\infty}\frac{1}{k}\operatorname{sen}(2k\pi\theta)=\pi\left(\frac{1}{2}-\theta\right)\Rightarrow\sum_{n=1}^{\infty}\frac{1}{k}\operatorname{sen}(2k\pi\theta)=\frac{\pi}{2}(1-2\theta)$$, finalmente, trocando θ por x,

$$\boxed{\sum_{n=1}^{\infty}\frac{\operatorname{sen}(2k\pi x)}{k}=\frac{\pi}{2}(1-2x)} \quad \text{(II)}$$

- Série de Fourier

Vamos agora calcular os coeficientes necessários para a representação da função $\ln\Gamma(x)$ em Série de Fourier. Como a função é diferenciável no intervalo $0 < x < 1$, significa que ela possui expansão em série de Fourier, assim,

$$\ln\Gamma(x)=a_o+2\sum_{k=1}^{\infty}a_k\cos 2k\pi x+2\sum_{k=1}^{\infty}b_k\operatorname{sen}2k\pi x\ ,$$

Onde,

$a_k=\int_0^1\ln\Gamma(x)\cos 2k\pi x\,dx$ e $b_k=\int_0^1\ln\Gamma(x)\operatorname{sen}2k\pi x\,dx$,

Vamos utilizar o método que Kummer utilizou para encontrar os coeficientes:

- para encontrarmos os a_k, basta aplicarmos o logaritmo à fórmula da reflexão de Euler,

$\Gamma(x)\Gamma(1-x)=\pi\operatorname{cossec}\pi x$

$\ln\Gamma(x)+\ln\Gamma(1-x)=\ln 2\pi-\ln 2\operatorname{sen}\pi x$, substituindo,

$$\ln\Gamma(x)+\ln\Gamma(1-x)=\ln 2\pi+\sum_{k=1}^{\infty}\frac{\cos 2k\pi x}{k}$$, ou seja,

$$\ln\Gamma(x)+\ln\Gamma(1-x)=a_0+a_0+2a_1+2a_1+\ldots=2a_0+4a_1+4a_2+\ldots=\ln 2\pi+\sum_{k=1}^{\infty}\frac{\cos 2k\pi x}{k}$$

$2a_0+4a_1+4a_2+\ldots=\ln 2\pi+\frac{1}{1}\cos 2\pi x+\frac{1}{2}\cos 4\pi x+\frac{1}{3}\cos 6\pi x+\ldots$, por tanto,

$$\boxed{a_0=\frac{1}{2}\ln 2\pi}\ \text{(III)} \quad \text{e} \quad \boxed{a_k=\frac{1}{4k},\ k\geq 1}\ \text{(IV)}$$

Para encontrarmos os b_k, vamos integrar de 1 à x sob o sinal da integral (uma vez que a mesma é uniformemente convergente, já que $x \geq \delta > 0$) a fórmula de Gauss para a função DiGama,

$\psi(z)=\int_0^{\infty}\left(\frac{e^{-t}}{t}-\frac{e^{-zt}}{1-e^{-t}}\right)dt$, adequando as variáveis,

$$\psi(x)=\int_0^{\infty}\left(\frac{e^{-t}}{t}-\frac{e^{-xt}}{1-e^{-t}}\right)dt$$

$$\psi(x)=\frac{d}{dx}\ln\Gamma(x)=\int_0^{\infty}\left(\frac{e^{-t}}{t}-\frac{e^{-xt}}{1-e^{-t}}\right)dt$$

$$\ln\Gamma(x)=\int_0^{\infty}\int_1^{x}\left(\frac{e^{-t}}{t}-\frac{e^{-xt}}{1-e^{-t}}\right)dx\,dt$$

$$\ln\Gamma(x)=\int_0^{\infty}\left(\int_1^{x}\frac{e^{-t}}{t}dx-\int_1^{x}\frac{e^{-xt}}{1-e^{-t}}dx\right)dt=\int_0^{\infty}\left(\frac{e^{-t}}{t}\int_1^{x}dx-\frac{1}{1-e^{-t}}\int_1^{x}e^{-xt}\,dx\right)dt$$

$$\ln\Gamma(x)=\int_0^{\infty}\left(\frac{e^{-t}}{t}(x-1)-\frac{1}{1-e^{-t}}\left(\frac{e^{-t}-e^{-tx}}{t}\right)\right)dt=\int_0^{\infty}\frac{1}{t}\left(e^{-t}(x-1)-\frac{e^{-t}-e^{-tx}}{1-e^{-t}}\right)dt$$

$$\ln\Gamma(x)=\int_0^{\infty}\frac{1}{t}\left(e^{-t}(x-1)-\frac{e^{-t}-e^{-tx}}{1-e^{-t}}\right)dt$$

Seja $u=e^{-t},\quad du=-e^{-t}dt\Rightarrow dt=-\frac{1}{e^{-t}}du=-\frac{1}{u}du,\ t=-\ln u$, por tanto, $\begin{cases}t=\infty\rightarrow u=0\\ t=0\rightarrow u=1\end{cases}$, assim,

$$\ln\Gamma(x)=\int_1^{0}\frac{-1}{\ln u}\left(u(x-1)-\frac{u-u^{x}}{1-u}\right)\left(-\frac{1}{u}du\right)=\int_0^{1}\frac{1}{\ln u}\left(\frac{1-u^{x-1}}{1-u}-x+1\right)du$$

$\ln\Gamma(x)=\int_0^{1}\frac{1}{\ln u}\left(\frac{1-u^{x-1}}{1-u}-x+1\right)du$, substituindo em b_k,

$$b_k=\int_0^{1}\ln\Gamma(x)\operatorname{sen}2k\pi x\,dx=\int_0^{1}\int_0^{1}\left(\frac{1-u^{x-1}}{1-u}-x+1\right)\frac{\operatorname{sen}2k\pi x}{\ln u}du\,dx\,,$$

$$b_k=\int_0^{1}\int_0^{1}\left(\frac{1-u^{x-1}}{1-u}-x+1\right)\frac{\operatorname{sen}2k\pi x}{\ln u}du\,dx=\int_0^{1}\int_0^{1}\left(\operatorname{sen}2k\pi x-x\operatorname{sen}2k\pi x+\frac{1-u^{x-1}}{1-u}\operatorname{sen}2k\pi x\right)\frac{1}{\ln u}du\,dx$$

$$b_k=\int_0^{1}\int_0^{1}\left(\operatorname{sen}2k\pi x-x\operatorname{sen}2k\pi x+\frac{1-u^{x-1}}{1-u}\operatorname{sen}2k\pi x\right)\frac{1}{\ln u}\,dx\,du$$

$$b_k=\int_0^{1}\frac{1}{\ln u}\left(\int_0^{1}\operatorname{sen}2k\pi x\,dx-\int_0^{1}x\operatorname{sen}2k\pi x\,dx+\frac{1}{1-u}\int_0^{1}\operatorname{sen}2k\pi x\,dx-\frac{1}{1-u}\int_0^{1}u^{x-1}\operatorname{sen}2k\pi x\,dx\right)dx\,du$$

$$b_k=\int_0^{1}\frac{1}{\ln u}\left(\frac{2-u}{1-u}\int_0^{1}\operatorname{sen}2k\pi x\,dx-\int_0^{1}x\operatorname{sen}2k\pi x\,dx-\frac{1}{1-u}\int_0^{1}u^{x-1}\operatorname{sen}2k\pi x\,dx\right)dx\,du\,,$$

Por tanto, o nosso problema no momento, consiste na resolução de 3 integrais:

A: $\int_0^{1}\operatorname{sen}2k\pi x\,dx=0$

B: $\int_0^1 x\,\mathrm{sen}\,2k\pi x\,dx = -\frac{1}{2k\pi}$

C: $\int_0^1 u^{x-1}\,\mathrm{sen}\,2k\pi x = \frac{2k\pi(1-u)}{u\left(4k^2\pi^2+\ln^2 u\right)}$,

Assim,

A: $\int_0^1 \mathrm{sen}\,2k\pi x\,dx = \left[-\frac{\cos 2k\pi x}{2k\pi}\right]_0^1 = 0$

B: $\int_0^1 x\,\mathrm{sen}\,2k\pi x\,dx = -\frac{1}{2k\pi}$

	D	I
$+$	x	$\mathrm{sen}\,2k\pi x$
$-$	1	$-\frac{\cos 2k\pi x}{2k\pi}$
$+$	0	$-\frac{\mathrm{sen}\,2k\pi x}{(2k\pi)^2}$

$$\left[-x\frac{\cos 2k\pi x}{2k\pi}+\frac{\mathrm{sen}\,2k\pi x}{(2k\pi)^2}\right]_0^1 = -\frac{1}{2k\pi}$$

C: $\int_0^1 u^{x-1}\,\mathrm{sen}\,2k\pi x\,dx$

	D	I
$+$	$\mathrm{sen}\,2k\pi x$	u^{x-1}
$-$	$2k\pi\cos 2k\pi x$	$\frac{u^{x-1}}{\ln u}$

$$\left[\frac{u^{x-1}}{\ln u}\mathrm{sen}\,2k\pi x\right]_0^1 - \frac{2k\pi}{\ln u}\int_0^1 u^{x-1}\cos 2k\pi x = -\frac{2k\pi}{\ln u}\int_0^1 u^{x-1}\cos 2k\pi x$$

$$\int_0^1 u^{x-1}\,\mathrm{sen}\,2k\pi x\,dx = -\frac{2k\pi}{\ln u}\int_0^1 u^{x-1}\cos 2k\pi x$$

	D	I
$+$	$\cos 2k\pi x$	u^{x-1}
$-$	$-2k\pi\,\mathrm{sen}\,2k\pi x$	$\frac{u^{x-1}}{\ln u}$

$$\left[\frac{u^{x-1}}{\ln u}\cos 2k\pi x\right]_0^1 + \frac{2k\pi}{\ln u}\int_0^1 u^{x-1}\,\mathrm{sen}\,2k\pi x = \frac{1}{\ln u} - \frac{1}{u\ln u} + \frac{2k\pi}{\ln u}\int_0^1 u^{x-1}\,\mathrm{sen}\,2k\pi x$$

$$\int_0^1 u^{x-1}\,\text{sen}\,2k\pi x\,dx = -\frac{2k\pi}{\ln u}\int_0^1 u^{x-1}\cos 2k\pi x = -\frac{2k\pi}{\ln u}\left[\frac{1}{\ln u}-\frac{1}{u\ln u}+\frac{2k\pi}{\ln u}\int_0^1 u^{x-1}\,\text{sen}\,2k\pi x\right]$$

$$\int_0^1 u^{x-1}\,\text{sen}\,2k\pi x\,dx = -\frac{2k\pi}{\ln^2 u}+\frac{2k\pi}{u\ln^2 u}-\frac{4k^2\pi^2}{\ln^2 u}\int_0^1 u^{x-1}\,\text{sen}\,2k\pi x$$

$$\int_0^1 u^{x-1}\,\text{sen}\,2k\pi x\,dx + \frac{4k^2\pi^2}{\ln^2 u}\int_0^1 u^{x-1}\,\text{sen}\,2k\pi x = -\frac{2k\pi}{\ln^2 u}+\frac{2k\pi}{u\ln^2 u}$$

$$\left(1+\frac{4k^2\pi^2}{\ln^2 u}\right)\int_0^1 u^{x-1}\,\text{sen}\,2k\pi x = \frac{2k\pi - 2k\pi u}{u\ln^2 u}$$

$$\int_0^1 u^{x-1}\,\text{sen}\,2k\pi x = \frac{2k\pi(1-u)\cancel{\ln^2 u}}{u\cancel{\ln^2 u}\left(4k^2\pi^2+\ln^2 u\right)}$$

$$\int_0^1 u^{x-1}\,\text{sen}\,2k\pi x = \frac{2k\pi(1-u)}{u\left(4k^2\pi^2+\ln^2 u\right)}$$

Substituindo,

$$b_k = \int_0^1 \frac{1}{\ln u}\left(\frac{2-u}{1-u}\int_0^1 \text{sen}\,2k\pi x\,dx - \int_0^1 x\,\text{sen}\,2k\pi x\,dx - \frac{1}{1-u}\int_0^1 u^{x-1}\,\text{sen}\,2k\pi x\,dx\right)du$$

$$b_k = \int_0^1 \frac{1}{\ln u}\left(\frac{2-u}{1-u}\cancelto{0}{\int_0^1 \text{sen}\,2k\pi x\,dx} + \frac{1}{2k\pi} + \frac{1}{\cancel{(1-u)}}\,\frac{2k\pi\cancel{(1-u)}}{u\left(4k^2\pi^2+\ln^2 u\right)}\right)du$$

$$b_k = \int_0^1 \frac{1}{\ln u}\left(\frac{1}{2k\pi} - \frac{2k\pi}{u\left(4k^2\pi^2+\ln^2 u\right)}\right)du$$

Seja $u = e^{-2k\pi t} \Rightarrow \ln u = -2k\pi t \Rightarrow \frac{1}{u}du = -2k\pi\,dt \Rightarrow du = -2k\pi e^{-2k\pi t}\,dt$, por tanto, $\begin{cases} u = 1 \rightarrow t = 0 \\ u = 0 \rightarrow t = \infty \end{cases}$

$$b_k = \int_0^1 \frac{1}{\ln u}\left(\frac{1}{2k\pi} - \frac{2k\pi}{u\left(4k^2\pi^2+\ln^2 u\right)}\right)du = \int_\infty^0 \frac{1}{\cancel{-2k}\pi t}\left(\frac{1}{2k\pi} - \frac{\cancel{2k}\pi}{e^{-2k\pi t}\,\underbrace{4k^2\cancel{\pi^2}}_{2k\pi}\left(1+t^2\right)}\right)\left(\cancel{-2k}\pi\, e^{-2k\pi t}dt\right)$$

$$b_k = \frac{1}{2k\pi}\int_0^\infty \frac{1}{t}\left(\frac{1}{1+t^2} - e^{-2k\pi t}\right)dt$$

Para $k = 1$,

$$b_1 = \frac{1}{2\pi}\int_o^{\infty}\frac{1}{t}\left(\frac{1}{1+t^2} - e^{-2\pi t}\right)dt$$

Ainda, da Fórmula da Integral de Dirichlet, para $x = 1$, $\psi(1) = \int_0^{\infty}\frac{1}{t}\left(e^{-t} - \frac{1}{1+t}\right)dz = -\gamma$, assim,

$\frac{-\gamma}{2\pi} = \frac{1}{2\pi}\int_0^{\infty}\frac{1}{t}\left(e^{-t} - \frac{1}{1+t}\right)dz$, fazendo,

$$b_1 - \frac{\gamma}{2\pi} = \frac{1}{2\pi}\int_o^{\infty}\frac{1}{t}\left(\frac{1}{1+t^2} - e^{-2\pi t}\right)dt + \frac{1}{2\pi}\int_0^{\infty}\frac{1}{t}\left(e^{-t} - \frac{1}{1+t}\right)dz$$

$$b_1 - \frac{\gamma}{2\pi} = \frac{1}{2\pi}\int_o^{\infty}\frac{1}{t}\left(\frac{1}{1+t^2} - e^{-2\pi t}\right) + \frac{1}{t}\left(e^{-t} - \frac{1}{1+t}\right)dt = \frac{1}{2\pi}\int_o^{\infty}\frac{e^{-t} - e^{-2\pi t}}{t} + \frac{1}{t}\left(\frac{1}{1+t^2} - \frac{1}{1+t}\right)dt$$

$$b_1 - \frac{\gamma}{2\pi} = \frac{1}{2\pi}\int_o^{\infty}\frac{e^{-t} - e^{-2\pi t}}{t}dt + \frac{1}{2\pi}\int_0^{\infty}\frac{1}{t}\left(\frac{1}{1+t^2} - \frac{1}{1+t}\right)dt$$

$$b_1 - \frac{\gamma}{2\pi} = \frac{1}{2\pi}\underbrace{\int_o^{\infty}\frac{e^{-t} - e^{-2\pi t}}{t}dt}_{\ln 2\pi} + \frac{1}{2\pi}\int_0^{\infty}\frac{1}{t}\left(\frac{1}{1+t^2} - \frac{1}{1+t}\right)dt$$

A primeira integral já foi calculada na dedução da fórmula de Dirichlet, já a segunda,

$\int_0^{\infty}\frac{1}{t}\left(\frac{1}{1+t^2} - \frac{1}{1+t}\right)dt$, pode ser resolvida facilmente e seu resultado é zero, assim,

$$b_1 - \frac{\gamma}{2\pi} = \frac{\ln 2\pi}{2\pi} \Rightarrow b_1 = \frac{\gamma}{2\pi} + \frac{\ln 2\pi}{2\pi}$$

Para encontrarmos b_k,

$$kb_k - b_1 = k\left(\frac{1}{2k\pi}\int_0^{\infty}\frac{1}{t}\left(\frac{1}{1+t^2} - e^{-2k\pi t}\right)dt\right) - \left(\frac{1}{2\pi}\int_0^{\infty}\frac{1}{t}\left(\frac{1}{1+t^2} - e^{-2\pi t}\right)dt\right)$$

$$kb_k - b_1 = \frac{1}{2\pi}\left(\int_0^{\infty}\frac{1}{t}\left(\frac{1}{1+t^2} - e^{-2k\pi t}\right)dt - \int_0^{\infty}\frac{1}{t}\left(\frac{1}{1+t^2} - e^{-2\pi t}\right)dt\right)$$

$$kb_k - b_1 = \frac{1}{2\pi}\left(\int_0^{\infty}\frac{1}{t}\left(\cancel{\frac{1}{1+t^2}} - e^{-2k\pi t} - \cancel{\frac{1}{1+t^2}} + e^{-2\pi t}\right)dt\right)$$

$kb_k - b_1 = \frac{1}{2\pi}\int_0^{\infty}\frac{e^{-2\pi t} - e^{-2k\pi t}}{t}dt = \frac{1}{2\pi}\ln k$, por tanto,

$$\boxed{b_k = \frac{1}{2k\pi}\left(\gamma + \ln 2k\pi\right)} \quad \text{(V)}$$

Substituindo (I), (II), (III), (IV) e (V) na expressão geral da Série de Fourier, segue,

$$\ln\Gamma(x) = a_o + 2\sum_{k=1}^{\infty} a_k \cos 2k\pi x + 2\sum_{k=1}^{\infty} b_k \operatorname{sen} 2k\pi x \quad onde \begin{cases} -\ln\left(2\operatorname{sen}\pi x\right) = \sum_{k=1}^{\infty}\frac{\cos 2k\pi x}{k} \\ \sum_{n=1}^{\infty}\frac{\operatorname{sen}\left(2k\pi x\right)}{k} = \frac{\pi}{2}(1-2x) \\ a_0 = \frac{1}{2}\ln 2\pi \\ a_k = \frac{1}{4k},\ k \geq 1 \\ b_k = \frac{1}{2k\pi}\left(\gamma + \ln 2k\pi\right) \end{cases}$$

$$\ln\Gamma(x) = \frac{1}{2}\ln 2\pi + 2\sum_{k=1}^{\infty}\frac{1}{4k}\cos 2k\pi x + 2\sum_{k=1}^{\infty}\frac{1}{2k\pi}\left(\gamma + \ln 2k\pi\right)\operatorname{sen} 2k\pi x$$

$$\ln\Gamma(x) = \frac{1}{2}\ln 2\pi + \frac{1}{2}\sum_{k=1}^{\infty}\frac{1}{k}\cos 2k\pi x + \frac{1}{\pi}\sum_{k=1}^{\infty}\frac{1}{k}\left(\gamma + \ln 2\pi + \ln k\right)\operatorname{sen} 2k\pi x$$

$$\ln\Gamma(x) = \frac{1}{2}\ln 2\pi + \frac{1}{2}\sum_{k=1}^{\infty}\frac{1}{k}\cos 2k\pi x + \frac{1}{\pi}\left(\gamma + \ln 2\pi\right)\sum_{k=1}^{\infty}\frac{1}{k}\operatorname{sen} 2k\pi x + \frac{1}{\pi}\sum_{k=1}^{\infty}\frac{1}{k}\ln k \operatorname{sen} 2k\pi x \text{ , finalmente}$$

$$\boxed{\ln\Gamma(x) = \frac{1}{2}\ln 2\pi - \frac{1}{2}\ln\left(2\operatorname{sen}\pi x\right) + \frac{1}{2}\left(\gamma + \ln 2\pi\right)(1-2x) + \frac{1}{\pi}\sum_{k=1}^{\infty}\frac{1}{k}\ln k \operatorname{sen} 2k\pi x}$$

□

A Função PoliGama: $\psi^{(n)}(z)$

Chama-se função PoliGama de ordem n, $\psi^{(n)}(z)$, a enésima mais uma derivada da função Log-Gama:

$$\text{XIII)} \quad \boxed{\psi^{(n)}(z) = \frac{d^{n+1}}{dz^{n+1}} \ln \Gamma(z)}$$

Desse modo, a função diGama, $\psi(z)$, na verdade, poderia ser expressa como $\psi^{(0)}(z)$.

Podemos ainda expressar a função PoliGama através de uma série infinita, para isso, desenvolvermos a relação:

$$\psi(z) = -\frac{1}{z} - \gamma + \sum_{n=1}^{\infty}\left(\frac{1}{n} - \frac{1}{n+z}\right)$$

$$\psi(z) + \frac{1}{z} = -\gamma + \sum_{n=1}^{\infty}\left(\frac{z}{n(n+z)}\right)$$

$\psi(z+1) = -\gamma + \sum_{n=1}^{\infty} \frac{z}{n(n+z)}$, derivando,

$\psi^{1}(z+1) = \sum_{n=1}^{\infty}\left(\frac{1}{(n+z)^2}\right)$, substituindo $z+1 \to z$ e reindexando o somatório,

$\psi^{1}(z) = \sum_{n=0}^{\infty}\left(\frac{1}{(n+z)^2}\right)$, derivando,

$\psi^{2}(z) = -2\sum_{n=0}^{\infty}\left(\frac{1}{(n+z)^3}\right)$, novamente,

$\psi^{3}(z) = +2.3\sum_{n=0}^{\infty}\left(\frac{1}{(n+z)^4}\right)$, se continuarmos, poderemos generalizar como segue,

$$\text{XIV)} \quad \boxed{\psi^{k}(z) = (-1)^{k+1} k! \sum_{n=0}^{\infty}\left(\frac{1}{(n+z)^{k+1}}\right)}$$

Por fim, vamos escrever a fórmula reflexiva para a função PoliGama:

$$\text{XV)} \quad \boxed{\psi^{(n)}(z) + (-1)^{n+1}\psi^{(n)}(1-z) = -\pi \frac{d^n}{dz^n} \operatorname{cotg} \pi z}$$

A fórmula é facilmente deduzida através das sucessivas derivadas da fórmula reflexiva da função DiGama.

a) Calcule:

a) $\psi(1)$

b) $\psi(2)$

c) $\psi\left(\frac{1}{2}\right)$

d) $\psi\left(\frac{3}{2}\right)$

Solução:

a) Da definição da função DiGama,

$$\psi(z) = \frac{d}{dz}\ln\Gamma(z)$$

$$\psi(z) = \frac{\Gamma'(z)}{\Gamma(z)}$$

Onde, $\Gamma'(z) = \frac{d}{dz}\int_0^\infty t^{z-1}e^{-t}dt$

$$\Gamma'(z) = \int_0^\infty \frac{\partial}{\partial z}\left(t^{z-1}e^{-t}\right)dt = \int_0^\infty t^{z-1}e^{-t}\ln t\,dt\ ,$$

Assim, para $z = 1$,

$$\Gamma'(1) = \int_0^\infty \frac{\ln t}{e^t}dt = -\gamma$$ [45]

$$\Gamma'(1) = -\gamma$$

Assim,

$$\psi(1) = \frac{\Gamma'(1)}{\Gamma(1)} = \frac{-\gamma}{0!}$$

$$\boxed{\psi(1) = -\gamma}$$

b) Temos que $\psi(p) = H_{p-1} - \gamma$, para $p = 2$,

$$\psi(2) = H_1 - \gamma$$

$$\boxed{\psi(2) = 1 - \gamma}$$

[45] A integral já foi resolvida neste volume no tópico relativo à função Gama.

c) Do Teorema de Gauss,

$$\psi\left(\frac{p}{q}\right)=-\gamma-\ln q-\frac{\pi}{2}\operatorname{cotg}\left(\frac{p\pi}{q}\right)+\sum_{n=1}^{q-1}\left(\cos\frac{2\pi np}{q}\right)\ln\left(2\operatorname{sen}\frac{\pi n}{q}\right)$$

$$\psi\left(\frac{1}{2}\right)=-\gamma-\ln 2-\frac{\pi}{2}\underbrace{\operatorname{cotg}\left(\frac{\pi}{2}\right)}_{0}+\sum_{n=1}^{q-1}\underbrace{\left(\cos\frac{2\pi n}{2}\right)\ln\left(2\operatorname{sen}\frac{\pi n}{2}\right)}_{0}$$

$$\boxed{\psi\left(\frac{1}{2}\right)=-\gamma-\ln 2}$$

d) Da relação, $\psi\left(z+\frac{1}{2}\right)=2\ln 2+\psi(z)-2\psi(2z)$, segue,

$$\psi\left(1+\frac{1}{2}\right)=2\ln 2+\psi(1)-2\psi(2)$$

$$\psi\left(\frac{3}{2}\right)=2\ln 2-\gamma-2(1-\gamma)$$

$$\boxed{\psi\left(\frac{3}{2}\right)=2-\gamma-2\ln 2}$$

b) Mostre que $\int_0^\infty e^{-t}\ln^2 t\,dt=\frac{\pi^2}{6}+\gamma^2$.

Demonstração:

Observe que a integral pedida é obtida derivando duas vezes a função Gama,

$$\frac{d}{dz}\Gamma(z)=\frac{d}{dz}\int_0^\infty t^{z-1}e^{-t}dt=\int_0^\infty\frac{\partial}{\partial z}t^{z-1}e^{-t}dt=\int_0^\infty t^{z-1}e^{-t}\ln t\,dt$$

$$\frac{d^2}{dz^2}\Gamma(z)=\int_0^\infty\frac{\partial}{\partial z}t^{z-1}e^{-t}\ln t\,dt=\int_0^\infty t^{z-1}e^{-t}\ln^2 t\,dt$$

$\Gamma''(z)=\int_0^\infty t^{z-1}e^{-t}\ln^2 t\,dt$, por tanto,

$$\Gamma''(1)=\int_0^\infty e^{-t}\ln^2 t\,dt$$

Necessitamos então, encontrar o valor de $\Gamma''(1)$, para isso, vale lembrarmos da definição da função diGama,

$\psi(z)=\frac{\Gamma'(z)}{\Gamma(z)}$, onde sua derivada será calculada por,

$$\psi'(z)=\frac{d}{dz}\frac{\Gamma'(z)}{\Gamma(z)}=\frac{\Gamma''(z)\Gamma(z)-[\Gamma'(z)]^2}{\Gamma^2(z)}, \text{ para } z=1,$$

$$\psi'(1)=\frac{\Gamma''(1)\Gamma(1)-[\Gamma'(1)]^2}{\Gamma^2(1)}=\Gamma''(1)-[\Gamma'(1)]^2=\Gamma''(1)-[\gamma]^2$$

$$\Gamma''(1)=\psi'(1)+\gamma^2 \text{ (I)}$$

Vamos então calcular o valor de $\psi'(1)$,

De, $\psi(z)=-\frac{1}{z}-\gamma+\sum_{n=1}^{\infty}\left(\frac{1}{n}-\frac{1}{n+z}\right)$, sabemos que, $\sum_{n=1}^{\infty}\left(\frac{1}{n}-\frac{1}{n+z}\right)=z\sum_{n=1}^{\infty}\left(\frac{1}{n(n+z)}\right)$, assim,

$$\psi(z)=-\frac{1}{z}-\gamma+\sum_{n=1}^{\infty}\left(\frac{z}{n(n+z)}\right), \text{ ainda,}$$

$$\psi(z+1)=\psi(z)+\frac{1}{z}, \text{ por tanto,}$$

$$\psi(z+1)=\frac{1}{z}+\left[-\frac{1}{z}-\gamma+\sum_{n=1}^{\infty}\left(\frac{z}{n(n+z)}\right)\right]$$

$$\psi(z+1)=-\gamma+\sum_{n=1}^{\infty}\left(\frac{z}{n(n+z)}\right), \text{ derivando,}$$

$$\psi'(z+1)=\sum_{n=1}^{\infty}\frac{1}{(n+z)^2}, \text{ para } z=0,$$

$$\psi'(1)=\sum_{n=1}^{\infty}\frac{1}{n^2}=\zeta(2)=\frac{\pi^2}{6}$$

Finalmente, substituindo $\psi'(1)=\frac{\pi^2}{6}$ em (I),

$$\Gamma''(1)=\psi'(1)+\gamma^2=\frac{\pi^2}{6}+\gamma^2$$

$$\int_0^{\infty}e^{-t}\ln^2 t\,dt=\frac{\pi^2}{6}+\gamma^2$$

□

c) Prove a relação: $\psi(s+1)=-\gamma+\int_0^1\frac{1-x^s}{1-x}dx$.

Demonstração:

De (IV), temos que,

$$\psi(z)+\frac{1}{z}=-\gamma+\sum_{k=1}^{\infty}\left(\frac{1}{k}-\frac{1}{k-z}\right),$$

De (III), segue,

$$\psi(z)+\frac{1}{z}=\psi(z+1)=-\gamma+\sum_{k=1}^{\infty}\left(\frac{1}{k}-\frac{1}{k-z}\right),$$

$$\psi(z+1)=-\gamma+\sum_{k=1}^{\infty}\left(\frac{1}{k}-\frac{1}{k-z}\right),$$

Observe que,

$\frac{1}{k}-\frac{1}{k-z}=\int_0^1 x^{k-1}-x^{k+z-1}dx$, substituindo,

$$\psi(z+1)=-\gamma+\sum_{k=1}^{\infty}\left(\int_0^1 x^{k-1}-x^{k+z-1}dx\right)$$

Do teorema da convergência, segue,

$$\psi(z+1)=-\gamma+\int_0^1\sum_{k=1}^{\infty}\left(x^{k-1}-x^{k+z-1}\right)dx$$

$$\psi(z+1)=-\gamma+\int_0^1\sum_{k=1}^{\infty}x^{k-1}\left(1-x^z\right)dx=-\gamma+\int_0^1\left(1-x^z\right)\sum_{k=1}^{\infty}x^{k-1}\,dx$$

$$\psi(z+1)=-\gamma+\int_0^1\left(1-x^z\right)\underbrace{\sum_{k=1}^{\infty}x^{k-1}}_{\frac{1}{1-x}}\,dx$$

$$\psi(z+1)=-\gamma+\int_0^1\frac{1-x^z}{1-x}dx$$

□

d) Utilizando a relação anterior, mostre que:

a) $\int_0^1\frac{\left(1-x^a\right)\left(1-x^b\right)}{(1-x)(-\ln x)}dx=\ln\left[\frac{\Gamma(a+b+1)}{\Gamma(a+1)\Gamma(b+1)}\right]+1$

b) $\int_0^1\frac{\left(1-x^a\right)\left(1-x^b\right)\left(1-x^c\right)}{(1-x)(-\ln x)}dx=\ln\left[\frac{\Gamma(b+c+1)\Gamma(c+a+1)\Gamma(a+b+1)}{\Gamma(a+1)\Gamma(b+1)\Gamma(c+1)\Gamma(a+b+c+1)}\right]$

Demonstração:

a) Utilizando a técnica de Feynman, seja a função uma função de *b*, assim,

$$F(b)=\int_0^1 \frac{(1-x^a)(1-x^b)}{(1-x)(-\ln x)}dx$$

$$F(b)=\int_0^1 \frac{(1-x^a)}{(1-x)(-\ln x)}-\frac{(1-x^a)}{(1-x)(-\ln x)}x^b dx$$

$$F'(b)=\int_0^1 \frac{(1-x^a)}{(1-x)\cancel{(\ln x)}}x^b \cancel{\ln x}\, dx$$

$$F'(b)=\int_0^1 \frac{(1-x^a)}{(1-x)}x^b\ dx=\int_0^1 \frac{(x^b-1-x^{a+b}+1)}{(1-x)}dx$$

$$F'(b)=-\int_0^1 \frac{1-x^b}{1-x}dx+\int_0^1 \frac{1-x^{a+b}}{1-x}dx$$

Da propriedade,

$\psi(s+1)=-\gamma+\int_0^1 \frac{1-x^s}{1-x}dx$, vem que,

$$F'(b)=-[\psi(b+1)+\gamma]+[\psi(a+b+1)+\gamma]$$

$$F'(b)=\psi(a+b+1)-\psi(b+1)$$

Integrando em relação á c,

$$F(b)=\ln\Gamma(a+b+1)-\ln\Gamma(b+1)+C$$

Fazendo $b=0$,

$0=\ln\Gamma(a+1)-1+C\ \therefore\ C=1-\ln\Gamma(a+1)$, substituindo,

$$F(b)=\ln\Gamma(a+b+1)-\ln\Gamma(b+1)+1-\ln\Gamma(a+1)$$

$$F(b)=\ln\frac{\Gamma(a+b+1)}{\Gamma(a+1)\Gamma(b+1)}+1$$

$$\int_0^1 \frac{(1-x^a)(1-x^b)}{(1-x)(-\ln x)}dx=\ln\left[\frac{\Gamma(a+b+1)}{\Gamma(a+1)\Gamma(b+1)}\right]+1$$

b) Vamos utilizar a técnica de Feynman, desse modo, seja a integral acima uma função de c,

$$F(c)=\int_0^1 \frac{(1-x^a)(1-x^b)(1-x^c)}{(1-x)(-\ln x)}dx$$

$$F(c)=\int_0^1 \frac{(1-x^a)(1-x^b)}{(1-x)(-\ln x)}+\frac{(1-x^a)(1-x^b)}{(1-x)(\ln x)}x^c dx$$

$$F'(c)=\int_0^1 \frac{(1-x^a)(1-x^b)}{(1-x)\cancel{(\ln x)}}x^c \cancel{\ln x}\, dx$$

$$F'(c)=\int_0^1 \frac{(1-x^a)(1-x^b)}{(1-x)\cancel{(\ln x)}}x^c \cancel{\ln x}\, dx$$

$$F'(c)=\int_0^1 \frac{(1-x^a-x^b+x^{a+b})}{(1-x)}x^c\, dx$$

$$F'(c)=\int_0^1 \frac{(x^c-x^{a+c}-x^{b+c}+x^{a+b+c})}{(1-x)}dx$$

$$F'(c)=\int_0^1 \frac{x^c-1+1-x^{a+c}+1-x^{b+c}-1+x^{a+b+c}}{(1-x)}dx$$

$$F'(c)=\int_0^1 \frac{(x^c-1)+(1-x^{a+c})+(1-x^{b+c})+(x^{a+b+c}-1)}{(1-x)}dx$$

$$F'(c)=\int_0^1 \frac{(x^c-1)}{(1-x)}+\frac{(1-x^{a+c})}{(1-x)}+\frac{(1-x^{b+c})}{(1-x)}+\frac{(x^{a+b+c}-1)}{(1-x)}dx$$

$$F'(c)=-\int_0^1 \frac{1-x^c}{1-x}dx+\int_0^1 \frac{1-x^{a+c}}{1-x}dx+\int_0^1 \frac{1-x^{b+c}}{1-x}dx-\int_0^1 \frac{1-x^{a+b+c}}{1-x}dx$$

Da propriedade,

$\psi(s+1)=-\gamma+\int_0^1 \frac{1-x^s}{1-x}dx$, segue,

$$F'(c)=-\left[\psi(c+1)+\gamma\right]+\left[\psi(a+c+1)+\gamma\right]+\left[\psi(b+c+1)+\gamma\right]-\left[\psi(a+b+c+1)+\gamma\right]$$

$$F'(c)=-\psi(c+1)+\psi(a+c+1)+\psi(b+c+1)-\psi(a+b+c+1)$$

Integrando em relação à c,

$$F(c)=-\ln\Gamma(c+1)+\ln\Gamma(a+c+1)+\ln\Gamma(b+c+1)-\ln\Gamma(a+b+c+1)$$

$$F(c)=\ln\left[\frac{\Gamma(a+c+1)\Gamma(b+c+1)}{\Gamma(c+1)\Gamma(a+b+c+1)}\right]+C,$$

Seja $c=0$, temos,

$$0=\ln\left[\frac{\Gamma(a+1)\Gamma(b+1)}{\Gamma(1)\Gamma(a+b+1)}\right]+C \;\therefore\; C=-\ln\left[\frac{\Gamma(a+1)\Gamma(b+1)}{\Gamma(1)\Gamma(a+b+1)}\right],\text{ assim,}$$

$$F(c)=\ln\left[\frac{\Gamma(a+c+1)\Gamma(b+c+1)}{\Gamma(c+1)\Gamma(a+b+c+1)}\right]-\ln\left[\frac{\Gamma(a+1)\Gamma(b+1)}{\Gamma(1)\Gamma(a+b+1)}\right]$$

$$\int_0^1\frac{(1-x^a)(1-x^b)(1-x^c)}{(1-x)(-\ln x)}dx=\ln\left[\frac{\Gamma(b+c+1)\Gamma(c+a+1)\Gamma(a+b+1)}{\Gamma(a+1)\Gamma(b+1)\Gamma(c+1)\Gamma(a+b+c+1)}\right]$$

□

e) Calcule a integral $I=\int_0^1\psi(z)\operatorname{sen}(\pi z)\cos(\pi z)\,dz$.

Solução:

Utilizando a propriedade do Rei,

$\int_a^b f(x)\,dx=\int_a^b f(a+b-x)\,dx$,

$$I=\int_0^1\psi(z)\operatorname{sen}(\pi z)\cos(\pi z)\,dz\ \text{(I)}$$

$$I=\int_0^1\psi(z)\operatorname{sen}(\pi z)\cos(\pi z)\,dz=\int_0^1\psi(1-z)\operatorname{sen}\pi(1-z)\cos\pi(1-z)\,dz$$

$$I=\int_0^1\psi(1-z)\operatorname{sen}(\pi-\pi z)\cos(\pi-\pi z)\,dz=\int_0^1\psi(1-z)\operatorname{sen}(\pi z)\left[-\cos(\pi z)\right]dz$$

$$I=-\int_0^1\psi(1-z)\operatorname{sen}(\pi z)\cos(\pi z)\,dz\ \text{(II)}$$

Somando (I) e (II),

$$2I=\int_0^1\left[\psi(z)-\psi(1-z)\right]\operatorname{sen}(\pi z)\cos(\pi z)\,dz$$

Da fórmula reflexiva da função DiGama,

$\psi(z)-\psi(1-z)=-\pi\operatorname{cotg}\pi z$,

Substituindo,

$$2I=\int_0^1\left[-\pi\operatorname{cotg}\pi z\right]\operatorname{sen}(\pi z)\cos(\pi z)\,dz$$

$$2I=-\pi\int_0^1\operatorname{cotg}\pi z\operatorname{sen}(\pi z)\cos(\pi z)\,dz$$

$$2I=-\pi\int_0^1\cos^2(\pi z)\,dz$$

Para $\pi z = t$, $\pi dz = dt \Rightarrow dz = \frac{1}{\pi} dt$, ainda, $\begin{cases} z = 1 \to t = \pi \\ z = 0 \to t = 0 \end{cases}$, assim,

$$2I = -\pi \int_0^\pi \cos^2 t \, \frac{1}{\pi} dt = -\int_0^\pi \cos^2 t \, dt,$$

Mas $\cos^2 t = \dfrac{1 + \cos 2t}{2}$,

$$2I = -\int_0^\pi \cos^2 t \, dt = -\int_0^\pi \frac{1 + \cos 2t}{2} dt$$

$$2I = -\int_0^\pi \frac{1}{2} + \frac{\cos 2t}{2} dt = -\left[\frac{t}{2} + \operatorname{sen} 2t \right]_0^\pi = -\frac{\pi}{2}$$

$$I = \int_0^1 \psi(z) \operatorname{sen}(\pi z) \cos(\pi z) \, dz = -\frac{\pi}{4}$$

f) Reescreva a série $\sum_{n=0}^{\infty} \left[\dfrac{24}{(3n+4)^5} + \dfrac{6}{(2n+1)^3} \right]$ usando a função PoliGama.

Solução:

$$\sum_{n=0}^{\infty} \left[\frac{24}{(3n+4)^5} + \frac{6}{(2n+1)^3} \right] = \frac{1}{3^5 2^3} \sum_{n=0}^{\infty} \left[2^3 4! \frac{1}{\left(n + \frac{4}{3}\right)^5} + 3^5 3! \frac{1}{\left(n + \frac{1}{2}\right)^3} \right] =$$

$$= \frac{1}{3^5 2^3} \sum_{n=0}^{\infty} \left[(-1)^5 2^3 4! \frac{\psi^{(4)}\left(\frac{4}{3}\right)}{4!} + (-1)^4 3^5 3! \frac{\psi^{(2)}\left(\frac{1}{2}\right)}{3!} \right] = \frac{\psi^{(2)}\left(\frac{1}{2}\right)}{2^3} - \frac{\psi^{(4)}\left(\frac{4}{3}\right)}{3^5}$$

6) Função Beta

A Função Beta, assim denominada por Binet, também conhecida como a 1ª integral de Euler, foi estudada por este e por Legendre. Está diretamente relacionada à função Gama e assim como está é amplamente utilizada pela Matemática e pela Física. Define-se:

I)
$$\mathrm{B}(x,y)=\int_0^1 t^{x-1}(1-t)^{y-1}\,dt$$
$$x\in\mathbb{C},\ y\in\mathbb{C};\ \mathrm{Re}\,x>0,\ \mathrm{Re}\,y>0$$

É fácil demonstrar que a função Beta é simétrica,

II)
$$\mathrm{B}(x,y)=\mathrm{B}(y,x)$$

Demonstração:

Por definição, $\mathrm{B}(x,y)=\int_0^1 t^{x-1}(1-t)^{y-1}\,dt$, aplicando a Propriedade do Rei,

$$\mathrm{B}(x,y)=\int_0^1 t^{x-1}(1-t)^{y-1}\,dt=\int_0^1 (1-t)^{x-1}\left[1-(1-t)\right]^{y-1}\,dt$$

$$\mathrm{B}(x,y)=\int_0^1 t^{x-1}(1-t)^{y-1}\,dt=\int_0^1 t^{y-1}(1-t)^{x-1}\,dt$$

□

A função Beta também pode ser escrita como uma função racional, observe,

III)
$$\mathrm{B}(x,y)=\int_0^\infty \frac{t^{x-1}}{(1+t)^{x+y}}\,dt=\int_0^\infty \frac{t^{y-1}}{(1+t)^{x+y}}\,dt$$

Demonstração:

Na integral, $\mathrm{B}(x,y)=\int_0^1 t^{x-1}(1-t)^{y-1}\,dt$, seja a substituição, $t=\dfrac{1}{1+u}$, por tanto, $dt=\dfrac{-1}{(1+u)^2}du$,

Ainda, observando os limites de integração, $\begin{cases} t=1\rightarrow u=0 \\ t=0\rightarrow u=\infty \end{cases}$,

$$\mathrm{B}(x,y)=\int_\infty^0 \left(\frac{1}{1+u}\right)^{x-1}\left[1-\left(\frac{1}{1+u}\right)\right]^{y-1}\frac{-1}{(1+u)^2}du=\int_0^\infty \left(\frac{1}{1+u}\right)^{x-1}\left(\frac{u}{1+u}\right)^{y-1}\frac{1}{(1+u)^2}du$$

$$\mathrm{B}(x,y)=\int_0^\infty \frac{u^{y-1}}{(1+u)^{x-1}(1+u)^{y-1}(1+u)^2}du=\int_0^\infty \frac{u^{y-1}}{(1+u)^{x+y}}du$$

□

Ou ainda, como produto de seno e cosseno,

IV) $$B(x,y)=2\int_0^{\frac{\pi}{2}}\operatorname{sen}^{2x-1}\theta\cos^{2y-1}\theta\,d\theta$$

Demonstração:
Na integral, $B(x,y)=\int_0^1 t^{x-1}(1-t)^{y-1}\,dt$, seja a substituição, $t=\operatorname{sen}^2\theta$, por tanto, $dx=2\operatorname{sen}\theta\cos\theta\,d\theta$, quanto aos limites de integração, $\begin{cases} t=1\to\theta=\dfrac{\pi}{2} \\ t=0\to\theta=0\end{cases}$, assim,

$$B(x,y)=\int_0^1 t^{x-1}(1-t)^{y-1}\,dt=\int_0^1(\operatorname{sen}^2\theta)^{x-1}\Big(\underbrace{1-\operatorname{sen}^2\theta}_{\cos^2\theta}\Big)^{y-1}2\operatorname{sen}\theta\cos\theta\,d\theta$$

$$B(x,y)=2\int_0^1(\operatorname{sen}^2\theta)^{x-1}\operatorname{sen}\theta(\cos^2\theta)^{y-1}\cos\theta\,d\theta=2\int_0^1\operatorname{sen}^{2x-1}\theta\cos^{2y-1}\theta\,d\theta$$

□

Quanto a relação com a função Gama, observe o desenvolvimento,

$$\Gamma(x)\Gamma(y)=\int_0^\infty t^{x-1}e^{-t}dt.\int_0^\infty u^{y-1}e^{-u}du$$

Seja agora, $\begin{cases} t=v^2, & dt=2v\,dv \\ u=w^2, & du=2w\,dw\end{cases}$, assim,

$$\Gamma(x)\Gamma(y)=\int_0^\infty(v^2)^{x-1}e^{-v^2}2v\,dv.\int_0^\infty(w^2)^{y-1}e^{-w^2}2w\,dw$$

$$\Gamma(x)\Gamma(y)=4\int_0^\infty v^{2x-1}e^{-v^2}dv.\int_0^\infty w^{2y-1}e^{-w^2}dw$$

$$\Gamma(x)\Gamma(y)=4\int_0^\infty\left(\int_0^\infty w^{2y-1}e^{-w^2}dw\right)v^{2x-1}e^{-v^2}dv$$

$$\Gamma(x)\Gamma(y)=4\int_0^\infty\int_0^\infty w^{2y-1}v^{2x-1}e^{-(v^2+w^2)}dv\,dw$$

Seja a mudança de variável, $\begin{cases} w=r\cos\theta \\ v=r\operatorname{sen}\theta\end{cases}$, coordenadas polares, cujo jacobiano é $dv\,dw=r\,d\theta\,dr$[46], assim,

$$\Gamma(x)\Gamma(y)=4\int_0^\infty\int_0^{\frac{\pi}{2}}(r\operatorname{sen}\theta)^{2y-1}(r\cos\theta)^{2x-1}e^{-(r^2)}r\,d\theta\,dr$$

[46] Ver apêndice mudança de variáveis na integral dupla.

$$\Gamma(x)\Gamma(y)=4\int_0^\infty\int_0^{\frac{\pi}{2}} r^{2y-1}\operatorname{sen}^{2y-1}\theta\, r^{2x-1}\cos^{2x-1}\theta e^{-(r^2)}\, r\,d\theta\,dr$$

$$\Gamma(x)\Gamma(y)=4\int_0^\infty\int_0^{\frac{\pi}{2}} r^{2(x+y)-2}e^{-(r^2)}r\operatorname{sen}^{2y-1}\theta\cos^{2x-1}\theta\;d\theta\,dr$$

$$\Gamma(x)\Gamma(y)=\int_0^\infty r^{2(x+y)-2}e^{-(r^2)}2rdr.2\int_0^{\frac{\pi}{2}}\operatorname{sen}^{2y-1}\theta\cos^{2x-1}\theta\;d\theta$$

$$\Gamma(x)\Gamma(y)=\int_0^\infty (r^2)^{(x+y)-1}\,e^{-(r^2)}2rdr.2\int_0^{\frac{\pi}{2}}\operatorname{sen}^{2y-1}\theta\cos^{2x-1}\theta\;d\theta$$

Seja agora $r^2=p$, por tanto, $2r\,dr=dp$,

$$\Gamma(x)\Gamma(y)=\underbrace{\int_0^\infty (p)^{(x+y)-1}\,e^{-(p)}dp}_{\Gamma(x+y)}.\underbrace{2\int_0^{\frac{\pi}{2}}\operatorname{sen}^{2y-1}\theta\cos^{2x-1}\theta\;d\theta}_{\mathrm{B}(x,y)}\text{, assim,}$$

$\Gamma(x)\Gamma(y)=\Gamma(x+y)\mathrm{B}(x,y)$, ou seja,

V) $$\boxed{\mathrm{B}(x,y)=\frac{\Gamma(x)\Gamma(y)}{\Gamma(x+y)}}$$

A função Beta nos permite obter novos resultados para a função Gama, observe,

<u>Fórmula da Duplicação de Legendre</u>

VI) $$\boxed{\Gamma(2z)=\frac{2^{2z-1}}{\sqrt{\pi}}\Gamma(z)\Gamma\left(z+\frac{1}{2}\right)}$$

Demonstração:

Da relação entre as funções,

$$\mathrm{B}(x,y)=\frac{\Gamma(x)\Gamma(y)}{\Gamma(x+y)}=\int_0^1 t^{x-1}(1-t)^{y-1}\,dt\text{, fazendo } x=y=z\text{, segue,}$$

$$\frac{\Gamma(z)\Gamma(z)}{\Gamma(2z)}=\int_0^1 t^{z-1}(1-t)^{z-1}\,dt$$

Seja agora, $t=\frac{1+u}{2}$, por tanto, $dt=\frac{1}{2}du$, ainda $\begin{cases} t=1\rightarrow u=1\\ t=0\rightarrow u=-1\end{cases}$, assim,

$$\frac{\Gamma(z)\Gamma(z)}{\Gamma(2z)}=\int_0^1\left(\frac{1+u}{2}\right)^{z-1}\left(1-\frac{1+u}{2}\right)^{z-1}\frac{1}{2}du$$

$$\frac{\Gamma(z)\Gamma(z)}{\Gamma(2z)}=\int_{-1}^1\left(\frac{1+u}{2}\right)^{z-1}\left(\frac{1-u}{2}\right)^{z-1}\frac{1}{2}du=\frac{1}{2^{2z-1}}\int_{-1}^1(1+u)^{z-1}(1-u)^{z-1}du$$

$$\frac{\Gamma(z)\Gamma(z)}{\Gamma(2z)}=\frac{1}{2^{2z-1}}\int_{-1}^1\left(1-u^2\right)^{z-1}du$$

$$2^{2z-1}\Gamma^2(z)=\Gamma(2z)\int_{-1}^1\left(1-u^2\right)^{z-1}du$$

Uma vez que a integral $\int_{-1}^1\left(1-u^2\right)^{z-1}du$ é simétrica, podemos escrever

$$\int_{-1}^1\left(1-u^2\right)^{z-1}du=2\int_0^1\left(1-u^2\right)^{z-1}du$$

Assim,

$$2^{2z-1}\Gamma^2(z)=\Gamma(2z)2\int_0^1\left(1-u^2\right)^{z-1}du\ (1),$$

A integral do 2º membro nos remete a função Beta, observe,

$$\mathrm{B}(x,y)=\int_0^1 t^{x-1}(1-t)^{y-1}dt$$

Seja agora, $u^2=t$, por tanto, $2u\,du=dt$,

$$\mathrm{B}(x,y)=\int_0^1 u^{2x-2}\left(1-u^2\right)^{y-1}2u\,du$$

$$\mathrm{B}(x,y)=2\int_0^1 u^{2x-1}\left(1-u^2\right)^{y-1}du$$

Como a integral em (1) não possui o termo em x, significa que $2x-1=0\Rightarrow x=\frac{1}{2}$, assim,

$\mathrm{B}\left(\frac{1}{2},z\right)=2\int_0^1\left(1-u^2\right)^{z-1}du$, substituindo em (1)

$2^{2z-1}\Gamma^2(z)=\Gamma(2z)\mathrm{B}\left(\frac{1}{2},z\right)$, aplicando a relação entre a função Beta e a função Gama,

$$2^{2z-1}\Gamma^2(z)=\Gamma(2z)\frac{\Gamma(z)\Gamma\left(\frac{1}{2}\right)}{\Gamma\left(z+\frac{1}{2}\right)}$$

$$\Gamma(2z)=\frac{2^{2z-1}}{\Gamma\left(\frac{1}{2}\right)}\Gamma(z)\Gamma\left(z+\frac{1}{2}\right)=\frac{2^{2z-1}}{\sqrt{\pi}}\Gamma(z)\Gamma\left(z+\frac{1}{2}\right)$$

□

Derivando a Função Beta:

Seja a relação,

$$B(x,y)=\frac{\Gamma(x)\Gamma(y)}{\Gamma(x+y)}$$

Se aplicarmos o logaritmo natural em ambos os lados, segue,

$$\ln B(x,y)=\ln\frac{\Gamma(x)\Gamma(y)}{\Gamma(x+y)}$$

$$\ln B(x,y)=\ln\Gamma(x)+\ln\Gamma(y)-\ln\Gamma(x+y),$$

Derivando em relação a x e depois em relação a y, temos

$$\frac{\dfrac{\partial B(x,y)}{x}}{B(x,y)}=\psi(x)+\cancel{\psi(y)}-\psi(x+y)$$

$$\frac{\dfrac{\partial B(x,y)}{y}}{B(x,y)}=\psi(y)+\cancel{\psi(x)}-\psi(x+y), \text{ finalmente,}$$

VII)

$$\frac{\partial}{\partial x}B'(x,y)=B(x,y)\left[\psi(x)-\psi(x+y)\right]$$

$$\frac{\partial}{\partial y}B'(x,y)=B(x,y)\left[\psi(y)-\psi(x+y)\right]$$

Função Beta:

$$B(x,y)=\int_0^1 t^{x-1}(1-t)^{y-1}\,dt,$$
$$x\in\mathbb{C},\ y\in\mathbb{C};\ \operatorname{Re}x>0,\ \operatorname{Re}y>0$$

Integral de Euler de 1º tipo

$$\Gamma(2z)=\frac{2^{2z-1}}{\sqrt{\pi}}\Gamma(z)\Gamma\left(z+\frac{1}{2}\right)$$

Fórmula da Duplicação de Legendre

$$B(x,y)=B(y,x)$$

Simetria da Função Beta

$$B(x,y)=\frac{\Gamma(x)\Gamma(y)}{\Gamma(x+y)}$$

$$B(x,y)=2\int_0^{\frac{\pi}{2}}\operatorname{sen}^{2x-1}\theta\cos^{2y-1}\theta\,d\theta$$

Fórmula Trigonométrica da Função Beta

$$B(x,y)=\int_0^\infty \frac{t^{x-1}}{(1+t)^{x+y}}dt=\int_0^\infty \frac{t^{y-1}}{(1+t)^{x+y}}dt$$

Fórmula Racional da Função Beta

$$\frac{\partial}{\partial x}B(x,y)=B(x,y)\left[\psi(x)-\psi(x+y)\right]$$
$$\frac{\partial}{\partial y}B(x,y)=B(x,y)\left[\psi(y)-\psi(x+y)\right]$$

Propriedade Reflexiva da função Beta[47]:

VIII) $\beta(1-x,1+x)=\pi x\operatorname{cossec}\pi x$

[47] Demonstração nos exercícios.

a) Prove a identidade $\int_0^{\frac{\pi}{2}} \operatorname{sen}^m x \cos^n x\,dx = \frac{1}{2}\frac{\Gamma\left(\frac{m+1}{2}\right)\Gamma\left(\frac{n+1}{2}\right)}{\Gamma\left(\frac{m+n+2}{2}\right)}$.

Demonstração:
Da identidade

$$B(x,y) = 2\int_0^{\frac{\pi}{2}} \operatorname{sen}^{2x-1}\theta \cos^{2y-1}\theta\,d\theta = \frac{\Gamma(x)\Gamma(y)}{\Gamma(x+y)}$$

basta fazermos, $m = 2x-1$ e $n=2y-1$, assim, $x = \frac{m+1}{2}$ e $y = \frac{n+1}{2}$,

$$\int_0^{\frac{\pi}{2}} \operatorname{sen}^m\theta \cos^n\theta\,d\theta = \frac{1}{2}\frac{\Gamma\left(\frac{m+1}{2}\right)\Gamma\left(\frac{n+1}{2}\right)}{\Gamma\left(\frac{m+n+2}{2}\right)}$$

□

b) Calcule a integral $\int_0^{\pi} \operatorname{sen}^2 x\,dx$.
Solução:

Observe que $\int_0^{\pi} \operatorname{sen}^2 x\,dx = 2\int_0^{\frac{\pi}{2}} \operatorname{sen}^2 x\,dx$, fórmula $\int_0^{\frac{\pi}{2}} \operatorname{sen}^m\theta \cos^n\theta\,d\theta = \frac{1}{2}\frac{\Gamma\left(\frac{m+1}{2}\right)\Gamma\left(\frac{n+1}{2}\right)}{\Gamma\left(\frac{m+n+2}{2}\right)}$,

Basta fazermos $m = 2$ e $n = 0$,

$$\int_0^{\pi} \operatorname{sen}^2 x\,dx = 2\int_0^{\frac{\pi}{2}} \operatorname{sen}^2 x\,dx = 2\frac{1}{2}\frac{\Gamma\left(\frac{2+1}{2}\right)\Gamma\left(\frac{0+1}{2}\right)}{\Gamma\left(\frac{2+0+2}{2}\right)} = \frac{\Gamma\left(\frac{3}{2}\right)\Gamma\left(\frac{1}{2}\right)}{\Gamma(2)} = \frac{\frac{\sqrt{\pi}}{2}\sqrt{\pi}}{1!} = \frac{\pi}{2}.$$

c) Prove a identidade $\beta(1-x,1+x) = \pi x \operatorname{cossec}\pi x$.
Demonstração:

De $B(x,y) = \frac{\Gamma(x)\Gamma(y)}{\Gamma(x+y)}$ e da propriedade reflexiva de Euler, $\Gamma(x)\Gamma(1-x) = \pi \operatorname{cossec}\pi x$, $0 < x < 1$, temos:

$B(1-x,1+x) = \frac{\Gamma(1-x)\Gamma(1+x)}{\Gamma(2)} = \Gamma(1-x)\Gamma(1+x)$, lembrando que $\Gamma(x+1) = x\Gamma(x)$,

$$B(1-x,1+x) = \Gamma(1-x)\Gamma(1+x) = \Gamma(1-x)\Gamma(x)x = \pi x \operatorname{cossec}\pi x$$

□

d) Calcule a integral $I=\int_0^{\infty}\frac{1}{\left(1+x^{\phi}\right)^{\phi}}dx$, onde $\phi=\frac{\sqrt{5}+1}{2}$ é o número áureo.

Solução:

Primeiro vamos recordar algumas propriedades do número áureo, da definição,

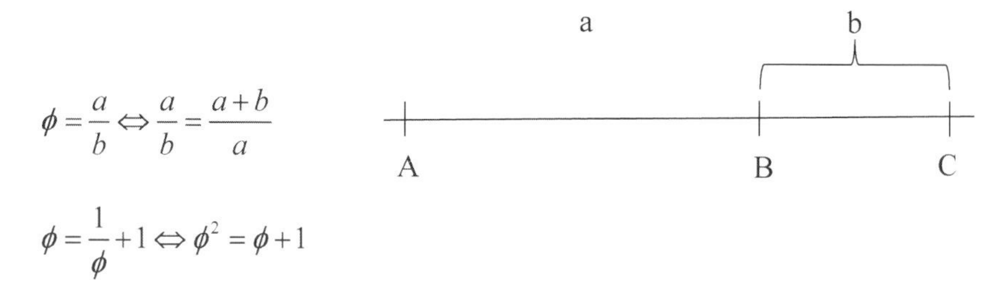

$$\phi=\frac{a}{b}\Leftrightarrow\frac{a}{b}=\frac{a+b}{a}$$

$$\phi=\frac{1}{\phi}+1\Leftrightarrow\phi^2=\phi+1$$

Seja agora a substituição, $t=x^{\phi}$, $dt=\phi x^{\phi-1}dx$, ainda, $\begin{cases}x=\infty\rightarrow t=\infty\\ x=0\rightarrow t=0\end{cases}$

$$I=\int_0^{\infty}\frac{1}{\left(1+x^{\phi}\right)^{\phi}}dx=\int_0^{\infty}\frac{1}{\left(1+t\right)^{\phi}}\frac{dt}{\phi x^{\phi-1}}$$

$$I=\frac{1}{\phi}\int_0^{\infty}\frac{x}{\left(1+t\right)^{\phi}}\frac{dt}{x^{\phi}}=\frac{1}{\phi}\int_0^{\infty}\frac{t^{\frac{1}{\phi}}}{\left(1+t\right)^{\phi}}\frac{dt}{t},\text{ de }\phi=\frac{1}{\phi}+1\Rightarrow\frac{1}{\phi}=\phi-1,$$

$$I=\frac{1}{\phi}\int_0^{\infty}\frac{t^{\phi-1}}{\left(1+t\right)^{\phi}}\frac{dt}{t}=\frac{1}{\phi}\int_0^{\infty}\frac{t^{(\phi-1)-1}}{\left(1+t\right)^{\phi-1+1}}dt$$

Da semelhança com a função Beta, $\beta(x,y)=\int_0^{\infty}\frac{t^{x-1}}{\left(1+t\right)^{x+y}}dt$,

Basta fazermos $x=\phi-1$ e $y=1$,

$$I=\frac{1}{\phi}\int_0^{\infty}\frac{t^{(\phi-1)-1}}{\left(1+t\right)^{\phi-1+1}}dt=\frac{1}{\phi}\beta(\phi-1,1)$$

Escrevendo a função Beta em termos da função Gama,

$\beta(x,y)=\frac{\Gamma(x)\Gamma(y)}{\Gamma(x+y)}$, temos,

$$I=\frac{1}{\phi}\beta(\phi-1,1)=\frac{1}{\phi}\frac{\Gamma(\phi-1)\Gamma(1)}{\Gamma(\phi-1+1)}=\frac{1}{\phi}\frac{\Gamma(\phi-1)}{\Gamma(\phi)}$$

$$I=\frac{1}{\phi}\frac{\Gamma(\phi-1)}{\Gamma(\phi)}=\frac{1}{\phi}\frac{(\phi-2)!}{(\phi-1)!}=\frac{1}{\phi}\frac{\cancel{(\phi-2)!}}{(\phi-1)\cancel{(\phi-2)!}}$$

$$I=\frac{1}{\phi}\frac{1}{(\phi-1)}=\frac{1}{\phi^2-\phi}$$, das relações com o número áureo,

$$I=1$$

e) Calcule a integral elíptica $\int_0^\infty \frac{1}{\sqrt{1+x^4}}dx$.

Solução:

Primeiro vamos aplicar o Teorema de Chebyshev para sabermos se essa é ou não uma integral com primitiva elementar.

$a=1, b=1, m=0, n=4$ e $p=\frac{-1}{2}$, assim,

$$\begin{cases} p=\frac{-1}{2}\notin\mathbb{Z} \\ \frac{m+1}{n}=\frac{0+1}{4}\notin\mathbb{Z} \\ \frac{m+1}{n}+p=\frac{1}{4}-\frac{1}{2}=-\frac{1}{2}\notin\mathbb{Z} \end{cases}$$

por tanto, a integral não possui primitivas elementares.

Seja a substituição, $t=\frac{1}{1+x^4}\Rightarrow x=\left(t^{-1}-1\right)^{\frac{1}{4}}$, assim, $z(x,t)=\frac{1}{1+x^4}-t$,

por tanto, $$\frac{dx}{dt}=-\frac{\frac{\partial z}{\partial t}}{\frac{\partial z}{\partial x}}=-\frac{-1}{-\frac{4x^3}{\left(1+x^4\right)^2}}=-\frac{1}{4}\frac{\left(1+x^4\right)^2}{x^3}=-\frac{1}{4}\frac{t^{-2}}{\left(t^{-1}-1\right)^{\frac{3}{4}}}=-\frac{1}{4}\frac{t^{-2}}{\frac{(1-t)^{\frac{3}{4}}}{t^{\frac{3}{4}}}}=-\frac{1}{4}(1-t)^{-\frac{3}{4}}t^{-\frac{5}{4}}$$

$$\int_0^\infty \frac{1}{\sqrt{1+x^4}}dx=\int_1^0 t^{\frac{1}{2}}\left(-\frac{1}{4}(1-t)^{-\frac{3}{4}}t^{-\frac{5}{4}}\right)dt$$

$$\int_0^\infty \frac{1}{\sqrt{1+x^4}}dx=\frac{1}{4}\int_0^1 t^{\frac{1}{2}}(1-t)^{-\frac{3}{4}}t^{-\frac{5}{4}}dt=\frac{1}{4}\int_0^1(1-t)^{-\frac{3}{4}}t^{-\frac{3}{4}}dt$$

$$\int_0^\infty \frac{1}{\sqrt{1+x^4}}dx=\frac{1}{4}\int_0^1(1-t)^{-\frac{3}{4}}t^{-\frac{3}{4}}dt=\frac{1}{4}\mathrm{B}\left(\frac{1}{4},\frac{1}{4}\right)=\frac{\Gamma\left(\frac{1}{4}\right)\Gamma\left(\frac{1}{4}\right)}{\Gamma\left(\frac{1}{2}\right)}$$

$$\int_0^\infty \frac{1}{\sqrt{1+x^4}}dx=\frac{\Gamma\left(\frac{1}{4}\right)^2}{4\sqrt{\pi}}$$

f) Calcule o valor da constante de Gauss $G=\frac{2}{\pi}\int_0^1 \frac{1}{\sqrt{1-x^4}}dx$.

Solução:
Primeiro vamos aplicar o Teorema de Chebyshev para sabermos se essa é ou não uma integral com primitiva elementar.

$a=1, b=-1, m=0, n=4$ e $p=\frac{-1}{2}$, assim,

$$\begin{cases} p=\frac{-1}{2}\notin\mathbb{Z} \\ \frac{m+1}{n}=\frac{0+1}{4}\notin\mathbb{Z} \\ \frac{m+1}{n}+p=\frac{1}{4}-\frac{1}{2}=-\frac{1}{2}\notin\mathbb{Z}\end{cases}$$ por tanto, a integral não possui primitivas elementares.

Seja a substituição, $t=\frac{1}{1-x^4}\Rightarrow x=\left(1-t^{-1}\right)^{\frac{1}{4}}$, assim, $z(x,t)=\frac{1}{1-x^4}-t$,

por tanto, $$\frac{dx}{dt}=-\frac{\frac{\partial z}{\partial t}}{\frac{\partial z}{\partial x}}=-\frac{-1}{-\frac{-4x^3}{\left(1-x^4\right)^2}}=\frac{1}{4}\frac{\left(1-x^4\right)^2}{x^3}=\frac{1}{4}\frac{t^{-2}}{\left(1-t^{-1}\right)^{\frac{3}{4}}}=\frac{1}{4}\frac{t^{-2}}{\frac{(t-1)^{\frac{3}{4}}}{t^{\frac{3}{4}}}}=\frac{1}{4}(t-1)^{-\frac{3}{4}}t^{-\frac{5}{4}}$$

$$G=\frac{2}{\pi}\int_0^1\frac{1}{\sqrt{1-x^4}}dx=\frac{2}{\pi}\int_1^\infty t^{\frac{1}{2}}\frac{1}{4}(t-1)^{-\frac{3}{4}}t^{-\frac{5}{4}}dt=\frac{1}{2\pi}\int_1^\infty (t-1)^{-\frac{3}{4}}t^{-\frac{3}{4}}dt$$

Seja agora, $z=t^{-1}$, por tanto, $dz=-t^{-2}dt\Rightarrow dt=-z^{-2}dz$

$$G=\frac{2}{\pi}\int_0^1\frac{1}{\sqrt{1-x^4}}dx=\frac{-1}{2\pi}\int_1^0\left(\frac{1}{z}-1\right)^{-\frac{3}{4}}\frac{1}{z^{-\frac{3}{4}}}z^2\,dz=\frac{1}{2\pi}\int_0^1(1-z)^{-\frac{3}{4}}z^{\frac{3}{4}}z^{\frac{3}{4}}z^{-2}dz=\frac{1}{2\pi}\int_0^1(1-z)^{-\frac{3}{4}}z^{\frac{1}{2}}dz$$

$$G=\frac{2}{\pi}\int_0^1\frac{1}{\sqrt{1-x^4}}dx=\frac{1}{2\pi}\int_0^1(1-z)^{-\frac{3}{4}}z^{-\frac{1}{2}}dz=\frac{1}{2\pi}\mathrm{B}\left(\frac{1}{4},\frac{1}{2}\right)$$

$$G=\frac{2}{\pi}\int_0^1\frac{1}{\sqrt{1-x^4}}dx=\frac{1}{2\pi}\mathrm{B}\left(\frac{1}{4},\frac{1}{2}\right)=\frac{1}{2\sqrt{\pi}}\frac{\Gamma\left(\frac{1}{4}\right)}{\Gamma\left(\frac{3}{4}\right)}=\frac{1}{2\sqrt{\pi}}\frac{\Gamma\left(\frac{1}{4}\right)}{\frac{\sqrt{2\pi}}{\Gamma\left(\frac{1}{4}\right)}}=\frac{\sqrt{2\pi}}{(2\pi)^2}\Gamma\left(\frac{1}{4}\right)^2.$$ [48]

Obs.: $G=0,8346268...$

---

[48] Através da relação já apresentada, $\prod_{k=1}^{3}\Gamma\left(\frac{k}{4}\right)=\sqrt{2\pi^3}$, simplificamos a expressão, escrevendo $\Gamma\left(\frac{3}{4}\right)$ em função de $\Gamma\left(\frac{1}{4}\right)$.

7) Função Zeta

Vamos começar com o problema que introduziu ao universo matemático o jovem Euler através de sua genialidade, "O Problema da Basileia":

I) O Problema da Basileia: $\sum_{n=1}^{\infty}\frac{1}{n^2}=1+\frac{1}{2^2}+\frac{1}{3^2}+\frac{1}{4^2}+...+\frac{1}{n^2}+...=\frac{\pi^2}{6}$

O cálculo do valor dessa soma infinita acompanhado de sua justificativa foi proposta pela primeira vez por Pietro Mengoli em 1650, tendo vindo a ser resolvida apenas em 1734, pelo então jovem Leonard Euler, que a apresentou na Academia de São Petersburgo no ano seguinte, no entanto, para justificar seu resultado, Euler assumiu, intuitivamente, que as mesmas propriedades válidas para um polinômio finito deveriam valer para um polinômio infinito. Euler não descansou enquanto não apresentou uma versão rigorosa dessa demonstração em 1741. Nós vamos aqui reproduzir a justificativa de 1734 por sua didática e insight:

Expandindo a função seno na forma de série de MacLaurin,

$$\operatorname{sen} x = x-\frac{x^3}{3!}+\frac{x^5}{5!}-\frac{x^7}{7!}+...$$

dividindo agora essa série por x, temos:

$$\frac{\operatorname{sen} x}{x}=1-\frac{x^2}{3!}+\frac{x^4}{5!}-\frac{x^6}{7!}+...$$

O Teorema Fundamental da Álgebra, nos diz que um polinômio de grau n terá n raízes, $x_1, x_2, x_3, \ldots, x_n$, e poderá ser expresso em forma de produto, onde cada fator deverá conter uma dessas raízes,

$$P(x)=k\left(1-\frac{x}{x_1}\right)\left(1-\frac{x}{x_2}\right)\left(1-\frac{x}{x_3}\right)\left(1-\frac{x}{x_4}\right)...\left(1-\frac{x}{x_n}\right)$$

A suposição genial de Euler, que mais tarde se provou verdadeira, foi que essa fatoração[49] também valeria para um polinômio infinito, assim

$$P(x)=k\left(1-\frac{x}{x_1}\right)\left(1-\frac{x}{x_2}\right)\left(1-\frac{x}{x_3}\right)\left(1-\frac{x}{x_4}\right)...\left(1-\frac{x}{x_n}\right)...$$

Igualando esse polinômio a expressão em série de $\frac{\operatorname{sen} x}{x}$, vem que

$$\frac{\operatorname{sen} x}{x}=1-\frac{x^2}{3!}+\frac{x^4}{5!}-\frac{x^6}{7!}+...=k\left(1-\frac{x}{x_1}\right)\left(1-\frac{x}{x_2}\right)\left(1-\frac{x}{x_3}\right)\left(1-\frac{x}{x_4}\right)...\left(1-\frac{x}{x_n}\right)...,$$

$$1-\frac{x^2}{3!}+\frac{x^4}{5!}-\frac{x^6}{7!}+...=k\left(1-\frac{x}{x_1}\right)\left(1-\frac{x}{x_2}\right)\left(1-\frac{x}{x_3}\right)\left(1-\frac{x}{x_4}\right)...\left(1-\frac{x}{x_n}\right)...$$

A primeira conclusão que podemos ter, é que k = 1, uma vez que o termo independente é 1 na série,

[49] Fatoração de Weierstrass.

$$1-\frac{x^2}{3!}+\frac{x^4}{5!}-\frac{x^6}{7!}+\ldots=\left(1-\frac{x}{x_1}\right)\left(1-\frac{x}{x_2}\right)\left(1-\frac{x}{x_3}\right)\left(1-\frac{x}{x_4}\right)\ldots\left(1-\frac{x}{x_n}\right)\ldots$$

Quanto às raízes, vale notarmos que a expressão $\frac{\operatorname{sen} x}{x}$ será igual a zero quando $x = k\pi$, para qualquer k inteiro, substituindo,

$$1-\frac{x^2}{3!}+\frac{x^4}{5!}-\frac{x^6}{7!}+\ldots=\left(1-\frac{x}{\pi}\right)\left(1+\frac{x}{\pi}\right)\left(1-\frac{x}{2\pi}\right)\left(1+\frac{x}{2\pi}\right)\ldots\left(1-\frac{x}{k\pi}\right)\left(1+\frac{x}{k\pi}\right)\ldots$$

Fatorando o segundo membro, de dois em dois fatores, através da diferença de quadrados, vem

$$1-\frac{x^2}{3!}+\frac{x^4}{5!}-\frac{x^6}{7!}+\ldots=\left(1-\frac{x^2}{\pi^2}\right)\left(1-\frac{x^2}{2^2\pi^2}\right)\left(1-\frac{x^2}{3^2\pi^2}\right)\ldots\left(1-\frac{x^2}{k^2\pi^2}\right)\ldots$$

Reagrupando o segundo membro,

$$1-\frac{x^2}{3!}+\frac{x^4}{5!}-\frac{x^6}{7!}+\ldots=1-\frac{1}{\pi^2}\left(1+\frac{1}{2^2}+\frac{1}{3^2}+\ldots\right)x^2+\ldots$$

Igualando os termos de grau dois,

$$-\frac{x^2}{3!}=-\frac{1}{\pi^2}\left(1+\frac{1}{2^2}+\frac{1}{3^2}+\ldots\right)x^2$$

Simplificando,

$$\frac{\pi^2}{3!}=1+\frac{1}{2^2}+\frac{1}{3^2}+\ldots$$

Finalmente,

$$\frac{\pi^2}{6}=1+\frac{1}{2^2}+\frac{1}{3^2}+\ldots$$

□

Como curiosidade, apresento a forma como abordei o problema anos antes, claro que não tenho nenhuma intenção de grandeza em relação a isso, visto que já conhecia a solução e o problema direta e indiretamente já havia sido apresentado a mim através do estudo da matemática, apenas achei "bonita" essa nova abordagem e gostaria de compartilha-lá:

De Girard à Riemann – Uma outra solução para o problema da Basileia

No ano de 1629, Albert Girard, publica seu livro *Invention nouvelle em L'Albebre* e pela primeira vez vemos a atenção de um matemático voltada aos coeficientes de um polinômio e suas simetrias, ainda sem se dar conta do real alcance do objeto de sua atenção. No livro Girard, em um exemplo, descreve as propriedades do teorema que levará seu nome,

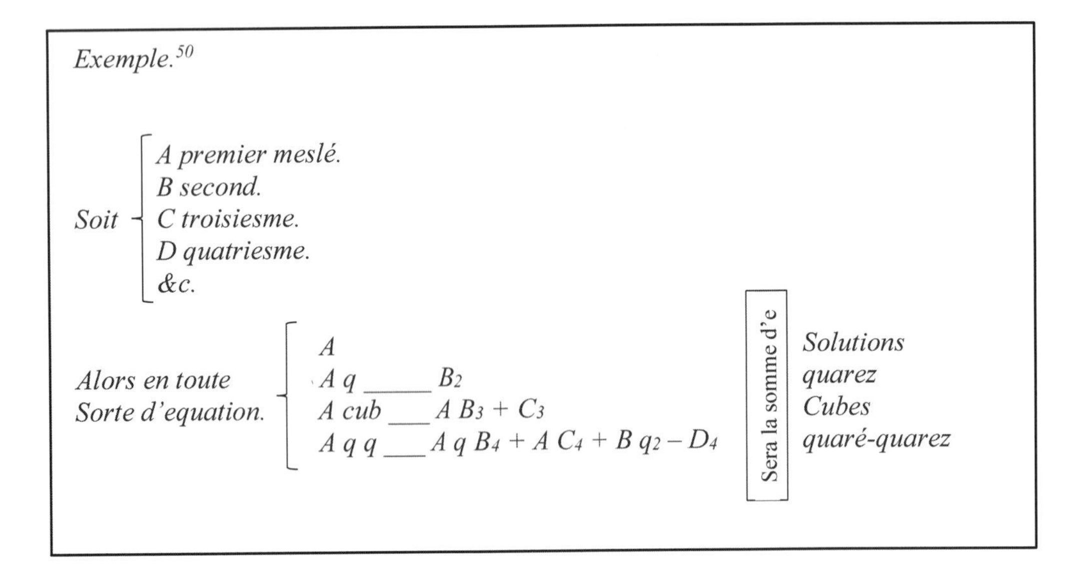

Exemple.[50]

Soit { *A premier meslé.* / *B second.* / *C troisiesme.* / *D quatriesme.* / *&c.* }

Alors en toute Sorte d'equation. { *A* / *A q* ____ *B2* / *A cub* ___ *A B3 + C3* / *A q q* ___ *A q B4 + A C4 + B q2 – D4* } *Sera la somme d'e* { *Solutions* / *quarez* / *Cubes* / *quaré-quarez* }

Ou seja,

Se os coeficientes do segundo, terceiro, quarto termo, etc. forem A, B, C, D, etc. então em uma equação de qualquer grau,

A será a soma das raízes;
$A^2 - 2B$ será a soma dos quadrados das raízes;
$A^3 - 3AB + 3C$ será a soma dos cubos das raízes;
$A^4 - 4A^2B + 4AC + 2B^2 - 4D$ será a soma das quartas potências das raízes;

Na linguagem e técnica atuais, o teorema pode ser reescrito como,

Teorema de Girard – "Dividindo-se (método algébrico) a derivada de um polinômio $P(x)$ pelo polinômio original, obtém-se um quociente resultado do tipo, $\frac{S_0}{x^1}+\frac{S_1}{x^2}+\frac{S_2}{x^3}+\frac{S_3}{x^4}+\ldots$ onde S_o, S_1, S_2, S_3, ... são as chamadas Somas de Newton (ex.: $S_2 = x_1^2 + x_2^2 + x_3^2 + \ldots$, onde x_1, x_2, x_3, ... são as raízes de $P(x)$)"

Demonstração:
Seja $P(x)$ um polinômio de grau n com raízes $x_1, x_2, x_3, \ldots, x_n$. Assim,

$$P(x) = a(x-x_1)(x-x_2)(x-x_3)\ldots(x-x_n)$$

$$\ln P(x) = \ln\left[a(x-x_1)(x-x_2)(x-x_3)\ldots(x-x_n)\right]$$ [51]

$\ln P(x) = \ln|a| + \ln|x-x_1| + \ldots + \ln|x-x_n|$, derivando,

$$\frac{d}{dx}\ln P(x) = \frac{d}{dx}\ln|a| + \frac{d}{dx}\ln|x-x_1| + \ldots + \frac{d}{dx}\ln|x-x_n|$$

[50] Girard, Albert. "Invention nouvelle en L'Algebre". A Amsterdam. Chez Guillaume Iansson Blaeuw. M.DC. XXIX. (pg.47)

[51] Ao aplicarmos o logaritmo ao polinômio, deveremos ter cuidado pois o polinômio poderá assumir valores negativos sempre que um número ímpar de parcelas $(x - x_k)$ for menor que zero, nesse caso, sempre será possível multiplicarmos ambos os lados por – 1, e rearranjar os sinais das parcelas do 2º membro de modo que ambos os membros sejam positivos. Desse modo seguimos a demonstração para o caso em que as parcelas sejam positivas, caso contrário, a demonstração seria análoga uma vez feitas as alterações indicadas.

$$\frac{P'(x)}{P(x)}=\frac{1}{x-x_1}+\frac{1}{x-x_2}+\ldots+\frac{1}{x-x_n}$$

$$\frac{P'(x)}{P(x)}=\frac{1}{x\left(1-\frac{x_1}{x}\right)}+\frac{1}{x\left(1-\frac{x_2}{x}\right)}+\ldots+\frac{1}{x\left(1-\frac{x_n}{x}\right)}$$

$$\frac{P'(x)}{P(x)}=\frac{\frac{1}{x}}{1-\frac{x_1}{x}}+\frac{\frac{1}{x}}{1-\frac{x_2}{x}}+\ldots+\frac{\frac{1}{x}}{1-\frac{x_n}{x}}\text{, observe que, }\frac{\frac{1}{x}}{1-\frac{x_1}{x}}\leftrightarrow\frac{a_1}{1-q}\text{ (PGinfinita)}$$

Onde a condição de convergência da progressão geométrica $(|q|<1)$ é satisfeita, uma vez que,

$x-x_k>0\Rightarrow x>x_k\Rightarrow\left|\frac{x_k}{x}\right|<1$, assim, reescrevendo as parcelas como somas infinitas,

$$\frac{P'(x)}{P(x)}=\left(\frac{1}{x}+\frac{x_1^1}{x^2}+\frac{x_1^2}{x^3}+\ldots\right)+\left(\frac{1}{x}+\frac{x_2^1}{x^2}+\frac{x_2^2}{x^3}+\ldots\right)+\ldots+\left(\frac{1}{x}+\frac{x_n^1}{x^2}+\frac{x_n^2}{x^3}+\ldots\right)\text{, organizando,}$$

$$\frac{P'(x)}{P(x)}=\left(\frac{1}{x}+\ldots+\frac{1}{x}\right)+\left(\frac{x_1}{x^2}+\frac{x_2}{x^2}+\ldots+\frac{x_n}{x^2}\right)+\ldots+\left(\frac{x_1^n}{x^{n+1}}+\frac{x_2^n}{x^{n+1}}+\ldots+\frac{x_n^n}{x^{n+1}}\right)$$

$$\frac{P'(x)}{P(x)}=\frac{1}{x}\left(x_1^0+\ldots+x_n^0\right)+\frac{1}{x^2}\left(x_1^1+\ldots+x_n^1\right)+\ldots+\frac{1}{x^{n+1}}\left(x_1^n+\ldots+x_n^n\right)$$

$$\frac{P'(x)}{P(x)}=\frac{S_0}{x}+\frac{S_1}{x^2}+\ldots+\frac{S_n}{x^{n+1}}$$

□

Seja $P(x)=\text{sen}\left(\frac{\pi}{x}\right)$, uma função com raízes em todos os pontos $x=\frac{1}{k},\ k\in\mathbb{Z}^*$ da reta real, ainda, como sabemos, a função pode ser escrita por um polinômio infinito através da série de MacLaurin, desse modo, pelo teorema de Girard, as somas de Newton das raízes desse polinômio podem ser encontradas como segue,

$$\frac{P'(x)}{P(x)}=\frac{-\frac{\pi}{x^2}\cos\left(\frac{\pi}{x}\right)}{\text{sen}\left(\frac{\pi}{x}\right)}=-\frac{\pi}{x^2}\text{cotg}\left(\frac{\pi}{x}\right)$$

Expandindo a cotangente através da série de Laurent,

$$\text{cotg}\,z=\frac{1}{z}-\frac{1}{3}z-\frac{1}{45}z^3-\frac{1}{945}z^5-\ldots$$

Substituindo,

$$\frac{P'(x)}{P(x)} = -\frac{\pi}{x^2}\operatorname{cotg}\left(\frac{\pi}{x}\right) = -\frac{1}{x^1} + \frac{\frac{\pi^2}{3}}{x^3} + \frac{\frac{\pi^4}{45}}{x^5} + \frac{\frac{2\pi^6}{945}}{x^7} - \dots$$

Então,

$$S_2 = \sum_{k=-1}^{-\infty}\frac{1}{k^2} + \sum_{k=1}^{\infty}\frac{1}{k^2} = 2\sum_{k=1}^{\infty}\frac{1}{k^2} = \frac{\pi^2}{3}$$, por tanto,

$$\sum_{k=1}^{\infty}\frac{1}{k^2} = 1 + \frac{1}{2^2} + \frac{1}{3^2} + \frac{1}{4^2} + \dots = \frac{\pi^2}{6}$$

Analogamente,

$$\sum_{k=1}^{\infty}\frac{1}{k^4} = 1 + \frac{1}{2^4} + \frac{1}{3^4} + \frac{1}{4^4} + \dots = \frac{\pi^4}{90}$$

$$\sum_{k=1}^{\infty}\frac{1}{k^6} = 1 + \frac{1}{2^6} + \frac{1}{3^6} + \frac{1}{4^6} + \dots = \frac{\pi^6}{945}$$

• • •

Podemos agora introduzir a função Zeta, uma vez que as somas infinitas apresentadas acima, juntamente com a série harmônica são na verdade um caso particular desta.

Função Zeta de Riemann

II) $$\zeta(s) = 1 + \frac{1}{2^s} + \frac{1}{3^s} + \frac{1}{4^s} + \dots = \sum_{k=1}^{\infty}\frac{1}{k^s},\ s > 1$$ [52]

Dada a sua relevância em diversos ramos da Matemática e mesmo em alguns campos da Física, acredito ser de interesse um breve estudo sobre a função Zeta. Primeiramente, estudamos a busca do valor de um caso particular dessa função no problema da Basileia[53], que atraiu a atenção do jovem Euler, que não só resolveu a questão como se interessou pela forma geral desta função ($s > 1$) e sua aplicação no estudo da distribuição dos números primos.

$$\zeta(2) = 1 + \frac{1}{2^2} + \frac{1}{3^2} + \frac{1}{4^2} + \dots = \frac{\pi^2}{6}$$, Euler (1735)

[52] No plano complexo a função $\zeta(z)$ é válida para $\operatorname{Re}(z) > 1$.

[53] Ver Apêndice.

No século XIX, Um estudo detalhado da função, mostra que ela é convergente em todo eixo real, com exceção do ponto $s = 1$, notamos também que para $s > 1$ temos $\zeta(s) > 1$ e quando s tende ao infinito, a função tende a 1. Vamos apresentar a seguir, algumas representações alternativas dessa função, assim como resultados relevantes.

Função Zeta representada como Produto de Euler[54]

III) $$\zeta(s) = \prod_{p \in P} \frac{1}{1 - p^{-s}}, \; P \textit{ é o conjunto dos números primos}$$

Demonstração:

Seja a função abaixo,

$$\zeta(s) = 1 + \frac{1}{2^s} + \frac{1}{3^s} + \frac{1}{4^s} + \ldots \quad \text{(I)}$$

Multiplicando ambos os lados por $\frac{1}{2^s}$, segue,

$$\frac{1}{2^s}\zeta(s) = \frac{1}{2^s}\left(1 + \frac{1}{2^s} + \frac{1}{3^s} + \frac{1}{4^s} + \ldots\right) = \frac{1}{2^s} + \frac{1}{4^s} + \frac{1}{6^s} + \ldots \quad \text{(II)}$$

Subtraindo (II) de (I),

$$\begin{aligned} \zeta(s) &= 1 + \frac{1}{2^s} + \frac{1}{3^s} + \frac{1}{4^s} + \ldots \\ \frac{1}{2^s}\zeta(s) &= \frac{1}{2^s} + \frac{1}{4^s} + \frac{1}{6^s} + \frac{1}{8^s} + \ldots \\ \hline \left(1 - \frac{1}{2^s}\right)\zeta(s) &= 1 + \frac{1}{3^s} + \frac{1}{5^s} + \frac{1}{7^s} + \ldots \quad \text{(III)} \end{aligned}$$

vamos agora multiplicar a equação (III) por $\frac{1}{3^s}$,

$$\frac{1}{3^s}\left(1 - \frac{1}{2^s}\right)\zeta(s) = \frac{1}{3^s} + \frac{1}{9^s} + \frac{1}{15^s} + \frac{1}{21^s} + \frac{1}{33^s} + \frac{1}{39^s} + \ldots \quad \text{(IV)}$$

Novamente, subtraindo (IV) de (III),

[54] Como curiosidade, a expressão de $\zeta(s)$ através do produto de Euler representa a probabilidade de que, escolhidos aleatoriamente s números naturais, eles sejam primos entre si. No plano complexo a função $\zeta(z)$ é válida para $\text{Re}(z) > 1$.

$$\left(1-\frac{1}{2^s}\right)\zeta(s)=1+\frac{1}{3^s}+\frac{1}{5^s}+\frac{1}{7^s}+\frac{1}{9^s}+\ldots$$

$$\frac{1}{3^s}\left(1-\frac{1}{2^s}\right)\zeta(s)=\frac{1}{3^s}+\frac{1}{9^s}+\frac{1}{15^s}+\frac{1}{21^s}+\ldots$$

$$\left(1-\frac{1}{3^s}\right)\left(1-\frac{1}{2^s}\right)\zeta(s)=1+\frac{1}{5^s}+\frac{1}{7^s}+\frac{1}{11^s}+\frac{1}{13^s}+\ldots$$

Se continuarmos indefinidamente com o processo de multiplicar a equação anterior por $\frac{1}{p^s}$, onde p é o próximo número primo da sequência, teremos, no limite,

$$\ldots\left(1-\frac{1}{13^s}\right)\left(1-\frac{1}{11^s}\right)\left(1-\frac{1}{7^s}\right)\left(1-\frac{1}{5^s}\right)\left(1-\frac{1}{3^s}\right)\left(1-\frac{1}{2^s}\right)\zeta(s)=1^s$$, assim, podemos escrever,

$$\zeta(s)=\frac{1}{\left(1-\frac{1}{2^s}\right)\left(1-\frac{1}{3^s}\right)\left(1-\frac{1}{5^s}\right)\left(1-\frac{1}{7^s}\right)\left(1-\frac{1}{11^s}\right)\left(1-\frac{1}{13^s}\right)\ldots}$$

$$\zeta(s)=\prod_{p\in P}\frac{1}{1-p^{-s}},\ \textit{P é o conjunto dos números primos}$$

□

Teorema – Existem Infinitos Números Primos

Utilizando o produto de Euler para $s = 1$, fica fácil provarmos que existem infinitos números primos, mas para isso, devemos mostrar que $\zeta(1)$, também conhecida como série harmônica, é divergente. Para isso, vamos utilizar a elegante demonstração de Nicole d'Oresme[55],

$$\zeta(1)=\frac{1}{1}+\frac{1}{2}+\frac{1}{3}+\frac{1}{4}+\frac{1}{5}+\frac{1}{6}+\frac{1}{7}+\frac{1}{8}+\ldots$$

Se agruparmos as frações da função Zeta a partir do 3° temo, em grupos de 2, 4, 8, ... , $2^n, n\geq 1$ e compararmos com séries formadas pelo mesmo número de elementos, todos iguais ao último termo de cada agrupamento dos termos da função Zeta, teremos as seguintes desigualdades,

$$\frac{1}{3}+\frac{1}{4}>\frac{1}{4}+\frac{1}{4},$$
$$\frac{1}{5}+\frac{1}{6}+\frac{1}{7}+\frac{1}{8}>\frac{1}{8}+\frac{1}{8}+\frac{1}{8}+\frac{1}{8},$$
$$\frac{1}{9}+\frac{1}{10}+\frac{1}{11}+\frac{1}{12}+\frac{1}{13}+\frac{1}{14}+\frac{1}{15}+\frac{1}{16}>\frac{1}{16}+\frac{1}{16}+\frac{1}{16}+\frac{1}{16}+\frac{1}{16}+\frac{1}{16}+\frac{1}{16}+\frac{1}{16},$$ e assim sucessivamente,

Poderemos então escrever,

[55] Nicole d'Oresme (1323-1382) bispo francês que atuou como conselheiro do rei Carlos V, e polímata em diversas áreas (filosofia, matemática, física, astronomia, biologia, psicologia, musicologia e economia).

$$\zeta(1)=\frac{1}{1}+\frac{1}{2}+\left(\underbrace{\frac{1}{3}+\frac{1}{4}}_{2\ termos}\right)+\left(\underbrace{\frac{1}{5}+\frac{1}{6}+\frac{1}{7}+\frac{1}{8}}_{4\ termos}\right)+\ldots>\frac{1}{1}+\frac{1}{2}+\left(\underbrace{\frac{1}{4}+\frac{1}{4}}_{2\ termos}\right)+\left(\underbrace{\frac{1}{8}+\frac{1}{8}+\frac{1}{8}+\frac{1}{8}}_{4 termos}\right)+\ldots$$

Onde, a série à direita é claramente divergente,

$$\zeta(1)=\frac{1}{1}+\left(\frac{1}{2}\right)+\left(\underbrace{\frac{1}{3}+\frac{1}{4}}_{2\ termos}\right)+\left(\underbrace{\frac{1}{5}+\frac{1}{6}+\frac{1}{7}+\frac{1}{8}}_{4\ termos}\right)+\ldots>\frac{1}{1}+\left(\frac{1}{2}\right)+\left(\frac{1}{2}\right)+\left(\frac{1}{2}\right)+\ldots=\infty$$

Por tanto, uma vez que a série da direita é estritamente menor que a série harmônica e esta diverge, podemos afirmar que a série harmônica também diverge.

$$\zeta(1)=\lim_{n\to\infty}\sum_{k=1}^{n}\frac{1}{k}=\infty$$

Do produto de Euler, temos a igualdade,

$$\zeta(1)=\sum_{k=1}^{\infty}\frac{1}{k}=\prod_{p\in P}\frac{1}{1-p^{-1}}=\infty$$

De onde observamos que se o número de primos fosse finito, o produto de Euler também o seria, mas uma vez que o produto tende ao infinito, a única conclusão possível é a de que existem infinitos números primos.

□

O assunto que iremos abordar agora, faz com que a função Zeta se torne o centro das atenções quando se trata da distribuição dos números primos.

Função de Contagem de Números Primos

Chama-se função de contagem de primos e denotamos por $\Pi(n)$, à função que associa a cada número natural n, o número de primos existentes entre 1 e n. Nos anos finais do século XVIII foi desenvolvida e conjecturada por nomes como Legendre (1798) e Gauss (1792) a hipótese de que essa função $\Pi(n)$ assumia a forma $\Pi(n)\sim\frac{n}{\ln n}$ ou escrita na forma assintótica, $\lim_{n\to\infty}\frac{\Pi(n)}{n/\ln n}=1$. Por volta de 1850, o matemático russo Pafnuty Chebyshev[56] tentou demonstrar essa conjectura, conseguindo, no entanto, provar apenas que se o cociente $\frac{\Pi(n)}{n/\ln n}$ convergir quando n tender ao infinito, então o $\lim_{n\to\infty}\frac{\Pi(n)}{n/\ln n}$ existirá e será igual a 1. Apesar de essa não ser exatamente uma comprovação da conjectura de Gauss, foi suficiente para que Chebyshev a utiliza-se para demonstrar o postulado de Bertrand[57]. Em 1859, Bernhard Riemann publica seu artigo intitulado *Ueber die Anzahl der Primzahlen unter einer gegebenen Grösse*[58] ("Sobre o número de primos menor que uma dado número") na edição de novembro da *Monatsberichte der Königlich Preußischen Akademie der Wissenschaften zu Berlin.* Nesse artigo, com apenas 9 páginas, Riemann trouxe à tona novas ideias, métodos de análise, demonstrações e esboços, mas principalmente, a

[56] Chebyshev, P.L. . "Oeuvres de P.L. Tchebycheff" , **1–2** , Chelsea (1961) (Translated from Russian)
[57] Postulado de Bertrand: dado um natural $n > 2$, o intervalo $]n, 2n[$, deverá conter ao menos um primo.
[58] A tradução do artigo para o inglês, assim como o original se encontram disponíveis no site do *Clay Mathematics Institute*. (https://www.claymath.org/publications/riemanns-1859-manuscript)

ideia de que a distribuição dos primos está intimamente ligada aos zeros da função, recém estendida analiticamente[59] ao plano complexo (no artigo).

Riemann aplica e incentiva o uso de métodos de análise complexa para o estudo da teoria dos números, iniciativa está que levou à demonstração, feita independentemente, em 1896, por dois pesquisadores, Jacques Hadamard e Charles de la Poussin da conjectura de Gauss sobre a distribuição dos números primos, agora conhecido como Teorema dos Números Primos. A demonstração teve como base a propriedade de que a função Zeta complexa não possui nenhum zero[60] sobre a reta $z = 1 + it$, ou seja, $\zeta(1+ti) \neq 0,\ t \in \mathbb{R}$.

Desde então, diversas demonstrações fazendo uso da análise complexa surgiram, mas em 1949 os matemáticos Paul Erdös e Atle Selberg apresentaram uma demonstração sem a utilização dos números complexos, mas ainda assim elaborada. Em 1980 o matemático norte-americano, Donald J. Newman apresentou a prova mais "simples" até o momento, mas não se pode dizer que seja elementar, uma vez que faz uso do Teorema da Integral de Cauchy.

IV) Teorema dos Números Primos (Hadamard e de la Poussin) – "Seja $\Pi(n)$ a função de contagem de números primos previamente estabelecida, então $\Pi(n) \sim \dfrac{n}{\ln n}$ ou de forma assintótica, $\lim\limits_{n\to\infty} \dfrac{\Pi(n)}{n/\ln n} = 1$".

Equação Funcional de Riemann, $z \neq 1$

V) $$\zeta(1-z) = 2(2\pi)^{-z}\,\Gamma(z)\cos\left(\frac{\pi z}{2}\right)\zeta(z) \quad \text{ou equivalente,}$$
$$\zeta(z) = 2(2\pi)^{-z}\,\Gamma(1-z)\,\text{sen}\left(\frac{\pi z}{2}\right)\zeta(1-z)$$

Que pode ser reescrito como:

VI) $$\pi^{-\frac{z}{2}}\,\Gamma\left(\frac{z}{2}\right)\zeta(z) = \pi^{-\frac{1-z}{2}}\,\Gamma\left(\frac{1-z}{2}\right)\zeta(1-z)$$

Observe que se definirmos $\xi(z) = \pi^{-\frac{z}{2}}\,\Gamma\left(\frac{z}{2}\right)\zeta(z)$, a equação funcional acima pode ser simplificada para,

---

[59] Bernhard Riemann, aprofundou o estudo dessa função ($\text{Re}(z) > 1$) e mostrou através da continuação analítica que ela era válida para todo o plano complexo, com exceção de seu polo em $z = 1$, cujo resíduo também é 1 e atribuiu a legra grega ζ para descrever essa função, fazendo que esta ficasse, desde então, conhecida como Função Zeta de Riemann.

[60] Os zeros reais da função, chamados de zeros triviais, se encontram no eixo real negativo e são da forma $x = -2n,\ n \in \mathbb{N}^*$. Quanto aos zeros, não reais, $z = \sigma + it$, são de dois tipos, aqueles que se encontram sobre a reta $\sigma = \frac{1}{2}$ e aqueles possíveis zeros que se encontram na faixa crítica entre 0 e 1. Aqui vale mencionar a Hipótese de Riemann, que supõem que TODOS os zeros não triviais se encontram sobre a reta $\sigma = \frac{1}{2}$, e sobre essa hipótese, que consta entre os problemas do milênio, se baseiam muitas conclusões importantes sobre a distribuição dos números primos.

$$\xi(z) = \xi(1-z)$$

Representação Integral de $\zeta(z)$, $\operatorname{Re}(z) > 1$:

$$\zeta(z) = \frac{1}{\Gamma(z)} \int_0^\infty \frac{t^{z-1}}{e^t - 1} dt$$

Demonstração:

Dada a função Gama, $\Gamma(z) = \int_0^\infty t^{z-1} e^{-t} dt$,

Seja a seguinte mudança de variáveis, $t = nu$, por tanto, $dt = n\,du$

$$\Gamma(z) = \int_0^\infty (nu)^{z-1} e^{-nu} n\,du = \int_0^\infty n^z u^{z-1} e^{-nu}\,du = n^z \int_0^\infty u^{z-1} e^{-nu}\,du$$

$$\Gamma(z) \frac{1}{n^z} = \int_0^\infty u^{z-1} e^{-nu}\,du$$

$$\Gamma(z) \underbrace{\sum_{n=1}^{\infty} \frac{1}{n^z}}_{\zeta(z)} = \sum_{n=1}^{\infty} \underbrace{\int_0^\infty u^{z-1} e^{-nu}\,du}_{\substack{absolutamente \\ convergente}}$$, pelo teorema da Convergência,

$$\Gamma(z)\,\zeta(z) = \int_0^\infty u^{z-1} \underbrace{\sum_{n=1}^{\infty} e^{-nu}}_{PG\infty}\,du$$

$$\Gamma(z)\,\zeta(z) = \int_0^\infty u^{z-1} \frac{e^{-u}}{1-e^{-u}}\,du = \int_0^\infty u^{z-1} \frac{1}{\frac{1}{e^{-u}} - 1}\,du$$, finalmente,

$$\zeta(z)\Gamma(z) = \int_0^\infty \frac{u^{z-1}}{e^u - 1}\,du = \int_0^\infty \frac{t^{z-1}}{e^t - 1}\,dt$$

$$\zeta(z) = \frac{1}{\Gamma(z)} \int_0^\infty \frac{t^{z-1}}{e^t - 1} dt$$

Alguns valores especiais da função $\zeta(z)$[61]:

$$\zeta(2n) = \frac{(2\pi)^{2n}}{2(2n)!}|B_{2n}|,\ n \in \mathbb{N}^*$$

•••

$$\zeta(4) = \frac{\pi^4}{90}$$

$$\zeta(2) = \frac{\pi^2}{6}$$

$$\zeta(0) = -\frac{1}{2}$$

$$\zeta(-1) = -\frac{1}{12}$$ [62]

$$\zeta(-3) = \frac{1}{120}$$

$$\zeta(-5) = -\frac{1}{252}$$

Temos ainda um outro resultado utilizado na Física Teórica de Regularização/Normalização:

$$\zeta(1+\varepsilon) = \frac{1}{\varepsilon} + \gamma + O[\varepsilon]$$ [63]

Lembrando que $\zeta(1) = \infty$. Poderíamos dizer que a relação de $\zeta(-1)$ com $-\frac{1}{12}$ é semelhante à de $\zeta(1)$ com a constante de Euler-Mascheroni γ.

[61] Vale lembrar que alguns valores apresentados são possíveis de serem calculados devida à continuação analítica da função Zeta e não fazem sentido se os argumentos forem substituídos na série $\zeta(s) = 1 + \frac{1}{2^s} + \frac{1}{3^s} + \frac{1}{4^s} + \ldots = \sum_{k=1}^{\infty} \frac{1}{k^s}$ uma vez que esta é definida apenas para $s > 1$.

[62] $\zeta(-1)$ aparece na Teoria das Cordas para renormalizar a energia no vácuo gerada por um número infinito de oscilações harmônicas. Por conta do valor de $\zeta(-1)$ a corda bosônica precisa de 26 dimensões espaço-tempo para existir.

[63] $O[\varepsilon]$: lê-se como "termo de ordem superior da ordem de ε .

8) Função Eta de Dirichlet:[64]

Seja $s \in \mathbb{C}$; $\operatorname{Re}(s) > 0$ definimos a função Eta como:

I) $$\eta(s)=\sum_{n=1}^{\infty}(-1)^{n-1}\frac{1}{n^s}=1-\frac{1}{2^s}+\frac{1}{3^s}-\frac{1}{4^s}+\ldots$$

A função Eta se relaciona com a função Zeta de Riemann através da expressão:

II) $$\eta(s)=\left(1-2^{1-s}\right)\zeta(s)$$

Demonstração:

$\eta(s)=\sum_{n=1}^{\infty}(-1)^{n-1}\frac{1}{n^s}=1-\frac{1}{2^s}+\frac{1}{3^s}-\frac{1}{4^s}+\ldots$, separando em pares e ímpares,

$$\eta(s)=\sum_{n=1}^{\infty}(-1)^{n-1}\frac{1}{n^s}=\left(1+\frac{1}{3^s}+\frac{1}{5^s}+\ldots\right)+\left(-\frac{1}{2^s}-\frac{1}{4^s}-\frac{1}{6^s}\ldots\right)$$

$$\eta(s)=\sum_{n=1}^{\infty}(-1)^{n-1}\frac{1}{n^s}=\sum_{n=1}^{\infty}\frac{(-1)^{(2n-1)-1}}{(2n-1)^s}+\sum_{n=1}^{\infty}\frac{(-1)^{(2n-1)}}{(2n)^s}=\sum_{n=1}^{\infty}\frac{(-1)^{2(n-1)}}{(2n-1)^s}+\sum_{n=1}^{\infty}\frac{(-1)^{(2n-1)}}{(2n)^s}$$

Como $(-1)^{2(n-1)}=1^{n-1}=1$ e $(-1)^{(2n-1)}=\frac{(-1)^{2n}}{(-1)}=-1$ para qualquer $n \in \mathbb{N}$, temos,

$\eta(s)=\sum_{n=1}^{\infty}\frac{1}{(2n-1)^s}-\sum_{n=1}^{\infty}\frac{1}{(2n)^s}$, com um pouco de álgebra,

$$\eta(s)=\sum_{n=1}^{\infty}\frac{1}{(2n-1)^s}-\sum_{n=1}^{\infty}\frac{1}{(2n)^s}+\sum_{n=1}^{\infty}\frac{1}{(2n)^s}-\sum_{n=1}^{\infty}\frac{1}{(2n)^s}$$

$$\eta(s)=\sum_{n=1}^{\infty}\frac{1}{(2n-1)^s}+\sum_{n=1}^{\infty}\frac{1}{(2n)^s}-\left(\sum_{n=1}^{\infty}\frac{1}{(2n)^s}+\sum_{n=1}^{\infty}\frac{1}{(2n)^s}\right)$$

$$\eta(s)=\sum_{n=1}^{\infty}\frac{1}{n^s}-2\sum_{n=1}^{\infty}\frac{1}{(2n)^s}$$

$$\eta(s)=\zeta(s)-2\sum_{n=1}^{\infty}\frac{1}{2^s n^s}=\zeta(s)-2\sum_{n=1}^{\infty}\frac{2^{-s}}{n^s}=\zeta(s)-2^{1-s}\sum_{n=1}^{\infty}\frac{1}{n^s}=\zeta(s)-2^{1-s}\zeta(s)$$

$$\eta(s)=\left(1-2^{1-s}\right)\zeta(s)$$

---

[64] Na verdade, chamam-se funções de Dirichlet, todas as funções do tipo $f(s)=\sum_{n=1}^{\infty}\frac{a_n}{n^s}$, a própria função zeta de Riemann é um caso particular da chamada função de Dirichlet, onde $a_n=1$.

□

a) Mostre que $\sum_{n=1}^{\infty}\frac{(-1)^{n-1}}{n^2}=1-\frac{1}{2^2}+\frac{1}{3^2}-\frac{1}{4^2}+...+\frac{1}{n^2}+...=\frac{\pi^2}{12}$.

Para provar o resultado, vamos partir de uma série já conhecida e sabidamente convergente,

$$\sum_{n=1}^{\infty}\frac{1}{n^2}=1+\frac{1}{2^2}+\frac{1}{3^2}+\frac{1}{4^2}+...+\frac{1}{n^2}+...=\frac{\pi^2}{6},$$

Separando os termos pares e ímpares,

$$\left(\frac{1}{1^2}+\frac{1}{3^2}+\frac{1}{5^2}...\right)+\left(\frac{1}{2^2}+\frac{1}{4^2}+\frac{1}{6^2}+...\right)=\frac{\pi^2}{6}$$

Reescrevendo o segundo termo,

$$\left(\frac{1}{1^2}+\frac{1}{3^2}+\frac{1}{5^2}...\right)+\left(\frac{1}{2^2(1^2)}+\frac{1}{2^2(2^2)}+\frac{1}{2^2(3^2)}+...\right)=\frac{\pi^2}{6}$$

$$\left(\frac{1}{1^2}+\frac{1}{3^2}+\frac{1}{5^2}...\right)+\frac{1}{2^2}\left(\frac{1}{1^2}+\frac{1}{2^2}+\frac{1}{3^2}+...\right)=\frac{\pi^2}{6}$$

$$\left(\frac{1}{1^2}+\frac{1}{3^2}+\frac{1}{5^2}...\right)+\frac{1}{2^2}\left(\frac{\pi^2}{6}\right)=\frac{\pi^2}{6}$$

$\left(\frac{1}{1^2}+\frac{1}{3^2}+\frac{1}{5^2}...\right)+\frac{\pi^2}{24}=\frac{\pi^2}{6}$, observe que $\frac{\pi^2}{24}$ é a soma dos termos pares,

$\frac{1}{1^2}+\frac{1}{3^2}+\frac{1}{5^2}...=\frac{3\pi^2}{24}$, é a soma dos termos ímpares,

Assim,

$$\left(\frac{1}{1^2}+\frac{1}{3^2}+\frac{1}{5^2}...\right)-\left(\frac{1}{2^2}+\frac{1}{4^2}+\frac{1}{6^2}+...\right)=\frac{3\pi^2}{24}-\frac{\pi^2}{24}=\frac{\pi^2}{12}$$

$$1-\frac{1}{2^2}+\frac{1}{3^2}-\frac{1}{4^2}+...+\frac{1}{n^2}+...=\frac{\pi^2}{12}$$

□

b) Mostre que $\infty ! = \sqrt{2\pi}$.

Demonstração:

$$\eta(s) = \sum_{n=1}^{\infty} (-1)^{n+1} \frac{1}{n^s}$$

$$\eta(s) = \sum_{n=1}^{\infty} (-1)^{n+1} e^{-s\ln n} = \left(1-2^{1-s}\right)\zeta(s)$$

$$\eta'(s) = \sum_{n=1}^{\infty} (-1)^{n+1} \frac{d}{ds} e^{-s\ln n} = \frac{d}{ds}\left[\left(1-2^{1-s}\right)\zeta(s)\right]$$

$$\eta'(s) = \sum_{n=1}^{\infty} (-1)^{n+1} (-\ln n) e^{-s\ln n} = \left(2^{1-s}\ln 2\right)\zeta(s) + \left(1-2^{1-s}\right)\zeta'(s)$$

$$\eta'(s) = \sum_{n=1}^{\infty} (-1)^{n} \frac{\ln n}{n^s} = \left(2^{1-s}\ln 2\right)\zeta(s) + \left(1-2^{1-s}\right)\zeta'(s)$$

$$\eta'(0) = \sum_{n=1}^{\infty} (-1)^{n} \ln n = (2\ln 2)\zeta(0) - \zeta'(0) \quad \text{(I)}$$

de $\eta'(0) = \sum_{n=1}^{\infty} (-1)^n \ln n$, temos,

$$\eta'(0) = -\ln 1 + \ln 2 - \ln 3 + \ln 4 - \ln 5 + \ln 6 - \ldots$$

$$\eta'(0) = \ln\left(\frac{2}{1}\frac{4}{3}\frac{6}{5}\ldots\right)$$

$$\eta'(0) = \underbrace{\ln\left(\frac{2}{1}\frac{2}{3}\frac{4}{3}\frac{4}{5}\frac{6}{5}\frac{6}{7}\ldots\right)}_{\text{produto de Wallis}} + \ln 1 - \ln 2 + \ln 3 - \ln 4 + \ln 5 - \ln 6 + \ldots$$

$$\eta'(0) = \ln\left(\frac{\pi}{2}\right) - \underbrace{\left(-\ln 1 + \ln 2 - \ln 3 + \ln 4 - \ln 5 + \ln 6 - \ldots\right)}_{\eta'(0)}$$

$$2\eta'(0) = \ln\left(\frac{\pi}{2}\right)$$

$$\eta'(0) = \ln\sqrt{\frac{\pi}{2}} = \ln\frac{\sqrt{2\pi}}{2} \quad \text{(II)}$$

Da continuação analítica da função Zeta, sabemos que $\zeta(0) = -\frac{1}{2}$ (III),

$$\zeta(s) = \sum_{n=1}^{\infty} \frac{1}{n^s} = \sum_{n=1}^{\infty} n^{-s} = \sum_{n=1}^{\infty} e^{-s\ln n}$$

$$\zeta'(s) = -\sum_{n=1}^{\infty} \ln n\, e^{-s\ln n} = -\sum_{n=1}^{\infty} \frac{\ln n}{n^s}$$

$$\zeta'(0) = -\sum_{n=1}^{\infty} \ln n = -\left(\ln 1 + \ln 2 + \ln 3 + \ln 4 + \ldots\right)$$

$$\zeta'(0) = -\sum_{n=1}^{\infty} \ln n = -\ln(1.2.3.4.5.6.\ldots) = -\ln(\infty!)$$

$$\zeta'(0) = -\ln(\infty!) \quad \text{(IV)}$$

Substituindo (II), (III) e (IV) em (I)

$$\eta'(0)=\sum_{n=1}^{\infty}(-1)^n \ln n=(2\ln 2)\zeta(0)-\zeta'(0)$$

$$\ln\frac{\sqrt{2\pi}}{2}=(\not{2}\ln 2)\left(-\frac{1}{\not{2}}\right)-\left[-\ln(\infty!)\right]$$

$$\ln(\infty!)=\ln\left(2\frac{\sqrt{2\pi}}{2}\right)$$

$$\infty!=\sqrt{2\pi}$$

□

c) Calcule a integral $\int_0^{\infty}\frac{x^3}{e^x-1}dx$.

Solução:
A integral solicitada, vai ser explorada em maior detalhes quando tratarmos da Teoria dos Resíduos, por enquanto, sua resolução é uma mera aplicação da relação entre a função Gama e a função Zeta de Riemann,

$$\Gamma(z)\zeta(z)=\int_0^{\infty}\frac{u^{z-1}}{e^u-1}du,\ \mathrm{Re}(z)>1,$$

Para $z = 4$, na expressão anterior, temos,

$\int_0^{\infty}\frac{x^3}{e^x-1}dx=\Gamma(4)\zeta(4)$, que por enquanto serve ao nosso propósito.

9) Números de Bernoulli

Os números de Bernoulli, como são conhecidos, foram descobertos na tentativa de se encontrar os coeficientes para uma fórmula capaz de calcular a soma das *k-ésimas* potências dos n primeiros inteiros. Foram descobertos simultaneamente por Jacob Bernoulli e por Seki Takakazu[65] de maneira independente, tendo ambos os trabalhos sido publicados postumamente. Na sua obra *Ars Conjectandi* de 1713, Bernoulli apresentou os dez primeiros coeficientes para sua fórmula, que Moivre batizou de números de Bernoulli. A alegria que Bernoulli experimentou quando descobriu o padrão por traz desses coeficientes e que tornou possível o seu cálculo pode ser mensurada pela sua frase:

"Com a ajuda desta tabela, levei menos de meio quarto de hora para descobrir que as décimas potências dos 1000 primeiros números somados resultam no total de 91 409 924 241 424 243 424 241 924 242 500."

Hoje é possível vermos que os números de Bernoulli estão profundamente enraizados em diversos campos da Matemática, desempenhando um papel fundamental em sua compreensão mesmo sendo pouco conhecidos fora dela.

Podemos introduzi-los por meio de um problema recorrente aos alunos do Ensino Médio, e que está intimamente ligado com a motivação original de Bernoulli,

Problema: Calcule a soma dos quadrados dos n primeiros inteiros.

O problema pode ser resolvido de diversas maneiras distintas, entre elas, a seguinte,

Seja o desenvolvimento do binômio abaixo,

$$(x-1)^3 = x^3 - 3x^2 + 3x - 1$$

Vamos agora fazer com que os valores de x variem de 1 até n, para em seguida somarmos essas igualdades membro a membro,

$$x=1,\ \cancel{1^3} - 3(1)^2 + 3(1) - 1 = (1-1)^3 = 0$$
$$x=2,\ \cancel{2^3} - 3(2)^2 + 3(2) - 1 = (2-1)^3 = \cancel{1^3}$$
$$x=3,\ \cancel{3^3} - 3(3)^2 + 3(2) - 1 = (3-1)^3 = \cancel{2^3}$$
$$x=4,\ \cancel{3^3} - 3(4)^2 + 3(4) - 1 = (4-1)^3 = \cancel{3^3}$$

....

$$x=n,\ n^3 - 3(n)^2 + 3(n) - 1 = \cancel{(n-1)^3}$$

$$n^3 - 3\underbrace{\left(1^2+2^2+3^2+\ldots+n^2\right)}_{S_2} + 3\underbrace{\left(1+2+3+\ldots+n\right)}_{S_1} - n = 0$$

$$n^3 - 3S_2 + 3S_1 - n = 0 \Rightarrow S_2 = \frac{3S_1 + n^3 - n}{3}$$

Dessa maneira encontramos a soma dos quadrados dos n primeiros números inteiros, S_2, em função da soma dos n primeiros inteiros S_1, do mesmo modo, se partíssemos da expansão binomial de uma potência $k+1$

[65] *Katsuyo Sanpo* (Fundamentos da Arte do Cálculo), 1712.

o algoritmo acima seria capaz de nos fornecer, de modo recorrente, a soma das n primeiras *k-ésimas potências*.
Vamos agora modificar o algoritmo e observar a expansão binomial abaixo,

$$(x-1)^5 = x^5 - 5x^4 + 10x^3 - 10x^2 + 5x - 1$$

Reescrevendo,

$$5x^4 - 10x^3 + 10x^2 - 5x + 1 = x^5 - (x-1)^5$$

$$x=1,\ 5(1)^4 - 10(1)^3 + 10(1)^2 - 5(1) + 1 = \not{1}^5 - (1-1)^5$$
$$x=2,\ 5(2)^4 - 10(2)^3 + 10(2)^2 - 5(2) + 1 = \not{2}^5 - \not{(2-1)^5}$$
$$x=3,\ 5(3)^4 - 10(3)^3 + 10(3)^2 - 5(3) + 1 = \not{3}^5 - \not{(3-1)^5}$$
$$x=4,\ 5(4)^4 - 10(4)^3 + 10(4)^2 - 5(4) + 1 = \not{4}^5 - \not{(4-1)^5}$$

....

$$x=n,\ 5(n)^4 - 10(n)^3 + 10(n)^2 - 5(n) + 1 = n^5 - \not{(n-1)^5}$$

$$5S_4 - 10S_3 + 10S_2 - 5S_1 + S_0 = n^5$$
$$n^5 = 5S_4 - 10S_3 + 10S_2 - 5S_1 + S_0$$

Se repetirmos o procedimento fazendo variar as potências do binômio de 1 até 5, teremos,

$$n^1 = S_0(n)$$
$$n^2 = -S_0(n) + 2S_1(n)$$
$$n^3 = S_0(n) - 3S_1(n) + 3S_2(n)$$
$$n^4 = -S_0(n) + 4S_1(n) - 6S_2(n) + 4S_3(n)$$
$$n^5 = +S_0(n) - 5S_1(n) + 10S_2(n) - 10S_3(n) + 5S_4(n)$$

Reescrevendo com notação matricial,

$$\begin{bmatrix} n^1 \\ n^2 \\ n^3 \\ n^4 \\ n^5 \end{bmatrix} = \begin{bmatrix} 1 & 0 & 0 & 0 & 0 \\ -1 & 2 & 0 & 0 & 0 \\ 1 & -3 & 3 & 0 & 0 \\ -1 & 4 & -6 & 4 & 0 \\ 1 & -5 & 10 & -10 & 5 \end{bmatrix} \begin{bmatrix} S_0(n) \\ S_1(n) \\ S_2(n) \\ S_3(n) \\ S_4(n) \end{bmatrix}$$

Por tanto,

$$\begin{bmatrix} S_0(n) \\ S_1(n) \\ S_2(n) \\ S_3(n) \\ S_4(n) \end{bmatrix} = \begin{bmatrix} 1 & 0 & 0 & 0 & 0 \\ -1 & 2 & 0 & 0 & 0 \\ 1 & -3 & 3 & 0 & 0 \\ -1 & 4 & -6 & 4 & 0 \\ 1 & -5 & 10 & -10 & 5 \end{bmatrix}^{-1} \begin{bmatrix} n^1 \\ n^2 \\ n^3 \\ n^4 \\ n^5 \end{bmatrix}$$

Cuja forma já é suficiente para determinarmos a soma das primeiras *k-ésimas* potências dos n primeiros inteiros que desejarmos, no entanto, vamos continuar com o desenvolvimento para buscarmos por novas relações,

$$\begin{bmatrix} S_0(n) \\ S_1(n) \\ S_2(n) \\ S_3(n) \\ S_4(n) \end{bmatrix} = \begin{bmatrix} 1 & 0 & 0 & 0 & 0 \\ \frac{1}{2} & \frac{1}{2} & 0 & 0 & 0 \\ \frac{1}{6} & \frac{1}{2} & \frac{1}{3} & 0 & 0 \\ 0 & \frac{1}{4} & \frac{1}{2} & \frac{1}{4} & 0 \\ -\frac{1}{30} & 0 & \frac{1}{3} & \frac{1}{2} & \frac{1}{5} \end{bmatrix} \begin{bmatrix} n^1 \\ n^2 \\ n^3 \\ n^4 \\ n^5 \end{bmatrix}$$

Reorganizando, e acrescentando mais uma linha,

$$S_0(n) = \frac{1}{1}n^1$$

$$S_1(n) = \frac{1}{2}n^2 + \frac{1}{2}n^1$$

$$S_2(n) = \frac{1}{3}n^3 + \frac{1}{2}n^2 + \frac{1}{6}n^1$$

$$S_3(n) = \frac{1}{4}n^4 + \frac{1}{2}n^3 + \frac{1}{4}n^2 + 0n^1$$

$$S_4(n) = \frac{1}{5}n^5 + \frac{1}{2}n^4 + \frac{1}{3}n^3 + 0n^2 - \frac{1}{30}n^1$$

$$S_5(n) = \frac{1}{6}n^6 + \frac{1}{2}n^5 + \frac{5}{12}n^4 + 0n^3 - \frac{1}{12}n^2 + 0n^1$$

Ao analisar a relação entre os coeficientes, Bernoulli observou que poderia deduzir a relação entre os coeficientes das potências de n em cada linha, com exceção do último termo, que acabou recebendo o nome de número de Bernoulli, B_k, onde seu índice corresponde ao índice da soma do primeiro membro. Podemos então escrever que, $B_0 = 1$, $B_1 = \frac{1}{2}$, $B_2 = \frac{1}{6}$, $B_3 = 0$, $B_4 = -\frac{1}{30}$ e assim por diante. No entanto, existem duas correntes em relação aos números de Bernoulli, e estas divergem quanto ao valor de B_1, uma aceita este valor como sendo $B_1 = \frac{1}{2}$, e outra como $B_1 = -\frac{1}{2}$. Em alguns textos, para explicitar a diferença, nota-se $B_1^+ = \frac{1}{2}$ e $B_1^- = -\frac{1}{2}$. A razão da divergência, decorre de como estruturamos as somas acima, observe,

Se calcularmos as somas indo de 1 até n, temos $B_1 = \frac{1}{2}$,

$$S_0(n) = \frac{1}{1}n^1$$

$$S_1(n) = \frac{1}{2}n^2 + \boxed{\frac{1}{2}}n^1$$

$$S_2(n) = \frac{1}{3}n^3 + \boxed{\frac{1}{2}}n^2 + \frac{1}{6}n^1$$

$$S_3(n) = \frac{1}{4}n^4 + \boxed{\frac{1}{2}}n^3 + \frac{1}{4}n^2 + 0n^1$$

$$S_4(n) = \frac{1}{5}n^5 + \boxed{\frac{1}{2}}n^4 + \frac{1}{3}n^3 + 0n^2 - \frac{1}{30}n^1$$

$$S_5(n) = \frac{1}{6}n^6 + \boxed{\frac{1}{2}}n^5 + \frac{5}{12}n^4 + 0n^3 - \frac{1}{12}n^2 + 0n^1$$

Já, se calcularmos essas somas indo de 1 até $n - 1$, teremos $B_1 = -\frac{1}{2}$,

$$S_1(n-1) = \frac{1}{2}n^2 + \frac{1}{2}n^1 - n = \frac{1}{2}n^2 \boxed{-\frac{1}{2}}n^1$$

$$S_2(n-1) = \frac{1}{3}n^3 + \frac{1}{2}n^2 + \frac{1}{6}n^1 - n^2 = \frac{1}{3}n^3 \boxed{-\frac{1}{2}}n^2 + \frac{1}{6}n^1$$

$$S_3(n-1) = \frac{1}{4}n^4 + \frac{1}{2}n^3 + \frac{1}{4}n^2 + 0n^1 - n^3 = \frac{1}{4}n^4 \boxed{-\frac{1}{2}}n^3 + \frac{1}{4}n^2 + 0n^1$$

$$S_4(n-1) = \frac{1}{5}n^5 + \frac{1}{2}n^4 + \frac{1}{3}n^3 + 0n^2 - \frac{1}{30}n^1 - n^4 = \frac{1}{5}n^5 \boxed{-\frac{1}{2}}n^4 + \frac{1}{3}n^3 + 0n^2 - \frac{1}{30}n^1$$

$$S_5(n-1) = \frac{1}{6}n^6 + \frac{1}{2}n^5 + \frac{5}{12}n^4 + 0n^3 - \frac{1}{12}n^2 + 0n^1 - n^5 = \frac{1}{6}n^6 \boxed{-\frac{1}{2}}n^5 + \frac{5}{12}n^4 + 0n^3 - \frac{1}{12}n^2 + 0n^1$$

Reinterpretando a soma de 1 até n,

$$S_0 = \frac{1}{1}\left(1B_0 n^1\right)$$

$$S_1 = \frac{1}{2}\left(1B_0 n^2 + 2B_1 n^1\right)$$

$$S_2 = \frac{1}{3}\left(1B_0 n^3 + 3B_1 n^2 + 3B_2 n^1\right)$$

$$S_3 = \frac{1}{4}\left(1B_0 n^4 + 4B_1 n^3 + 6B_2 n^2 + 4B_3 n^1\right)$$

$$S_4 = \frac{1}{5}\left(1B_0 n^5 + 5B_1 n^4 + 10B_2 n^3 + 10B_3 n^2 + 5B_4 n^1\right)$$

$$S_5 = \frac{1}{6}\left(1B_0 n^6 + 6B_1 n^5 + 15B_2 n^4 + 20B_3 n^3 + 15B_4 n^2 + 6B_5 n^1\right)$$

Por tanto, podemos escrever que a soma das ***k-ésimas*** **potências dos inteiros** poderá ser escrita como,

$$S_k = \frac{1}{k+1}\left[\binom{k+1}{0}B_0\, n^{k+1} + \binom{k+1}{1}B_1^+\, n^k + \binom{k+1}{2}B_2\, n^{k-1} + \ldots + \binom{k+1}{k}B_k\, n\right]$$

Se denominarmos por **polinômio de Bernoulli**, $B_k(x)$, à expressão,

I)
$$B_k(x) = \binom{k}{0}B_0\, x^k + \binom{k}{1}B_1\, x^{k-1} + \ldots + \binom{k}{k-1}B_{k-1}\, x + \binom{k}{k}B_k$$

$$B_k(x) = \sum_{i=0}^{k}\binom{k}{i}B_i\, x^{k-i} \quad \text{e} \quad B_k(0) = B_k$$

Podemos reescrever a soma S_k como,

$$S_k = \frac{1}{k+1}\left[\underbrace{\binom{k+1}{0}B_0\, n^{k+1} + \binom{k+1}{1}B_1\, n^k + \binom{k+1}{2}B_2\, n^{k-1} + \ldots + \binom{k+1}{k}B_k n + \binom{k+1}{k+1}B_{k+1}}_{B_{k+1}(n)} - \underbrace{\binom{k+1}{k+1}B_{k+1}}_{B_{k+1}}\right]$$

II)
$$S_k = \frac{1}{k+1}\left(B_{k+1}(n) - B_{k+1}\right)$$[66]

onde conforme vimos acima,

Se $B_1 = -\frac{1}{2}$, $\frac{1}{k+1}\left(B_{k+1}(n) - B_{k+1}\right) = S_k(n-1)$ ou, para $B_1 = \frac{1}{2}$, $\frac{1}{k+1}\left(B_{k+1}(n) - B_{k+1}\right) = S_k(n)$

Que nos fornecem duas relações de recorrência distintas que nos permitem determinar os números de Bernoulli, cuja única discrepância é o sinal de B_1.

- Para $B_1 = \frac{1}{2}$, se fizermos $n = 1$, nas somas de $S_0(n)$ até $S_5(n)$, teremos,

$$S_k(n) = \frac{1}{k+1}\left(B_{k+1}(n) - B_{k+1}\right) = \frac{1}{k+1}\left(\binom{k+1}{0}B_0\, n^{k+1} + \binom{k+1}{1}B_1\, n^k + \ldots + \binom{k+1}{k}B_k\, n\right)$$

$$S_k(1) = \frac{1}{k+1}\left(\binom{k+1}{0}B_0 + \binom{k+1}{1}B_1 + \ldots + \binom{k+1}{k}B_k\right) = 1$$

$$\binom{k+1}{0}B_0 + \binom{k+1}{1}B_1 + \ldots + \binom{k+1}{k}B_k = k+1$$

O que equivale a,

[66] Em seu trabalho, Bernoulli escreveu as fórmulas para as somas das potências de inteiros consecutivos para as potências de 1 até 10, sem, contudo, explicitar a fórmula geral.

$$\binom{k}{0}B_0+\binom{k}{1}B_1+\ldots+\binom{k}{k-1}B_{k-1}=k$$

Assim, $B_0=1$ e $\sum_{i=0}^{k-1}\binom{k}{i}B_i=k$, $k\geq 1$

$$1=B_0$$

$$S_1(1)=1=\frac{1}{2}(B_0+2B_1)\Rightarrow 2=B_0+2B_1\Rightarrow 2=1+2B_1\Rightarrow B_1=\frac{1}{2}$$

$$S_2(1)=1=\frac{1}{3}(B_0+3B_1+3B_2)\Rightarrow 3=B_0+3B_1+3B_2\Rightarrow 3=1+3\frac{1}{2}+3B_2\Rightarrow B_2=\frac{1}{6}$$

$$S_3(1)=1=\frac{1}{4}(B_0+4B_1+6B_2+4B_3)\Rightarrow 4=B_0+4B_1+6B_2+4B_3\Rightarrow 4=1+4\frac{1}{2}+6\frac{1}{6}+4B_3\Rightarrow B_3=0$$

Podemos também utilizar as somas acima para calcularmos matricialmente os números de Bernoulli,

$$\begin{aligned}
1&=B_0\\
1&=\frac{1}{2}(B_0+2B_1)\\
1&=\frac{1}{3}(B_0+3B_1+3B_2)\\
1&=\frac{1}{4}(B_0+4B_1+6B_2+4B_3)\\
1&=\frac{1}{5}(B_0+5B_1+10B_2+10B_3+5B_4)
\end{aligned}
\quad\Rightarrow\quad
\begin{aligned}
1&=B_0\\
2&=B_0+2B_1\\
3&=B_0+3B_1+3B_2\\
4&=B_0+4B_1+6B_2+4B_3\\
5&=B_0+5B_1+10B_2+10B_3+5B_4
\end{aligned}$$

Ou seja,

$$\begin{bmatrix}1\\2\\3\\4\\5\end{bmatrix}=\begin{bmatrix}1&0&0&0&0\\1&2&0&0&0\\1&3&3&0&0\\1&4&6&4&0\\1&5&10&10&5\end{bmatrix}\begin{bmatrix}B_0\\B_1\\B_2\\B_3\\B_4\end{bmatrix}$$

- Para $B_1=-\frac{1}{2}$, se fizermos $n=1$, nas somas de S_0 $(n - 1)$ até S_5 $(n - 1)$, teremos,

$$S_k(n-1)=\frac{1}{k+1}\left(B_{k+1}(n)-B_{k+1}\right)$$

$$\underbrace{S_k(0)}_{0}=\frac{1}{k+1}\left(B_{k+1}(1)-B_{k+1}\right)\Rightarrow 0=B_{k+1}(1)-B_{k+1}$$

$0=B_{k+1}(1)-B_{k+1}$, sem perda de generalidade, podemos então escrever,

$$B_k(1)-B_k=0\Rightarrow\binom{k}{0}B_0+\binom{k}{1}B_1+\ldots+\cancel{\binom{k}{k-1}}B_k-\cancel{B_k}=0$$

$$\sum_{i=0}^{k-1}\binom{k}{i}B_i = 0\,,\quad k \geq 2\,,$$

Por tanto,

$$B_0 = 1$$

$$S_1 = B_0 + 2B_1 = 0 \Rightarrow B_1 = -\frac{1}{2}$$

$$S_2 = B_0 + 3B_1 + 3B = 0 \Rightarrow B_2 = \frac{1}{6}$$

$$S_3 = B_0 + 4B_1 + 6B_2 + 4B_3 = 0 \Rightarrow B_3 = 0$$

$$S_4 = B_0 + 5B_1 + 10B_2 + 10B_3 + 5B_4 = 0 \Rightarrow B_4 = -\frac{1}{30}$$

...

Apesar de os números de Bernoulli não serem necessários para determinarmos a soma das *k-ésimas* potências dos n primeiros inteiros, com a sua ajuda podemos resolver facilmente esse problema. Observe abaixo uma outra relação que estes fazem com o triângulo de Pascal[67],

- Para $B_1 = \frac{1}{2}$,

$$B_n = \frac{|A_n|}{(n+1)!},\ onde\ A_n = \{a_{ij}\};\ a_{ij} = \begin{cases} 0, & se\ j > i+1 \\ \binom{i+1}{j-1}, & se\ j \leq i+1 \end{cases},$$

$$\text{Ex.: } B_4 = \frac{\begin{vmatrix} 1 & 2 & 0 & 0 \\ 1 & 3 & 3 & 0 \\ 1 & 4 & 6 & 4 \\ 1 & 5 & 10 & 10 \end{vmatrix}}{5!} = \frac{-4}{120} = -\frac{1}{30}$$

- Para $B_1 = -\frac{1}{2}$, basta adicionarmos o fator $(-1)^{2n-1}$ ao determinante, o que alterará apenas B_1, uma vez que, como veremos, todos os outros números de Bernoulli de ordem ímpar, maiores que um são iguais a zero.

[67] Pietrocola, Giorgio. "Esplorando un antico sentiero: teoremi sulla somma di potenze di interi sucessivi (corollario 2b)". Maecla (31 de outubro de 2018).

A Definição de Euler

$$\text{III)} \quad \sum_{k=0}^{\infty} B_k \frac{x^k}{k!} = \frac{x}{e^x - 1}$$

Atualmente, a definição mais comum encontrada para os números de Bernoulli, foi proposta por Euler em 1755 e está baseada nos coeficientes de uma função geradora por ele encontrada. Ele procurava por uma função com características especiais, como $f^{(k)}(0) = B_k$. Admitindo que essa função exista, ela deve admitir uma expansão em série de MacLaurin, ou seja,

$$f(x) = \sum_{k=0}^{\infty} f^{(k)}(0) \frac{x^k}{k!} \Rightarrow f(x) = \sum_{k=0}^{\infty} B_k \frac{x^k}{k!}$$

Que nos recorda a expansão da função exponencial, que para todo $x \in \mathbb{R}$, $e^x = \sum_{k=0}^{\infty} \frac{x^k}{k!}$,

Uma forma de estudarmos a sua relação é através do seu produto, dessa forma, seja o produto de Cauchy das séries,

$$e^x f(x) = \left(\sum_{k=0}^{\infty} B_k \frac{x^k}{k!} \right) \left(\sum_{k=0}^{\infty} \frac{x^k}{k!} \right)$$

$$e^x f(x) = \sum_{k=0}^{\infty} \left(\sum_{i=0}^{k} B_i \frac{x^i}{i!} \frac{x^{k-i}}{(k-i)!} \right)$$

$$e^x f(x) = \sum_{k=0}^{\infty} \left(\sum_{i=0}^{k} \frac{B_i}{i!(k-i)!} \right) x^k$$

$$e^x f(x) = \sum_{k=0}^{\infty} \left(\sum_{i=0}^{k} \frac{k!}{i!(k-i)!} B_i \right) \frac{x^k}{k!}$$

$$e^x f(x) = \sum_{k=0}^{\infty} \left(\sum_{i=0}^{k} \binom{k}{i} B_i \right) \frac{x^k}{k!}$$

$$e^x f(x) = \sum_{k=0}^{\infty} \left(\underbrace{\sum_{i=0}^{k-1} \binom{k}{i} B_i}_{k} + B_k \right) \frac{x^k}{k!} \quad [68]$$

$$e^x f(x) = \sum_{k=0}^{\infty} (k + B_k) \frac{x^k}{k!}$$

---

[68] $\sum_{i=0}^{k-1} \binom{k}{i} B_i = k$, $k \geq 1$, onde $B_1 = \frac{1}{2}$

$$e^x f(x) = \sum_{k=0}^{\infty} \left(k\frac{x^k}{k!} + B_k \frac{x^k}{k!} \right)$$

$$e^x f(x) = \sum_{k=0}^{\infty} k\frac{x^k}{k!} + \sum_{k=0}^{\infty} B_k \frac{x^k}{k!}$$

$$e^x f(x) = xe^x + f(x)$$

$$f(x) = \frac{xe^x}{e^x - 1}$$

$$f(x) = \frac{x}{1 - e^{-x}}$$

$$f(x) = \frac{-x}{e^{-x} - 1}$$

Seja $y = -x$,

$$f(y) = \frac{y}{e^y - 1}$$

$$f(x) = \frac{x}{e^x - 1}$$

$$\boxed{\frac{x}{e^x - 1} = \sum_{k=0}^{\infty} B_k \frac{x^k}{k!}}$$

Se calcularmos os limites, para x tendendo à zero, das derivadas da função geradora de Euler, obteremos os números de Bernoulli,

$$B_0 = 1,\ B_1 = -\frac{1}{2},\ B_2 = \frac{1}{6},\ B_3 = -\frac{1}{30},\ \ldots$$

Por essa razão, salvo menção em contrário, utilizaremos $B_1 = -\frac{1}{2}$.

A função de Euler pode ser facilmente generalizada para $f(z)=\frac{z}{e^z-1}$, $z\in\mathbb{C};|z|<2\pi$.[69] Assim,

$$\text{IV)}\quad \boxed{\frac{z}{e^z-1}=\sum_{k=0}^{\infty}B_k\frac{z^k}{k!}}$$

Com algumas modificações, podemos definir os polinômios de Bernoulli em termos de uma função geradora acima,

$$\text{V)}\quad \boxed{G(z,x)=\frac{ze^{zx}}{e^z-1}=\sum_{k=0}^{\infty}B_k(x)\frac{z^k}{k!}}$$

Verifique que se $x = 0$, $B_k(x)=B_k$, por tanto, $G(z,0)=f(z)=\frac{z}{e^z-1}$.

VI) Teorema: "Seja $B_k(x)$ um polinômio de Bernoulli, então, $B_k'(x)=k\,B_{k-1}(x)$".

Demonstração:

Seja, $G(z,x)$, a função geradora dos polinômios de Bernoulli,

$$G(z,x)=\frac{ze^{zx}}{e^z-1}=\sum_{k=0}^{\infty}B_k(x)\frac{z^k}{k!}\text{, assim,}$$

$$\frac{\partial}{\partial x}G(z,x)=z\underbrace{\frac{ze^{zx}}{e^z-1}}_{G(z,x)}=zG(z,x)\ ,$$

$$\frac{\partial}{\partial x}G(z,x)=zG(z,x)=z\sum_{k=0}^{\infty}B_k(x)\frac{z^k}{k!}\ \text{(I)}$$

Mas também podemos representar a derivada parcial como,

$$\frac{\partial}{\partial x}G(z,x)=\sum_{k=0}^{\infty}B_k'(x)\frac{z^k}{k!}\ \text{(II)}$$

de, (I) e (II), segue,

$$\sum_{k=0}^{\infty}B_k'(x)\frac{z^k}{k!}=z\sum_{k=0}^{\infty}B_k(x)\frac{z^k}{k!}$$

---

[69] A limitação do módulo de z, pode ser obtida lembrando-se que o raio de convergência da série de Maclaurin pode ser pela distância entre a origem e a singularidade da função.

$$\sum_{k=0}^{\infty} B_k'(x)\frac{z^k}{k!} = \sum_{k=0}^{\infty} B_k(x)\frac{z^{k+1}}{k!}$$, alterando os parâmetros,

$$\sum_{k=1}^{\infty} B_k'(x)\frac{z^k}{k!} + \overset{0}{B_0'(x)} = \sum_{k=1}^{\infty} B_{k-1}(x)\frac{z^k}{(k-1)!}$$

$$\sum_{k=1}^{\infty} B_k'(x)\frac{z^k}{k!} = \sum_{k=1}^{\infty} k\, B_{k-1}(x)\frac{z^k}{k(k-1)!}$$

$$\sum_{k=1}^{\infty} B_k'(x)\frac{z^k}{k!} = \sum_{k=1}^{\infty} k\, B_{k-1}(x)\frac{z^k}{k!}$$

Finalmente,

$$B_k'(x) = k\, B_{k-1}(x)$$

□

VII) <u>Teorema</u>: "Seja $B_k(x)$ um polinômio de Bernoulli, então, $\int_0^1 B_k(x)dx = 0$".

Demonstração:

Do teorema anterior temos,

$B_k'(x) = k\, B_{k-1}(x)$, assim,

$$\int_0^1 B_k(x)dx = \left[\frac{B_{k+1}(x)}{k+1}\right]_0^1 = \frac{B_{k+1}(1) - B_{k+1}(0)}{k+1}$$

$$\int_0^1 B_k(x)dx = \frac{B_{k+1}(1) - B_{k+1}}{k+1} = \frac{\sum_{i=0}^{k}\binom{k+1}{i}B_i}{k+1} = 0$$ [70]

□

VIII) <u>Teorema</u>[71]: "Existe uma única sequência dos polinômios de Bernoulli tais que $B_0 = 1$ e $B_k'(x) = k\, B_{k-1}$ e $\int_0^1 B_k(x)dx = 0$".

Demonstração:

Dos dois teoremas anteriores, podemos afirmar que existe um polinômio B_{k+1} tal que:

---

[70] Uma vez que a função geradora de Euler entrega $B_1 = -\frac{1}{2}$, temos que $\sum_{i=0}^{k}\binom{k+1}{i}B_i = 0$.

[71] Demonstração pelo princípio da indução.

$$B'_{k+1}(x) = (k+1)B_k(x) \text{ e } \int_0^1 B_{k+1'}(x)\,dx = 0,$$

Seja então $\overline{B}_{k+1}(x)$ um outro polinômio que também satisfaça ambos os teoremas, ou seja,

$$\overline{B}'_{k+1}(x) = (k+1)B_k \text{ e } \int_0^1 \overline{B}_{k+1}(x)\,dx = 0$$

Por tanto, para qualquer x,

$$\frac{d}{dx}\left[\overline{B}_{k+1}(x) - B_{k+1}(x)\right] = \overline{B}'_{k+1}(x) - B_{k+1}(x) = (k+1)B_k - (k+1)B_k = 0$$

Assim, temos que,

$\overline{B}_{k+1}(x) = B_{k+1}(x) + C$, onde C é uma constante,

Integrando ambos os lados,

$$\int_0^1 \overline{B}_{k+1}(x)\,dx = \int_0^1 B_{k+1}(x)\,dx + \int_0^1 C\,dx$$

Mas sabemos que,

$\int_0^1 \overline{B}_{k+1}(x)\,dx = 0$ e $\int_0^1 B_{k+1}(x)\,dx = 0$, por tanto,

$$\int_0^1 \overline{B}_{k+1}(x)\,dx = \int_0^1 B_{k+1}(x)\,dx + \int_0^1 C\,dx$$

$$0 = 0 + C \therefore C = 0,$$

Desse modo fica provada a unicidade.

□

Vamos agora utilizar a função geradora dos números de Bernoulli, para provarmos certos fatos sobre os estes,

IX) Teorema: "Seja B_{2k-1} um número de Bernoulli, então $B_{2k-1} = 0$ se $k > 1$."

Demonstração:

Da função geradora sabemos que,

$$\frac{x}{e^x - 1} = \sum_{k=0}^{\infty} B_k \frac{x^k}{k!}$$

$$\frac{x}{e^x - 1} = B_0 + B_1 x + \sum_{k=2}^{\infty} B_k \frac{x^k}{k!}$$

Seja $g(x) = \frac{x}{e^x - 1} - B_1 x$, temos,

$$g(x) = \frac{x}{e^x - 1} - B_1 x = \left(B_0 + B_1 x + \sum_{k=2}^{\infty} B_k \frac{x^k}{k!} \right) - B_1 x = B_0 + \sum_{k=2}^{\infty} B_k \frac{x^k}{k!}, \text{ assim,}$$

$$g(x) = \frac{x}{e^x - 1} - B_1 x = \frac{x}{e^x - 1} - \left(\frac{-1}{2} \right) x$$

$$g(x) = \frac{x}{e^x - 1} + \frac{x}{2} = \frac{2x + (e^x - 1)x}{2(e^x - 1)}$$

$$g(x) = \frac{x(2 + e^x - 1)}{2(e^x - 1)} = \frac{x(e^x + 1)}{2(e^x - 1)}$$

$$g(x) = \frac{x \frac{(e^x + 1)}{e^{\frac{x}{2}}}}{2 \frac{(e^x - 1)}{e^{\frac{x}{2}}}} = \frac{x}{2} \left(\frac{e^{\frac{x}{2}} + e^{-\frac{x}{2}}}{e^{\frac{x}{2}} - e^{-\frac{x}{2}}} \right)$$

Observe que,

$$g(-x) = \frac{-x}{2} \left(\frac{e^{\frac{-x}{2}} + e^{\frac{x}{2}}}{e^{-\frac{x}{2}} - e^{\frac{x}{2}}} \right) = \frac{x}{2} \left(\frac{e^{\frac{x}{2}} + e^{-\frac{x}{2}}}{e^{\frac{x}{2}} - e^{-\frac{x}{2}}} \right) = g(x),$$

O que mostra que a função $g(x)$ é uma função par, ou seja, $g(x)$ é uma série de potências pares, o que significa que os coeficientes dos termos ímpares é zero. Como $g(x) = f(x) - B_1 x$, implica que o único números de Bernoulli ímpar (coeficiente de uma potência ímpar) diferente de zero, é B_1.

Expressão da Cotangente e da Cotangente Hiperbólica em Série de MacLaurin utilizando os números de Bernoulli:

Dá função $g(x)$ utilizada na demonstração anterior, notamos uma semelhança entre está e as razões trigonométricas hiperbólicas[72], observe,

$$g(x)=\frac{x}{2}\left(\frac{e^{\frac{x}{2}}+e^{-\frac{x}{2}}}{e^{\frac{x}{2}}-e^{-\frac{x}{2}}}\right)=\frac{x}{2}\left(\frac{\frac{e^{\frac{x}{2}}+e^{-\frac{x}{2}}}{2}}{\frac{e^{\frac{x}{2}}-e^{-\frac{x}{2}}}{2}}\right)=\frac{x}{2}\frac{\cosh\left(\frac{x}{2}\right)}{\operatorname{senh}\left(\frac{x}{2}\right)}$$

$$g(x)=\frac{x}{2}\coth\left(\frac{x}{2}\right)$$

Ou ainda,

$$g(z)=\frac{z}{2}\coth\left(\frac{z}{2}\right)$$

Assim,

$$g(z)=\frac{z}{2}\coth\left(\frac{z}{2}\right)=\sum_{k=0}^{\infty}B_k\frac{z^k}{k!}-B_1$$

Que do teorema anterior podemos escrever como,

$$\frac{z}{2}\coth\left(\frac{z}{2}\right)=\sum_{k=0}^{\infty}B_{2k}\frac{z^{2k}}{(2k)!}$$

Ou ainda,

$$\coth z=\sum_{k=0}^{\infty}B_{2k}\frac{(2z)^{2k}}{z(2k)!}=\sum_{k=0}^{\infty}B_{2k}\frac{2^k z^{2k-1}}{(2k)!}$$

X) $$\boxed{\coth z=\sum_{k=0}^{\infty}\frac{2B_{2k}(2z)^{2k-1}}{(2k)!},\ |z|<\pi}$$

Temos ainda que,

[72] Ver Apêndice.

$\coth(iz) = -i\cot(z)$ [73],

$$\coth(iz) = \sum_{k=0}^{\infty} \frac{2B_{2k}(2iz)^{2k-1}}{(2k)!} = -i\cot(z)$$

$$-i\cot(z) = \sum_{k=0}^{\infty} \frac{2B_{2k}(2iz)^{2k-1}}{(2k)!} = \sum_{k=0}^{\infty} \frac{2B_{2k}(i)^{2k-1}(2z)^{2k-1}}{(2k)!} = \sum_{k=0}^{\infty} \frac{1}{i} \frac{2B_{2k}(i)^{2k}(2z)^{2k-1}}{(2k)!}$$

Assim,

XI) $$\boxed{\cot(z) = \sum_{k=0}^{\infty} (-1)^k \frac{2B_{2k}(2z)^{2k-1}}{(2k)!}, \ |z| < \pi}$$

Estamos prontos agora para deduzir um dos resultados mais bonitos da Matemática,

XII) Teorema: "Seja $k \in \mathbb{N}$, temos $\zeta(2k) = (-1)^{k-1} \dfrac{(2\pi)^{2k}}{2(2k)!} B_{2k}$". (Euler)

Demonstração:

Como vimos na resolução do Problema da Basiléia, por Euler, podemos escrever o a função $\dfrac{\operatorname{sen} z}{z}$ como um produtório infinito,

$$\frac{\operatorname{sen} z}{z} = \lim_{n\to\infty} \left(1 - \frac{z^2}{\pi^2}\right)\left(1 - \frac{z^2}{2^2\pi^2}\right)\left(1 - \frac{z^2}{3^2\pi^2}\right) \cdots \left(1 - \frac{z^2}{k^2\pi^2}\right) \cdots$$

$$\frac{\operatorname{sen} z}{z} = \lim_{n\to\infty} \prod_{k=1}^{n} \left(1 - \left(\frac{z}{k\pi}\right)^2\right) = \prod_{k=1}^{\infty} \left(1 - \left(\frac{z}{k\pi}\right)^2\right)$$

A função acima vai nos permitir relacionar a expressão da cotangente em função dos números de Bernoulli com a função Zeta de Riemann, para isso, vamos calcular a derivada logarítmica da expressão acima, uma vez que,

$$\frac{d}{dx} \ln(\operatorname{sen} z) = \frac{\cos z}{\operatorname{sen} z} = \cot z,$$

Assim,

---

[73] Lembrando que $\cosh(z) = \cos(iz)$ e $\operatorname{senh}(z) = -i\operatorname{sen}(iz)$, vem, $\coth z = \dfrac{\cosh z}{\operatorname{senh} z} = \dfrac{\cos(iz)}{-i\operatorname{sen}(iz)}$, substituindo,

$$\coth(iz) = \frac{e^{iz} + e^{-iz}}{e^{iz} - e^{-iz}} = \frac{\cos z + \cancel{i\operatorname{sen} z} + \cos z - \cancel{i\operatorname{sen} z}}{\cancel{\cos z} + i\operatorname{sen} z - \cancel{\cos z} + i\operatorname{sen} z} = \frac{2\cos z}{2i\operatorname{sen} z} = -i\cot(z)$$

$$\ln\left(\frac{\operatorname{sen} z}{z}\right) = \ln \prod_{k=1}^{\infty}\left(1-\left(\frac{z}{k\pi}\right)^2\right)$$

$$\ln \operatorname{sen} z - \ln z = \sum_{k=1}^{\infty} \ln\left(1-\left(\frac{z}{k\pi}\right)^2\right)$$

$$\ln \operatorname{sen} z = \ln z + \sum_{k=1}^{\infty} \ln\left(1-\left(\frac{z}{k\pi}\right)^2\right)$$

Derivando,

$$\frac{d}{dz}\ln\left(1-\left(\frac{z}{k\pi}\right)^2\right) = \frac{d}{dz}\ln\left(\frac{k^2\pi^2 - z^2}{k^2\pi^2}\right) = \frac{-2z}{k^2\pi^2 - z^2}$$

Substituindo,

$$\frac{d}{dz}\ln \operatorname{sen} z = \frac{d}{dz}\ln z + \sum_{k=1}^{\infty} \frac{d}{dz}\ln\left(1-\left(\frac{z}{k\pi}\right)^2\right)$$

$$\operatorname{cotg} z = \frac{1}{z} - \sum_{k=1}^{\infty} \frac{2z}{k^2\pi^2 - z^2} = \frac{1}{z} - \sum_{k=1}^{\infty} \frac{2z}{k^2\pi^2}\left(\frac{1}{1-\frac{z^2}{k^2\pi^2}}\right)$$

$$\operatorname{cotg} z = \frac{1}{z} - \sum_{k=1}^{\infty} \frac{2z}{k^2\pi^2}\left(\frac{1}{1-\frac{z^2}{k^2\pi^2}}\right)$$

Observe que o termo dentro dos parênteses se assemelha a uma progressão geométrica infinita, sendo assim,

$$PG_{\infty} = \frac{a_1}{1-q},\ |q|<1$$

$a_1 = 1$ e $q = \left(\frac{z}{k\pi}\right)^2$, onde $\left(\frac{z}{k\pi}\right)^2 < 1 \Rightarrow |z| < \pi$, assim,

$$\frac{1}{1-\frac{z^2}{k^2\pi^2}} = 1 + \left(\frac{z}{k\pi}\right)^2 + \left(\frac{z}{k\pi}\right)^4 + \left(\frac{z}{k\pi}\right)^6 + \ldots,\ |z|<\pi$$

$$\operatorname{cotg} z = \frac{1}{z} - \sum_{k=1}^{\infty} \frac{2z}{k^2\pi^2}\left(1 + \left(\frac{z}{k\pi}\right)^2 + \left(\frac{z}{k\pi}\right)^4 + \left(\frac{z}{k\pi}\right)^6 + \ldots\right)$$

$$\operatorname{cotg} z = \frac{1}{z} - 2\sum_{k=1}^{\infty}\left(\frac{z}{k^2\pi^2} + \frac{z^3}{(k\pi)^4} + \frac{z^5}{(k\pi)^6} + \ldots\right)$$

$$\operatorname{cotg} z = \frac{1}{z} - 2\sum_{k=1}^{\infty}\left(\frac{1}{k^2}\frac{z^1}{\pi^2} + \frac{1}{k^4}\frac{z^3}{\pi^4} + \frac{1}{k^6}\frac{z^5}{\pi^6} + \ldots\right)$$

$$\operatorname{cotg} z = \frac{1}{z} - 2\left[\sum_{k=1}^{\infty}\left(\frac{1}{k^2}\right)\frac{z^1}{\pi^2} + \sum_{k=1}^{\infty}\left(\frac{1}{k^4}\right)\frac{z^3}{\pi^4} + \sum_{k=1}^{\infty}\left(\frac{1}{k^6}\right)\frac{z^5}{\pi^6} + \ldots\right]$$

$$\operatorname{cotg} z = \frac{1}{z} - 2\left[\zeta(2)\frac{z^1}{\pi^2} + \zeta(4)\frac{z^3}{\pi^4} + \zeta(6)\frac{z^5}{\pi^6} + \ldots\right]$$

$$\cot z = \frac{1}{z} - 2\sum_{k=1}^{\infty}\zeta(2k)\frac{z^{2k-1}}{\pi^{2k}}, \ |z| < \pi \ \text{(I)}$$

Da equação da cotangente definida anteriormente,

$$\cot(z) = \sum_{k=0}^{\infty}(-1)^k\frac{2B_{2k}(2z)^{2k-1}}{(2k)!}, |z| < \pi,$$

$$\cot(z) = \sum_{k=0}^{\infty}(-1)^k\frac{2B_{2k}(2z)^{2k-1}}{(2k)!} = \frac{1}{z} + \sum_{k=1}^{\infty}(-1)^k\frac{2B_{2k}(2z)^{2k-1}}{(2k)!} \ \text{(II)}$$

Igualando (I) e (II)

$$\frac{1}{z} - 2\sum_{k=1}^{\infty}\zeta(2k)\frac{z^{2k-1}}{\pi^{2k}} = \frac{1}{z} + \sum_{k=1}^{\infty}(-1)^k\frac{2B_{2k}(2z)^{2k-1}}{(2k)!}$$

$$-2\sum_{k=1}^{\infty}\zeta(2k)\frac{z^{2k-1}}{\pi^{2k}} = \sum_{k=1}^{\infty}(-1)^k\frac{2^{2k}B_{2k}z^{2k-1}}{(2k)!}$$

$$\sum_{k=1}^{\infty}\zeta(2k)\frac{z^{2k-1}}{\pi^{2k}} = \sum_{k=1}^{\infty}(-1)^{k-1}\frac{2^{2k-1}B_{2k}z^{2k-1}}{(2k)!}$$

$$\frac{\zeta(2k)}{\pi^{2k}} = (-1)^{k-1}\frac{2^{2k-1}B_{2k}}{(2k)!}$$

$$\boxed{\zeta(2k) = (-1)^{k-1}\frac{(2\pi)^{2k}}{2(2k)!}B_{2k}, \text{ para } k \in \mathbb{N}}$$

□

Os números de Bernoulli podem ainda ser calculados aproximadamente pela sua fórmula assintótica,

$$\text{XIII)} \quad B_{2k} \sim (-1)^{k+1} 4\sqrt{\pi k}\left(\frac{k}{\pi e}\right)^{2k}$$

Demonstração:

Basta verificarmos que o limite abaixo tende a 1 quando k tende ao infinito,

$$\lim_{k\to\infty}\frac{B_{2k}}{(-1)^{k+1} 4\sqrt{\pi k}\left(\frac{k}{\pi e}\right)^{2k}} = \lim_{k\to\infty}\frac{(-1)^{k+1}(2k)!\zeta(2k)}{2^{2k-1}\pi^{2k}(-1)^{k+1} 4\sqrt{\pi k}\left(\frac{k}{\pi e}\right)^{2k}}$$

$$\lim_{k\to\infty}\frac{B_{2k}}{(-1)^{k+1} 4\sqrt{\pi k}\left(\frac{k}{\pi e}\right)^{2k}} = \lim_{k\to\infty}\frac{(2k)!\zeta(2k)}{2^{2k+1}\sqrt{\pi k}\left(\frac{k}{e}\right)^{2k}},$$

Substituindo, $n! \sim \sqrt{2\pi n}\left(\frac{n}{e}\right)^n$ $(2k)! \sim \sqrt{2\pi(2k)}\left(\frac{2k}{e}\right)^{2k}$ (Stirling)

$$\lim_{k\to\infty}\frac{B_{2k}}{(-1)^{k+1} 4\sqrt{\pi k}\left(\frac{k}{\pi e}\right)^{2k}} = \lim_{k\to\infty}\frac{\sqrt{4\pi k}\,\zeta(2k)\left(\frac{2k}{e}\right)^{2k}}{2^{2k+1}\sqrt{\pi k}\left(\frac{k}{e}\right)^{2k}}$$

$$\lim_{k\to\infty}\frac{B_{2k}}{(-1)^{k+1} 4\sqrt{\pi k}\left(\frac{k}{\pi e}\right)^{2k}} = \lim_{k\to\infty}\zeta(2k) = 1$$

□

No ano de 1997, S.C. Woon publicou um artigo[74] no qual ele estende o domínio dos números de Bernoulli, utilizando a continuidade analítica, não apenas para números naturais, mas para qualquer número real, o que nos possibilita calcular os números de Bernoulli para um k, negativo, racional ou mesmo irracional.

$$\text{XIV)}\quad B(s) = x^s\,\Gamma(1+s)\left\{\frac{1}{2} + \sum_{k=0}^{\infty}\frac{(-1)^k}{k!}\left[\prod_{i=1}^{k}(s-i)\right]\left[\frac{1}{2} + \sum_{j=1}^{k}\left(\frac{-1}{x}\right)^j \binom{k}{j}\frac{B_{j+1}}{(j+1)!}\right]\right\}$$ [75]

que converge para $\mathrm{Re}(s) > \frac{1}{x}$, $x \in \mathbb{R}_+^*$

A questão que surgiu, no entanto, é que para que a continuidade analítica faça sentido, é necessário que B_1 seja igual a $\frac{1}{2}$ e não $-\frac{1}{2}$. Woon sugere por tanto, que a partir de então, os números de Bernoulli sejam definidos como,

$$\text{XV)}\quad \boxed{\frac{x}{e^x - 1} = \sum_{k=0}^{\infty}(-1)^k B_k \frac{x^k}{k!},\quad |x| < 2\pi}$$

E faz um apelo: “Aqui está meu pequeno apelo para as comunidades de Matemática, Física, Engenharia e Computação para que introduzam o sinais que faltam na soma da definição dos números de Bernoulli ... porque o a continuação analítica fixa a arbitrariedade de sinais de B_1.”[76]

[74] S.C. Woon. “Analytic Continuation of Bernoulli Numbers, a New Formula for the Riemann Zeta Function, and the Phenomenon of Scattering of Zeros”. University of Cambridge, Department of Applied Mathematics and Theoretical Physics, 1997.
(https://arxiv.org/pdf/physics/9705021.pdf)
[75] Ibidem
[76] Ibidem

10) Soma de Euler-MacLaurin

A soma de Euler-MacLaurin é uma ferramenta poderosa que relaciona grandes somas finitas ou mesmo infinitas com integrais, nos permitindo uma grande gama de aplicações, como calcular com um menor número de passos e maior precisão o valor de algumas séries infinitas cuja convergência é muito lenta, ou ainda, atuando de maneira inversa, nos permitindo calcular o valor de algumas integrais através de um número finito de somas.

Para introduzirmos a ideia, vamos relacionar a cada termo de uma série de números naturais de 1 à *n,* a função $f(x)=x$, definida nos inteiros, assim podemos escrever,

$$S_1=f(1)+f(2)+f(3)+f(4)+\ldots+f(n)$$

$$S_1=1+2+3+4+5+6+7+\ldots+n$$

Se, no entanto, quisermos relacionar a cada natural de 1 à n o seu quadrado e assim somarmos todos os termos, utilizaríamos dessa vez a função $f(x)=x^2$ e denotaríamos o valor da série por S_2, observe,

$$S_2=f(1)+f(2)+f(3)+f(4)+\ldots+f(n)$$

$$S_2=1^2+2^2+3^2+4^2+5^2+6^2+7^2+\ldots+n^2$$

De maneira análoga podemos definir $S_k=\sum_{i=1}^{n} i^k$. Sendo assim, não é difícil observarmos que podemos representar qualquer polinômio $\sum f(n)$, calculado nos inteiros, como uma composição das somas S_k, por exemplo,

$$f(x)=5x^2-2x+3$$

$$f(1)=5(1)^2-2(1)+3$$
$$f(2)=5(2)^2-2(2)+3$$
$$f(3)=5(3)^2-2(3)+3$$
$$\ldots$$
$$f(n)=5(n)^2-2(n)+3$$

$$f(1)+f(2)+\ldots+f(n)=5\underbrace{\left(1^2+2^2+\ldots+n^2\right)}_{S_2}-2\underbrace{\left(1+2+\ldots+n\right)}_{S_1}+\underbrace{\left(3+3+\ldots+3\right)}_{3n}$$

$$\sum f(n)=f(1)+f(2)+\ldots+f(n)=5S_2-2S_1+3S_0$$

É fácil agora realizarmos a seguinte extrapolação,

Seja $\sum f(n)=S$, temos que para,

$$f(x)=c_0+c_1x+c_2x^2+\ldots$$

Podemos escrever que,

$$S = c_0 S_0 + c_1 S_1 + c_2 S_2 + \ldots$$

Onde, utilizando os números de Bernoulli[77], vem que,

$$S_0 = \frac{1}{1}\left(1B_0\, n\right)$$

$$S_1 = \frac{1}{2}\left(1B_0\, n^2 + 2B_1\, n\right)$$

$$S_2 = \frac{1}{3}\left(1B_0\, n^3 + 3B_1\, n^2 + 3B_2\, n\right)$$

$$S_3 = \frac{1}{4}\left(1B_0\, n^4 + 4B_1\, n^3 + 6B_2\, n^2 + 4B_3\, n\right)$$

$$S_3 = \frac{1}{5}\left(1B_0\, n^5 + 5B_1\, n^4 + 10B_2\, n^3 + 10B_3\, n^2 + 5B_4\, n\right)$$

....

Reorganizando,

$$\begin{array}{cccccc}
c_0 S_0 & c_1 S_1 & c_2 S_2 & c_3 S_3 & c_4 S_4 & \ldots \\
= & = & = & = & = & \\
c_0 B_0\, n & c_1 \frac{1}{2} B_0\, n^2 & c_2 \frac{1}{3} B_0\, n^3 & c_3 \frac{1}{4} B_0\, n^4 & c_4 \frac{1}{5} B_0\, n^5 & \ldots \\
 & c_1 \frac{1}{2} 2B_1\, n & c_2 \frac{1}{3} 3B_1\, n^2 & c_3 \frac{1}{4} 4B_1\, n^3 & c_4 \frac{1}{5} 5B_1\, n^4 & \ldots \\
 & & c_2 \frac{1}{3} 3B_2\, n & c_3 \frac{1}{4} 4B_2\, n^2 & c_4 \frac{1}{5} 5B_2\, n^3 & \ldots \\
 & & & c_3 \frac{1}{4} 4B_3\, n & c_4 \frac{1}{5} 5B_3\, n^2 & \ldots \\
 & & & & c_4 \frac{1}{5} 5B_4\, n & \ldots \\
 & & & & & \ldots
\end{array}$$

Linha a linha,

$$\underbrace{B_0\left(c_0 n + c_1 \frac{1}{2} n^2 + c_2 \frac{1}{3} n^3 + \ldots\right)}_{\int_0^n f(t)\, dt}$$

[77] Ver Apêndice.

$$B_0\left(\int_0^n f(t)\,dt\right)$$

$$B_1\left(c_1\frac{1}{2}2n+c_2\frac{1}{3}3n^2+c_3\frac{1}{4}4n^3+\ldots\right)=B_1\underbrace{\left(c_1n+c_2n^2+c_3n^3+\ldots\right)}_{f(n)-c_0},\ c_0=f(0),$$

$$B_1\left(f(n)-f(0)\right)$$

$$B_2\left(c_2\frac{1}{3}3n+c_3\frac{1}{4}6n^2+c_4\frac{1}{5}10n^3+\ldots\right)=B_2\frac{1}{2}\left(f'(n)-f'(0)\right)$$

$$B_2\frac{1}{2!}\left(f'(n)-f'(0)\right)$$

Analogamente,

$$B_3\frac{1}{3!}\left(f''(n)-f''(0)\right)$$

$$B_4\frac{1}{4!}\left(f^{(III)}(n)-f^{(III)}(0)\right)$$

...

Assim,

$$f(1)+f(2)+\ldots+f(n)=B_0\int_0^n f(t)\,dt+\frac{B_1}{1!}\left(f(n)-f(0)\right)+\frac{B_2}{2!}\left(f'(n)-f'(0)\right)+\ldots$$

Substituindo $B_0=1,\ B_1=\frac{1}{2}$ e somando $f(0)$ em ambos os membros, segue,

$$f(0)+f(1)+f(2)+\ldots+f(n)=\int_0^n f(t)\,dt+\frac{1}{2}\left(f(n)-f(0)\right)+f(0)+\frac{B_2}{2!}\left(f'(n)-f'(0)\right)+\ldots$$

$$f(0)+f(1)+f(2)+\ldots+f(n)=\int_0^n f(t)\,dt+\frac{1}{2}\left(f(n)+f(0)\right)+\frac{B_2}{2!}\left(f'(n)-f'(0)\right)+\ldots$$

Uma vez que agora, os limites de ambos os lados são iguais (de 0 à n) podemos alterá-los,

$$f(1)+f(2)+\ldots+f(n)=\int_1^n f(t)\,dt+\frac{1}{2}\left(f(n)+f(1)\right)+\frac{B_2}{2!}\left(f'(n)-f'(1)\right)+\ldots$$

Lembrando ainda que $B_{2k-1}=0,\ se\ k>1$, podemos escrever finalmente,

$$f(1)+f(2)+\ldots+f(n)=\int_1^n f(t)\,dt+\frac{1}{2}\big(f(n)+f(1)\big)+\frac{B_2}{2!}\big(f'(n)-f'(1)\big)+\frac{B_4}{4!}\big(f^{(III)}(n)-f^{(III)}(1)\big)+\ldots$$

I) $$\sum_{k=1}^{n} f(k)=\int_1^n f(t)\,dt+\frac{1}{2}\big(f(n)+f(1)\big)+\sum_{k=1}^{\infty}\frac{B_{2k}}{2!}\Big(f^{(2k-1)}(n)-f^{(2k-1)}(1)\Big)$$

Se $f(x)$ for continuamente diferenciável $p+1$ vezes[78], teremos,

II) $$\sum_{k=1}^{n} f(k)=\int_1^n f(t)\,dt+\frac{1}{2}\big(f(n)+f(1)\big)+\sum_{k=1}^{\left\lfloor \frac{p}{2}\right\rfloor}\frac{B_{2k}}{2!}\Big(f^{(2k-1)}(n)-f^{(2k-1)}(1)\Big)$$

Ou ainda, se resolvermos truncar o resultado após um número k de termos (no somatório do 2º membro), deveremos incluir o erro dessa aproximação, adicionado mais tarde por Poisson,

III) $$\sum_{k=a}^{b} f(k)=\int_a^b f(t)\,dt+\frac{1}{2}\big(f(a)+f(b)\big)+\sum_{k=1}^{\left\lfloor \frac{p}{2}\right\rfloor}\frac{B_{2k}}{2!}\Big(f^{(2k-1)}(b)-f^{(2k-1)}(a)\Big)+R_p,$$

Onde prova-se que, $$\begin{cases} R_p=\dfrac{1}{(p+1)!}\displaystyle\int_a^b B_{p+1}\big(x-\lfloor x\rfloor\big)f^{(p+1)}(x)\,dx \\ |R_p|\le\dfrac{2\zeta(p)}{(2\pi)^{2p}}\displaystyle\int_a^b\left|f^{(p)}(x)\right|dx \end{cases}$$

$a-b$ é inteiro

A soma de Euler-MacLaurin também pode ser utilizada para realizarmos **integrações numéricas**, basta para isso substituirmos o somatório $\sum_{k=a}^{b} f(k)$ pela regra do trapézio[79], ou seja,

$$\int_a^b f(t)\,dt=\sum_{k=a}^{b} f(k)-\frac{1}{2}\big(f(a)+f(b)\big)-\sum_{k=1}^{\left\lfloor \frac{p}{2}\right\rfloor}\frac{B_{2k}}{2!}\Big(f^{(2k-1)}(b)-f^{(2k-1)}(a)\Big)-R_p$$

IV) $$\int_a^b f(t)\,dt=\frac{h}{2}\big[f(x_0)+2f(x_1)+\ldots+2f(x_{n-1})+f(x_n)\big]-\frac{1}{2}\big(f(a)+f(b)\big)-\sum_{k=1}^{\left\lfloor \frac{p}{2}\right\rfloor}\frac{B_{2k}}{2!}\Big(f^{(2k-1)}(b)-f^{(2k-1)}(a)\Big)-R_p$$

[78] Se $f(x)$ for um polinômio, teremos um resultado exato, uma vez que o erro cometido será igual a zero, visto que p será um número natural, caso contrário, devemos escolher um valor conveniente de p e observarmos se o comportamento de R_p é assintótico.

[79] A regra do Trapézio é uma aproximação numérica entre a área da integral e a soma das áreas de diversos trapézios formados ao calcularmos valores de $f(x)$ para valores de x igualmente espaçados no eixo no intervalo de integração:

$$\int_a^b f(x)\,dx\approx T_n(f)=\frac{h}{2}\big[f(x_0)+2f(x_1)+\ldots+2f(x_{n-1})+f(x_n)\big],\ a=x_0<x_1<\ldots<x_{n-1}<x_n=b,\ h=x_i-x_{i+1},\ 0\le i\le n.$$

a) Utilize a soma de Euler-MacLaurin, usando o valor de $p = 4$, para calcular a soma $S = 1 + \frac{1}{2^2} + \frac{1}{3^2} + \frac{1}{4^2} + \dots$

Solução:

Fazendo $f(x) = \frac{1}{x^2}$, e aplicando a fórmula de Euler-MacLaurin, temos que,

$$1 + \frac{1}{2^2} + \frac{1}{3^2} + \frac{1}{4^2} + \dots + \frac{1}{n^2} = \int_1^n \frac{1}{t^2} dt + \frac{1}{2}\left(f(n) + f(1)\right) + \frac{B_2}{2!}\left(f'(n) - f'(1)\right) + \frac{B_4}{4!}\left(f^{(III)}(n) - f^{(III)}(1)\right)$$

Calculando termo a termo,

$$\int_1^n \frac{1}{t^2} dt = 1 - \frac{1}{n}$$

$$\frac{1}{2}\left(f(n) + f(1)\right) = \frac{1}{2} + \frac{1}{2n^2}$$

$$\frac{B_2}{2!}\left(f'(n) - f'(1)\right) = \frac{1}{12}\left(\frac{-2}{n^3} + 2\right) = \frac{1}{6} - \frac{1}{6n^3}$$

$$\frac{B_4}{4!}\left(f^{(III)}(n) - f^{(III)}(1)\right) = \frac{B_4}{24}\left(\frac{-24}{n^5} + 24\right) = \frac{-1}{30} + \frac{1}{30n^5}$$

Assim,

$$1 + \frac{1}{2^2} + \frac{1}{3^2} + \frac{1}{4^2} + \dots + \frac{1}{n^2} = 1 - \frac{1}{n} + \frac{1}{2} + \frac{1}{2n^2} + \frac{1}{6} - \frac{1}{6n^3} - \frac{1}{30} + \frac{1}{30n^5} + \dots$$

Para $n \to \infty$, temos que,

$$1 + \frac{1}{2^2} + \frac{1}{3^2} + \frac{1}{4^2} + \dots = 1 + \frac{1}{2} + \frac{1}{6} - \frac{1}{30}$$

Substituindo o resultado na equação anterior, temos,

$$1 + \frac{1}{2^2} + \frac{1}{3^2} + \frac{1}{4^2} + \dots + \frac{1}{n^2} = \boxed{1 + \frac{1}{2^2} + \frac{1}{3^2} + \frac{1}{4^2} + \dots} - \frac{1}{n} + \frac{1}{2n^2} - \frac{1}{6n^3} + \frac{1}{30n^5}$$

Finalmente,

$$\boxed{1 + \frac{1}{2^2} + \frac{1}{3^2} + \frac{1}{4^2} + \dots} = 1 + \frac{1}{2^2} + \frac{1}{3^2} + \frac{1}{4^2} + \dots + \frac{1}{n^2} + \frac{1}{n} - \frac{1}{2n^2} + \frac{1}{6n^3} - \frac{1}{30n^5}$$

Para $n = 10$,

$$\boxed{1+\frac{1}{2^2}+\frac{1}{3^2}+\frac{1}{4^2}+\dots} \approx \underbrace{\underbrace{1+\frac{1}{2^2}+\frac{1}{3^2}+\frac{1}{4^2}+\frac{1}{5^2}+\frac{1}{6^2}+\frac{1}{7^2}+\frac{1}{8^2}+\frac{1}{9^2}}_{\boxed{1},5804402834}+\frac{1}{10^2}+\frac{1}{10}-\frac{1}{2(10)^2}+\frac{1}{6(10)^3}-\frac{1}{30(10)^5}}_{\boxed{1.64493406}4499}$$

$$S=1+\frac{1}{2^2}+\frac{1}{3^2}+\frac{1}{4^2}+\dots=1.64493406\dots$$

Obtivemos uma precisão de oito casas decimais!

Através do estudo da soma de Euler-MacLaurin, o matemático indiano Srinivasa Ramanujan desenvolveu uma técnica para atribuir valores a Séries Divergentes Infinitas baseado na ideia de que cada série, convergente ou não possui uma constante atrelada a ela que atua, em suas palavras, "como um centro de gravidade da série". Apesar de o resultado, não ser o resultado da soma, propriamente dita, suas propriedades matemáticas se mostraram de grande ajuda em vários campos da matemática e na física moderna[80].

11) Soma de Ramanujan para Séries Divergentes Infinitas

Não temos aqui a intenção de nos aprofundar na ideia por traz da fórmula e nem em uma tentativa de justifica-la, para aqueles mais curiosos, recomendo a leitura do capítulo 6 do *Ramanujan's Notebooks*[81]. Sem mais delongas, vamos a expressão encontrada por Ramanujan,

$$f(1)+f(2)+\ldots \overset{\Re}{=} -\frac{f(0)}{2}+i\int_0^{\infty}\frac{f(it)-f(-it)}{e^{2\pi t}-1}\,dt$$

O $\Re$ sobre o sinal de igualdade nos informa que esta é uma soma de Ramanujan.

a) Calcule o valor da soma de Ramanujan para a série $S \overset{\Re}{=} 1-1+1-1+1-1+1-1+\ldots$.

Solução:

$f(n)=(-1)^{n+1}$, assim,

$$\sum_{n=1}^{\infty}(-1)^{n+1}=f(1)+f(2)+\ldots \overset{\Re}{=} -\frac{f(0)}{2}+i\int_0^{\infty}\frac{f(it)-f(-it)}{e^{2\pi t}-1}\,dt$$

$$\sum_{n=1}^{\infty}(-1)^{n+1} \overset{\Re}{=} \frac{1}{2}+i\int_0^{\infty}\frac{(-1)^{it}-(-1)^{-it}}{e^{2\pi t}-1}\,dt=\frac{1}{2}+i\int_0^{\infty}\frac{\cancel{(-1)^{it}}-\cancel{(-1)^{it}}}{e^{2\pi t}-1}\,dt=\frac{1}{2}$$

$$S \overset{\Re}{=} 1-1+1-1+1-1+1-1+\ldots \overset{\Re}{=} \frac{1}{2}$$

---

[80] Um bom exemplo disso, além dos já mencionados quando tratamos da função Zeta, é o efeito Casimir (1948) que se trata da força gerada entre duas placas paralelas de metal colocadas no vácuo, no limite do nosso mundo macroscópico e nos mostra que o vácuo nunca está completamente vazio, mas sempre existirão "fótons virtuais" que oscilam rapidamente entre o existir e o não-existir. Os fótons no interior dessas placas são influenciados por elas, que fazem com que eles sejam espremidos para fora dessa região. Essa força pode ser medida experimentalmente e requer para seu cálculo uma soma infinita, sobre todos os estados de energia permitidos entre as placas. Essa soma terá a forma $\sum_1^{\infty} n^3$, ou como vimos, $\zeta(-3)$ que tanto pela continuação analítica da função como pela soma de Ramanujan deverá ser igual a $-\frac{1}{120}$, que condiz com o resultado quantativamente medido.

[81] Berndt, Bruce C.. "Ramanujan's Notebooks". Springer Verlag, 1939.

b) Calcule o valor da soma de Ramanujan para a série $S \overset{\Re}{=} 1+2+3+4+5+6+\dots$.
Solução:

$f(n) = n$, assim,

$$\sum_{n=1}^{\infty} n = f(1)+f(2)+\dots \overset{\Re}{=} i\int_0^\infty \frac{it-(-it)}{e^{2\pi t}-1}\,dt = -2\int_0^\infty \frac{t}{e^{2\pi t}-1}\,dt$$

$$\sum_{n=1}^{\infty} n = f(1)+f(2)+\dots \overset{\Re}{=} -2\int_0^\infty \frac{t}{e^{2\pi t}-1}\,dt$$

Seja $u=2\pi t,\ du=2\pi\,dt$,

$$\int_0^\infty \frac{t}{e^{2\pi t}-1}\,dt = \frac{1}{2\pi}\int_0^\infty \frac{u}{e^{u}-1}\,\frac{1}{2\pi}\,du = \frac{1}{4\pi^2}\int_0^\infty \frac{u}{e^{u}-1}\,du$$

Vamos então resolver a integral,

$$\int_0^\infty \frac{u}{e^{u}-1}\,du = \int_0^\infty \frac{u}{\frac{1}{e^{-u}}-1}\,du = \int_0^\infty \frac{u}{1-e^{-u}}\,e^{-u}du = \int_0^\infty \underbrace{\frac{1}{1-e^{-u}}}_{PG_\infty} u\,e^{-u}du$$

$$\int_0^\infty \frac{u}{e^{u}-1}\,du = \int_0^\infty \underbrace{\frac{1}{1-e^{-u}}}_{PG_\infty} u\,e^{-u}du = \int_0^\infty \left(1+\frac{1}{e^{u}}+\frac{1}{e^{2u}}+\frac{1}{e^{3u}}+\dots\right)u\,e^{-u}du$$

$$\int_0^\infty \frac{u}{e^{u}-1}\,du = \int_0^\infty u\,e^{-u}\sum_{n=0}^{\infty} e^{-nu}\,du$$, pelo teorema da convergência,

$$\int_0^\infty \frac{u}{e^{u}-1}\,du = \sum_{n=0}^{\infty}\int_0^\infty u\,e^{-u}e^{-nu}\,du = \sum_{n=0}^{\infty}\int_0^\infty u\,e^{-u(n+1)}\,du$$

Recondicionando os índices do somatório,

$$\int_0^\infty \frac{u}{e^{u}-1}\,du = \sum_{n=0}^{\infty}\int_0^\infty u\,e^{-u(n+1)}\,du = \sum_{n=1}^{\infty}\int_0^\infty u\,e^{-un}\,du$$

Integrando por partes,

$$\begin{array}{ccc} & D & I \\ + & u & e^{-un} \\ - & 1 & \dfrac{e^{-un}}{-n} \end{array}$$

$$\int_0^\infty u\,e^{-un}du = \left[u\frac{e^{-un}}{-n}\right]_0^\infty - \int_0^\infty \frac{e^{-un}}{-n}\,du = \frac{1}{n}\int_0^\infty e^{-un}du$$

$$\int_0^\infty u\,e^{-un}du = \frac{1}{n}\int_0^\infty e^{-un}du = \frac{1}{n}\left[\frac{e^{-nu}}{-n}\right]_0^\infty = \frac{1}{n^2}$$

Substituindo,

$$\int_0^\infty \frac{u}{e^u - 1}\,du = \sum_{n=1}^{\infty}\int_0^\infty u\,e^{-un}du = \sum_{n=1}^{\infty}\frac{1}{n^2} = \frac{\pi^2}{6}$$

Substituindo novamente,

$$\int_0^\infty \frac{t}{e^{2\pi t} - 1}\,dt = \frac{1}{4\pi^2}\int_0^\infty \frac{u}{e^u - 1}\,du = \frac{1}{4\pi^2}\frac{\pi^2}{6} = \frac{1}{24}$$

Finalmente,

$$\sum_{n=1}^{\infty} n = f(1) + f(2) + \ldots \overset{\Re}{=} -2\int_0^\infty \frac{t}{e^{2\pi t} - 1}\,dt = -2\left(\frac{1}{24}\right) = -\frac{1}{12}$$

$$S \overset{\Re}{=} 1 + 2 + 3 + 4 + 5 + 6 + \ldots = -\frac{1}{12}$$

c) Calcule o valor da soma de Ramanujan para a série $S \overset{\Re}{=} 1^{2k} + 2^{2k} + 3^{2k} + 4^{2k} + 5^{2k} + 6^{2k} + \ldots$.

Solução:

$f(n) = n^{2k}$, assim,

$$\sum_{n=1}^{\infty} n^{2k} = f(1) + f(2) + \ldots \overset{\Re}{=} -\frac{f(0)}{2} + i\int_0^\infty \frac{f(it) - f(-it)}{e^{2\pi t} - 1}\,dt$$

$$\sum_{n=1}^{\infty} n^{2k} = f(1) + f(2) + \ldots \overset{\Re}{=} i\int_0^\infty \frac{(it)^{2k} - (-it)^{2k}}{e^{2\pi t} - 1}\,dt = i\int_0^\infty \frac{\cancel{(-t^2)^k} - \cancel{(-t^2)^k}}{e^{2\pi t} - 1}\,dt = 0$$

$$S \overset{\Re}{=} 1^{2k} + 2^{2k} + 3^{2k} + 4^{2k} + 5^{2k} + 6^{2k} + \ldots = 0$$

12) Teorema de Ramanujan[82]

$$\int_0^\infty x^{s-1}\left[\lambda(0)-\frac{x^1}{1!}\lambda(1)+\frac{x^2}{2!}\lambda(2)-\frac{x^3}{3!}\lambda(3)+\ldots\right]dx=\Gamma(s)\lambda(-s)$$

ou

I) $$\int_0^\infty x^{s-1}\sum_{k=0}^{\infty}\frac{(-x)^k}{k!}\lambda(k)\,dx=\Gamma(s)\lambda(-s)$$

onde $\lambda(k)$ é uma função integrável (ou analítica) dada.

Demonstração:

Para essa demonstração, não formal, utilizaremos a ideia do operador E apresentada por O'Kinealy, ao simplificar a demonstração do Teorema de Glaisher[83], no ano de sua publicação, para em seguida tratá-lo como se fosse um número.

Seja então, E, um operador, tal que, $E.\lambda(k)=\lambda(k+1)$, k inteiro, assim,

$$\int_0^\infty x^{s-1}\sum_{k=0}^{\infty}(-1)^k\frac{x^k}{k!}\lambda(k)\,dx=\int_0^\infty x^{s-1}\sum_{k=0}^{\infty}(-1)^k\frac{x^k}{k!}E^k.\lambda(0)\,dx$$ [84]

$$\int_0^\infty x^{s-1}\sum_{k=0}^{\infty}(-1)^k\frac{x^k}{k!}\lambda(k)\,dx=\int_0^\infty x^{s-1}\sum_{k=0}^{\infty}(-1)^k\frac{(Ex)^k}{k!}\lambda(0)\,dx$$

$$\int_0^\infty x^{s-1}\sum_{k=0}^{\infty}(-1)^k\frac{x^k}{k!}\lambda(k)\,dx=\lambda(0)\int_0^\infty x^{s-1}e^{-Ex}\,dx$$

Onde, $\Gamma(s)=\int_0^\infty x^{s-1}e^{-x}dx$, assim,

$$\int_0^\infty x^{s-1}\sum_{k=0}^{\infty}(-1)^k\frac{x^k}{k!}\lambda(k)\,dx=\lambda(0)\frac{\Gamma(s)}{E^s}=\Gamma(s)E^{-s}.\lambda(0)=\Gamma(s)\lambda(-s)$$

□

---

[82] Glaisher em 1874 apresentou um teorema semelhante, $\int_0^\infty\left(a_0-a_1x^2+a_2x^4-\ldots\right)dx=\frac{\pi}{2}a_{-\frac{1}{2}}$, para os casos em que a_n utiliza fatoriais. Glaisher, M.A. . "VII. A new formula in definite integrals". The London, Edinburgh, and Dublin Philosophical Magazine and Journal of Science. Series 4, Volume 48, 1874 – Issue 315.

[83] ibdem

[84] $E^2\lambda(k)=E(E.\lambda(k))=E.\lambda(k+1)=\lambda(k+2)$, seguindo o procedimento, $E^n\lambda(k)=\lambda(k+n)$.

Ramanujan encontrou ainda um caso especial para o seu teorema,

II) $$\int_0^\infty x^{s-1}\left[\varphi(0)-\varphi(1)x^1+\varphi(2)x^2-\varphi(3)x^3+\ldots\right]dx=\frac{\pi}{\operatorname{sen}\pi s}\varphi(-s)$$

Demonstração:

$$\int_0^\infty x^{s-1}\left[\lambda(0)-\frac{x^1}{1!}\lambda(1)+\frac{x^2}{2!}\lambda(2)-\frac{x^3}{3!}\lambda(3)+\ldots\right]dx=\Gamma(s)\lambda(-s)$$

Fazendo $\varphi(u)=\frac{\lambda(u)}{\Gamma(u+1)}\Rightarrow\lambda(u)=\varphi(u)\Gamma(u+1)$, segue,

$$\int_0^\infty x^{s-1}\left[\varphi(0)\Gamma(1)-\frac{x^1}{1!}\varphi(1)\Gamma(2)+\frac{x^2}{2!}\varphi(2)\Gamma(3)-\frac{x^3}{3!}\varphi(3)\Gamma(4)+\ldots\right]dx=\Gamma(s)\varphi(-s)\Gamma(1-s)$$

$$\int_0^\infty x^{s-1}\left[\varphi(0)-\varphi(1)x^1+\varphi(2)x^2-\varphi(3)x^3+\ldots\right]dx=\Gamma(s)\Gamma(1-s)\varphi(-s)$$

Lembrando que $\Gamma(s)\Gamma(1-s)=\frac{\pi}{\operatorname{sen}\pi s}$,

$$\int_0^\infty x^{s-1}\left[\varphi(0)-\varphi(1)x^1+\varphi(2)x^2-\varphi(3)x^3+\ldots\right]dx=\frac{\pi}{\operatorname{sen}\pi s}\varphi(-s)$$

□

No entanto foi Hardy que encontrou as condições para as quais o teorema seria válido, utilizando para isso o Teorema dos Resíduos de Cauchy[85] e a fórmula de inversão de Mellin,

Apenas como ilustração, apresentaremos a fórmula da inversão de Mellin e o Teorema de Ramanujan, desta vez, com as devidas considerações de existência[86],

Teorema de Mellin ou Fórmula de Inversão de Mellin[87] - "Seja $F(s)$ uma função analítica[88] para $a<\operatorname{Re}(s)<b$, definida por, $f(x)=\frac{1}{2\pi i}\int_{c-i\infty}^{c+i\infty}F(s)x^{-s}ds$. Se a integral acima for convergir absoluta e uniformemente para $c\in]a,b[$, então, $F(s)=\int_0^\infty x^{s-1}f(x)dx$".

[85] Tópico que será exaustivamente explorado no volume 3 desta coleção.

[86] Para maiores informações, sugiro ao aluno que leia o brilhante artigo:
Teowodros Amberderhan, Oliver Espinosa, Ivan Gonzalez, Marshall Harrison, Victor H. Moll, and Armin Strauss. "Ramanujan's Master Theorem". The Ramanujan Journal 29, 103-120 (2012).

[87] ibdem

[88] Estudaremos as funções analíticas e suas aplicações no volume 3 desta coleção.

Teorema de Ramanujan[89] – "Seja $\varphi(z)$ uma função analítica a valores simples, definida no semiplano $H(\delta)=\{z\in\mathbb{C};\mathrm{Re}(z)\geq-\delta\}$, para um δ, $0<\delta<1$. Suponha que para um $A<\pi$, φ satisfaz a seguinte condição de crescimento, $|\varphi(v+iw)|<Ce^{Pv+A|w|}$ para todo $z=v+wi\in H(\delta)$,
Então, para $0<\mathrm{Re}(s)<\delta$,

$$\int_0^\infty x^{s-1}\left[\varphi(0)-\varphi(1)x^1+\varphi(2)x^2-\varphi(3)x^3+\ldots\right]dx=\frac{\pi}{\operatorname{sen}\pi s}\varphi(-s)\text{''}.$$

Vamos seguir realizando algumas integrais impróprias por nós já estudadas, só que dessa vez as resolveremos com o de Ramanujan,

a) Calcule a integral $\int_0^\infty \frac{\operatorname{sen}x}{x}dx$.

Solução:

Seja $x^2=t,\ 2x\,dx=dt\Rightarrow dx=\frac{1}{2x}dt=\frac{1}{2t^{\frac{1}{2}}}dt$,

$$\int_0^\infty\frac{\operatorname{sen}x}{x}dx=\int_0^\infty x^{-1}\operatorname{sen}x\,dx=\int_0^\infty t^{-\frac{1}{2}}\operatorname{sen}\sqrt{t}\frac{1}{2t^{\frac{1}{2}}}dt=\frac{1}{2}\int_0^\infty t^{-1}\operatorname{sen}\sqrt{t}\,dt$$

Da expansão em série de potências da função seno,

$$\operatorname{sen}x=\sum_{k=0}^\infty(-1)^k\frac{x^{2k+1}}{(2k+1)!}\text{, assim,}$$

$$\operatorname{sen}\sqrt{t}=\sum_{k=0}^\infty(-1)^k\frac{\left(t^{\frac{1}{2}}\right)^{2k+1}}{(2k+1)!}=\sum_{k=0}^\infty(-1)^k\frac{t^{k+\frac{1}{2}}}{(2k+1)!}=t^{\frac{1}{2}}\sum_{k=0}^\infty\frac{k!}{k!}(-1)^k\frac{t^k}{(2k+1)!}$$

$$\operatorname{sen}\sqrt{t}=t^{\frac{1}{2}}\sum_{k=0}^\infty\frac{k!}{(2k+1)!}\frac{(-t)^k}{k!}$$

Podemos reescrever a integral como,

$$\int_0^\infty\frac{\operatorname{sen}x}{x}dx=\frac{1}{2}\int_0^\infty t^{-1}\operatorname{sen}\sqrt{t}\,dt=\frac{1}{2}\int_0^\infty t^{-1}t^{\frac{1}{2}}\sum_{k=0}^\infty\frac{k!}{(2k+1)!}\frac{(-t)^k}{k!}dt$$

Onde, $\frac{k!}{(2k+1)!}=\frac{\Gamma(k+1)}{\Gamma(2k+2)}$, assim, seja então, $\lambda(k)=\frac{\Gamma(k+1)}{\Gamma(2k+2)}$, temos,

$$\int_0^\infty\frac{\operatorname{sen}x}{x}dx=\frac{1}{2}\int_0^\infty t^{\frac{1}{2}-1}\sum_{k=0}^\infty\frac{\Gamma(k+1)}{\Gamma(2k+2)}\frac{(-t)^k}{k!}dt=\frac{1}{2}\int_0^\infty t^{\frac{1}{2}-1}\sum_{k=0}^\infty\lambda(k)\frac{(-t)^k}{k!}dt$$

Aplicando o Teorema de Ramanujan,

[89] ibdem

$$\int_0^\infty \frac{\operatorname{sen} x}{x}dx = \frac{1}{2}\int_0^\infty t^{\frac{1}{2}-1}\sum_{k=0}^{\infty}\lambda(k)\frac{(-t)^k}{k!}dt = \frac{1}{2}\Gamma\left(\frac{1}{2}\right)\lambda\left(-\frac{1}{2}\right)$$

$$\int_0^\infty \frac{\operatorname{sen} x}{x}dx = \frac{1}{2}\Gamma\left(\frac{1}{2}\right)\frac{\Gamma\left(-\frac{1}{2}+1\right)}{\Gamma\left(2\left(-\frac{1}{2}\right)+2\right)} = \frac{1}{2}\Gamma\left(\frac{1}{2}\right)^2$$, onde , $\Gamma\left(\frac{1}{2}\right)=\sqrt{\pi}$, assim,

$$\int_0^\infty \frac{\operatorname{sen} x}{x}dx = \frac{\pi}{2}$$

b) Calcule a integral $\int_0^\infty e^{-x^2}dx$.

Solução:

Seja $u = x^2,\ du = 2x\,dx \Rightarrow dx = \frac{1}{2x}du = \frac{1}{2u^{\frac{1}{2}}}du$,

$$\int_0^\infty e^{-x^2}dx = \int_0^\infty e^{-u}\frac{1}{2u^{\frac{1}{2}}}du = \frac{1}{2}\int_0^\infty u^{-\frac{1}{2}}e^{-u}du$$

Expandindo a função exponencial em série de potências,

$e^x = \sum_{k=0}^{\infty}\frac{x^k}{k!}$, por tanto, $e^{-u} = \sum_{k=0}^{\infty}\frac{(-u)^k}{k!}$, substituindo na integral,

$$\int_0^\infty e^{-x^2}dx = \frac{1}{2}\int_0^\infty u^{-\frac{1}{2}}\sum_{k=0}^{\infty}\frac{(-u)^k}{k!}du$$

Para $\lambda(k)=1$, temos,

$$\int_0^\infty e^{-x^2}dx = \frac{1}{2}\int_0^\infty u^{-\frac{1}{2}}\sum_{k=0}^{\infty}\lambda(k)\frac{(-u)^k}{k!}du$$

Aplicando o Teorema Mestre de Ramanujan,

$$\int_0^\infty e^{-x^2}dx = \frac{1}{2}\int_0^\infty u^{\frac{1}{2}-1}\sum_{k=0}^{\infty}\lambda(k)\frac{(-u)^k}{k!}du = \frac{1}{2}\Gamma\left(\frac{1}{2}\right)\lambda\left(-\frac{1}{2}\right) = \frac{1}{2}\sqrt{\pi}.1$$

$$\int_0^\infty e^{-x^2}dx = \frac{\sqrt{\pi}}{2}$$

c) Calcule a integral $\int_0^\infty \cos\left(x^3\right)dx$.

Solução:

Seja a substituição, $t = x^6 \Rightarrow \sqrt{t} = x^3$, $dt = 6x^5 dx \Rightarrow dx = \dfrac{dt}{6x^5}$,

$$\int_0^{\infty} \cos\left(x^3\right) dx = \int_0^{\infty} \cos\left(\sqrt{t}\right) \frac{dt}{6x^5} = \frac{1}{6}\int_0^{\infty} x^{-5} \cos\left(\sqrt{t}\right) dt = \frac{1}{6}\int_0^{\infty} t^{-\frac{5}{6}} \cos\left(\sqrt{t}\right) dt$$

Da expansão em série de Taylor,

$$\cos x = \sum_{k=0}^{\infty} (-1)^k \frac{x^{2k}}{(2k)!} \text{, assim,}$$

$$\cos\sqrt{t} = \sum_{k=0}^{\infty} (-1)^k \frac{t^k}{(2k)!} \text{, fazendo um pouco de álgebra,}$$

$$\cos\sqrt{t} = \sum_{k=0}^{\infty} \frac{(-1)^k t^k}{(2k)!} = \sum_{k=0}^{\infty} \frac{k!\,(-1)^k t^k}{k!\,(2k)!} = \sum_{k=0}^{\infty} \frac{k!}{(2k)!} \frac{(-1)^k t^k}{k!} = \sum_{k=0}^{\infty} \frac{\Gamma(k+1)}{\Gamma(2k+1)} \frac{(-1)^k t^k}{k!}$$

Assim temos $\lambda(k) = \dfrac{\Gamma(k+1)}{\Gamma(2k+1)}$, substituindo,

$$\int_0^{\infty} \cos\left(x^3\right) dx = \frac{1}{6}\int_0^{\infty} t^{-\frac{5}{6}} \sum_{k=0}^{\infty} \frac{\Gamma(k+1)}{\Gamma(2k+1)} \frac{(-1)^k t^k}{k!} dt = \frac{1}{6}\int_0^{\infty} t^{\frac{1}{6}-1} \sum_{k=0}^{\infty} \lambda(k) \frac{(-1)^k t^k}{k!} dt$$

Aplicando o Teorema de Ramanujan, $s = \dfrac{1}{6}$,

$$\int_0^{\infty} \cos\left(x^3\right) dx = \frac{1}{6}\int_0^{\infty} t^{\frac{1}{6}-1} \sum_{k=0}^{\infty} \lambda(k) \frac{(-1)^k t^k}{k!} dt = \frac{1}{6}\Gamma\left(\frac{1}{6}\right)\lambda\left(-\frac{1}{6}\right)$$

$$\int_0^{\infty} \cos\left(x^3\right) dx = \frac{1}{6}\Gamma\left(\frac{1}{6}\right) \frac{\Gamma\left(1-\frac{1}{6}\right)}{\Gamma\left(2\left(-\frac{1}{6}\right)+1\right)} = \frac{1}{6} \frac{\Gamma\left(\frac{1}{6}\right)\Gamma\left(1-\frac{1}{6}\right)}{\Gamma\left(1-\frac{1}{3}\right)}$$

Como, $\Gamma(u)\Gamma(1-u) = \dfrac{\pi}{\operatorname{sen} \pi u}$, $0 < u < 1$,

$$\Gamma\left(\frac{1}{6}\right)\Gamma\left(1-\frac{1}{6}\right) = \frac{\pi}{\operatorname{sen}\frac{\pi}{6}} = 2\pi \text{ e } \Gamma\left(\frac{1}{3}\right)\Gamma\left(1-\frac{1}{3}\right) = \frac{\pi}{\operatorname{sen}\frac{\pi}{3}} \Rightarrow \Gamma\left(1-\frac{1}{3}\right) = \frac{\pi}{\Gamma\left(\frac{1}{3}\right)\frac{\sqrt{3}}{2}}$$

Substituindo,

$$\int_0^{\infty}\cos\left(x^3\right)dx=\frac{1}{6}\frac{\Gamma\left(\frac{1}{6}\right)\Gamma\left(1-\frac{1}{6}\right)}{\Gamma\left(1-\frac{1}{3}\right)}=\frac{1}{6}\frac{2\cancel{\pi}}{\dfrac{\cancel{\pi}}{\Gamma\left(\frac{1}{3}\right)\frac{\sqrt{3}}{2}}}=\frac{\sqrt{3}}{6}\Gamma\left(\frac{1}{3}\right)$$

$$\int_0^{\infty}\cos\left(x^3\right)dx=\frac{\sqrt{3}}{6}\Gamma\left(\frac{1}{3}\right)$$

d) Calcule a integral $\int_0^{\infty}\operatorname{sen}\left(x^4\right)dx$.

Solução:

Seja a substituição, $t=x^8\Rightarrow\sqrt{t}=x^4$, $dt=8x^7dx\Rightarrow dx=\frac{dt}{8x^7}=\frac{dt}{8t^{\frac{7}{8}}}$,

$$\int_0^{\infty}\operatorname{sen}\left(x^4\right)dx=\int_0^{\infty}\operatorname{sen}\sqrt{t}\,\frac{dt}{8t^{\frac{7}{8}}}=\frac{1}{8}\int_0^{\infty}t^{-\frac{7}{8}}\operatorname{sen}\sqrt{t}\;dt=\frac{1}{8}\int_0^{\infty}t^{\frac{1}{8}-1}\operatorname{sen}\sqrt{t}\;dt$$

Expandindo a função seno em série de Taylor,

$\operatorname{sen}x=\sum_{k=0}^{\infty}(-1)^k\frac{x^{2k+1}}{(2k+1)!}$, assim,

$$\operatorname{sen}\sqrt{t}=\sum_{k=0}^{\infty}(-1)^k\frac{t^{k+\frac{1}{2}}}{(2k+1)!}=\sum_{k=0}^{\infty}\frac{k!}{k!}(-1)^k\frac{t^{k+\frac{1}{2}}}{(2k+1)!}=t^{\frac{1}{2}}\sum_{k=0}^{\infty}\frac{k!}{(2k+1)!}(-1)^k\frac{t^k}{k!}$$

$$\int_0^{\infty}\operatorname{sen}\left(x^4\right)dx=\frac{1}{8}\int_0^{\infty}t^{\frac{1}{8}-1}\operatorname{sen}\sqrt{t}\;dt=\frac{1}{8}\int_0^{\infty}t^{\frac{1}{8}-1}t^{\frac{1}{2}}\sum_{k=0}^{\infty}\frac{k!}{(2k+1)!}(-1)^k\frac{t^k}{k!}\,dt$$

$$\int_0^{\infty}\operatorname{sen}\left(x^4\right)dx=\frac{1}{8}\int_0^{\infty}t^{\frac{5}{8}-1}\sum_{k=0}^{\infty}\frac{k!}{(2k+1)!}(-1)^k\frac{t^k}{k!}\,dt,\quad\frac{k!}{(2k+1)!}=\frac{\Gamma(k+1)}{\Gamma(2k+2)}$$

Aplicando o Teorema de Ramanujan para $\lambda(k)=\frac{\Gamma(k+1)}{\Gamma(2k+2)}=\frac{\Gamma(k+1)}{\Gamma(2(k+1))}$

$$\int_0^{\infty}\operatorname{sen}\left(x^4\right)dx=\frac{1}{8}\int_0^{\infty}t^{\frac{5}{8}-1}\sum_{k=0}^{\infty}\lambda(k)(-1)^k\frac{t^k}{k!}\,dt=\frac{1}{8}\Gamma\left(\frac{5}{8}\right)\lambda\left(-\frac{5}{8}\right)$$

$$\int_0^{\infty}\operatorname{sen}\left(x^4\right)dx=\frac{1}{8}\Gamma\left(\frac{5}{8}\right)\lambda\left(-\frac{5}{8}\right)=\frac{1}{8}\Gamma\left(\frac{5}{8}\right)\frac{\Gamma\left(1-\frac{5}{8}\right)}{\Gamma\left(2\left(1-\frac{5}{8}\right)\right)}=\frac{1}{8}\frac{\Gamma\left(\frac{5}{8}\right)\Gamma\left(1-\frac{5}{8}\right)}{\Gamma\left(2\left(1-\frac{5}{8}\right)\right)}$$

$$\int_0^\infty \operatorname{sen}\left(x^4\right) dx = \frac{1}{8}\frac{\pi \operatorname{cossec}\dfrac{5\pi}{8}}{\Gamma\left(\dfrac{3}{4}\right)}$$

$$\int_0^\infty \operatorname{sen}\left(x^4\right) dx = \frac{\pi}{8}\frac{\operatorname{cossec}\dfrac{5\pi}{8}}{\Gamma\left(\dfrac{3}{4}\right)}$$

e) Calcule a integral $\int_0^1 x^a \ln^b x\, dx$.

Solução:

Seja $x = e^{-u}$, $dx = -e^{-u} du$, por tanto, $\begin{cases} x = 1 \to u = 0 \\ x = 0 \to u = \infty \end{cases}$, assim,

$$\int_0^1 x^a \ln^b x\, dx = \int_\infty^0 \left(e^{-u}\right)^a \ln^b\left(e^{-u}\right)\left(-e^{-u}\right) du$$

$$\int_0^1 x^a \ln^b x\, dx = \int_0^\infty e^{-ua}\left(-u\right)^b e^{-u} du = \int_0^\infty e^{-u(a+1)}\left(-1\right)^b u^b du = \left(-1\right)^b \int_0^\infty e^{-u(a+1)} u^b du$$

Expandindo a função exponencial em série de potências,

$e^x = \sum_{k=0}^{\infty} \frac{x^k}{k!}$, por tanto, $e^{-u(a+1)} = \sum_{k=0}^{\infty} \frac{\left[-u(a+1)\right]^k}{k!} = \sum_{k=0}^{\infty} (a+1)^k \frac{(-u)^k}{k!}$, assim, denominando $\lambda(k) = (a+1)^k$,

E substituindo na integral,

$$\int_0^1 x^a \ln^b x\, dx = \left(-1\right)^b \int_0^\infty u^b \sum_{k=0}^{\infty} (a+1)^k \frac{(-u)^k}{k!} du = \left(-1\right)^b \int_0^\infty u^b \sum_{k=0}^{\infty} \lambda(k) \frac{(-u)^k}{k!} du,$$

Do Teorema de Ramanujan, segue que,

$$\int_0^\infty x^{s-1} \sum_{k=0}^{\infty} \frac{(-x)^k}{k!} \lambda(k) dx = \Gamma(s)\lambda(-s)$$

Assim, para $s - 1 = b$, segue que, $s = b + 1$, por tanto,

$$\int_0^1 x^a \ln^b x\, dx = \left(-1\right)^b \int_0^\infty u^b \sum_{k=0}^{\infty} \lambda(k) \frac{(-u)^k}{k!} du = \left(-1\right)^b \Gamma(b+1)\lambda\left(-(b+1)\right)$$

$$\int_0^1 x^a \ln^b x\, dx = \left(-1\right)^b \Gamma(b+1)(a+1)^{-(b+1)}$$

$$\int_0^1 x^a \ln^b x\, dx = \left(-1\right)^b \frac{\Gamma(b+1)}{(a+1)^{b+1}}$$

f) Calcule a integral $\int_0^1 x^3 \ln^2 x\, dx$.

Solução

Do item anterior, temos que,

$$\int_0^1 x^a \ln^b x\,dx = (-1)^b \frac{\Gamma(b+1)}{(a+1)^{b+1}}$$

Assim, para $a = 3$ e $b = 2$, segue,

$$\int_0^1 x^3 \ln^2 x\,dx = (-1)^2 \frac{\Gamma(2+1)}{(3+1)^{2+1}} = \frac{2}{64} = \frac{1}{32}$$

13)Integral de Malmstèn

$$I(\theta)=\int_{1}^{\infty}\frac{\ln(\ln x)}{1+2x\cos\theta+x^{2}}dx=\frac{\pi}{2\operatorname{sen}\theta}\ln\left[(2\pi)^{\frac{\theta}{\pi}}\frac{\Gamma\left(\frac{1}{2}+\frac{\theta}{2\pi}\right)}{\Gamma\left(\frac{1}{2}-\frac{\theta}{2\pi}\right)}\right],\ -\pi<\theta<\pi$$

Na década de 1980, em um artigo apresentado na American Mathematical Monthly[90], o matemático francês, Ilan Vardi desenvolve uma série de integrais logarítmicas originalmente encontradas nas tabelas[91] de Gradshteyn e Ryzhik, a começar pela integral:

$$\int_{\frac{\pi}{4}}^{\frac{\pi}{2}}\ln(\ln(\operatorname{tg}x))\,dx=\frac{\pi}{2}\ln\left[\frac{\Gamma\left(\frac{3}{4}\right)}{\Gamma\left(\frac{1}{4}\right)}\sqrt{2\pi}\right]$$

Que ficou conhecida como "integral de Vardi". No entanto, ele não foi capaz de identificar nem o autor e nem a demonstração da identidade, vindo a propor um método de demonstração baseado na função L de Dirichlet.

O trecho acima foi descrito[92] por Iaroslav Blagouchine em 2014, que descobriu que esta integral e outras já haviam sido calculadas e publicadas em 1842 por Carl Johan Malmstèn (1814-1886) e seus colegas e em 1849 publicada novamente no *Crelles Journal*[93]. Vale ainda mencionar que no ano anterior ao artigo de Blagouchine, 2013, outro matemático, Alexander Aycock, apresenta em junho[94] uma prova da equação funcional da função Zeta de Riemann, ou mais precisamente da função Eta de Dirichlet, seguindo os passos do artigo de Malmstèn de 1849, "De integralibus quibusdam definitis seriebusque infinitis" do qual Aycock toma conhecimento apenas graças a uma referência a ele encontrada no livro de Niels Nielsen, *Handbuck der Theorie der Gammafunktion.* Em setembro de 2013, Aycock, publica uma tradução[95], com notas, do artigo de Malmstèn, visto a sua variedade de resultados interessantes, como a solução de tipos especiais de integrais, e a primeira prova encontrada da expansão, em série de Fourrier, da função $\log\Gamma(x)$ até então atribuída à Kummer e a já mencionada primeira prova da equação funcional da Eta de Dirichlet.

---

[90] Vardi, Ilan. "*Integrals, and Introduction to Analytic Number Theory*". The American Mathematical Monthly, Apr., 1988, vol. 95 no. 4 (April 1988) pp. 308-315.

[91] Gradshten, I.S., Ryzhik, I.M.: "*Tables of Integrals, Series and Products*". Academic Press, 4th edn, New York (1980).

[92] Blagouchine, Iaroslav V.. "*Rediscovery of Malmsten's integrals, their evaluation by contour integration methods and some related results*". The Ramanujan Journal, vol. 35, no. 1, pp. 21-110, 2014

[93] Malmstén, C.J.: "*De integralibus quibusdam definits, seriebusque infinitis*". Journal für die reine und angewandte Mathematik (Crelles Journal), 1849 (38) pp. 1-39.

[94] Aycock, Alexander. "*Note on Malmstèn's paper de integralibus quibusdam definitis seriebusque inifiitis*". arXiv:1306.4225 **[math.HO]**

[95] Aycock, Alexander. "*Translation of the C.J. Malmstèn's paper De integralibus quibusdam definitis, seriebusque infinitis*". arXiv:1309.3824 **[math.HO]**

Demonstração:

$$I(\theta)=\int_1^\infty \frac{\ln(\ln x)}{1+2x\cos\theta+x^2}dx$$

Seja a substituição $u=\frac{1}{x}$, $du=-\frac{1}{x^2}dx \Rightarrow dx=-\frac{1}{u^2}du$, por tanto, $\begin{cases} x=\infty \rightarrow u=0 \\ x=1 \rightarrow u=1 \end{cases}$,

$$I(\theta)=\int_1^\infty \frac{\ln(\ln x)}{1+2x\cos\theta+x^2}dx=\int_1^0 \frac{\ln\left(\ln\frac{1}{u}\right)}{1+2\left(\frac{1}{u}\right)\cos\theta+\frac{1}{u^2}}\left(-\frac{1}{u^2}\right)du$$

$$I(\theta)=\int_1^\infty \frac{\ln(\ln x)}{1+2x\cos\theta+x^2}dx=\int_0^1 \frac{\ln\left(\ln\frac{1}{u}\right)}{u^2+2u\cos\theta+1}du$$

$$\boxed{I(\theta)=\int_0^1 \frac{\ln\left(\ln\frac{1}{x}\right)}{1+2x\cos\theta+x^2}dx} \quad \text{(I)}$$

Vamos agora nos ocupar do denominador do integrando, primeiramente podemos substituir[96] $2\cos\theta$ por $e^{i\theta}+e^{-\theta i}$, ficando com,

$1+2x\cos\theta+x^2=1+x\left(e^{i\theta}+e^{-i\theta}\right)+x^2=\left(1+xe^{i\theta}\right)\left(1+xe^{-i\theta}\right)$, assim,

$$\frac{1}{1+2x\cos\theta+x^2}=\left(\frac{1}{1+xe^{i\theta}}\right)\left(\frac{1}{1+xe^{-i\theta}}\right)$$

$$\left(\frac{1}{1+xe^{i\theta}}\right)\left(\frac{1}{1+xe^{-i\theta}}\right)=\left(\frac{1}{1-\left(-xe^{i\theta}\right)}\right)\left(\frac{1}{1-\left(-xe^{-i\theta}\right)}\right)$$

Da série geométrica, sabemos que $\frac{1}{1-t}=1+t+t^2+t^3+\ldots=\sum_{n=0}^{\infty}t^n$, por tanto,

$$\left(\frac{1}{1-\left(-xe^{i\theta}\right)}\right)\left(\frac{1}{1-\left(-xe^{-i\theta}\right)}\right)=\left[\sum_{n=0}^{\infty}\left(-e^{i\theta}\right)^n x^n\right]\left[\sum_{n=0}^{\infty}\left(-e^{-i\theta}\right)^n x^n\right]=\left[\sum_{n=0}^{\infty}(-1)^n\left(e^{i\theta}\right)^n x^n\right]\left[\sum_{n=0}^{\infty}(-1)^n\left(-e^{-i\theta}\right)^n x^n\right]$$

$$\left(\frac{1}{1-\left(-xe^{i\theta}\right)}\right)\left(\frac{1}{1-\left(-xe^{-i\theta}\right)}\right)=\left(1-e^{i\theta}x+e^{2i\theta}x^2-e^{3i\theta}x^3+\ldots\right)\left(1-e^{-i\theta}x+e^{-2i\theta}x^2-e^{-3i\theta}x^3+\ldots\right)$$

---

[96] Uma vez que $\cos\theta=\frac{e^{i\theta}+e^{-\theta i}}{2}$

Utilizando o produto de Cauchy,

$$\left(\sum_{n=0}^{\infty} a_n x^n\right)\left(\sum_{n=0}^{\infty} b_n x^n\right) = a_0 b_0 + \left(a_0 b_1 + a_1 b_0\right)x + \left(a_0 b_2 + a_1 b_1 + a_2 b_0\right)x^2 + \ldots + \left(a_0 b_n + a_1 b_{n-1} + \ldots + a_n b_0\right)z^{2n} + \ldots$$

Temos,

$$\left(\frac{1}{1-\left(-xe^{i\theta}\right)}\right)\left(\frac{1}{1-\left(-xe^{-i\theta}\right)}\right) = \underset{a_0}{\underbrace{1}} - \underset{a_1}{\underbrace{\left(e^{i\theta}+e^{-i\theta}\right)}}x + \underset{a_2}{\underbrace{\left(e^{2i\theta}+1+e^{-2i\theta}\right)}}x^2 - \underset{a_3}{\underbrace{\left(e^{3i\theta}+e^{i\theta}+e^{-i\theta}+e^{-3i\theta}\right)}}x^3 + \ldots$$

Onde o coeficiente geral pode ser escrito como,

$$a_n = \sum_{k=0}^{n} e^{ni\theta - 2ki\theta} = e^{ni\theta}\sum_{k=0}^{n} e^{-2ki\theta} = e^{ni\theta}\sum_{k=0}^{n}\left(e^{-2i\theta}\right)^k$$

Das propriedades[97] da progressão geométrica, podemos reescrever o termo acima como,

$$a_n = e^{ni\theta}\sum_{k=0}^{n}\left(e^{-2i\theta}\right)^k = e^{ni\theta}\left(\frac{1-\left(e^{-2i\theta}\right)^{n+1}}{1-e^{-2i\theta}}\right)$$

Vamos fazer com que apareça a fórmula exponencial do seno,

$$a_n = e^{ni\theta}\frac{e^{i\theta}}{e^{i\theta}}\left(\frac{1-\left(e^{-2i\theta}\right)^{n+1}}{1-e^{-2i\theta}}\right) = e^{(n+1)i\theta}\left(\frac{1-e^{-2i\theta(n+1)}}{e^{i\theta}-e^{-i\theta}}\right) = \frac{e^{(n+1)i\theta}-e^{-(n+1)i\theta}}{e^{i\theta}-e^{-i\theta}} = \frac{\dfrac{e^{(n+1)i\theta}-e^{-(n+1)i\theta}}{2i}}{\dfrac{e^{i\theta}-e^{-i\theta}}{2i}} = \frac{\operatorname{sen}(n+1)\theta}{\operatorname{sen}\theta}$$

$$a_n = \frac{\operatorname{sen}(n+1)\theta}{\operatorname{sen}\theta}$$

Podemos finalmente reescrever o produto de Cauchy,

$$\sum_{n=0}^{\infty}(-1)^n a_n x^n = \sum_{n=0}^{\infty}(-1)^n \frac{\operatorname{sen}(n+1)\theta}{\operatorname{sen}\theta}x^n = \frac{1}{\operatorname{sen}\theta}\sum_{n=0}^{\infty}(-1)^n \operatorname{sen}\left[(n+1)\theta\right]x^n$$

Substituindo em (I),

$$I(\theta) = \int_0^1 \frac{\ln\left(\ln\frac{1}{x}\right)}{1+2x\cos\theta+x^2}dx = \int_0^1 \ln\left(\ln\frac{1}{x}\right)\frac{1}{1+2x\cos\theta+x^2}dx = \int_0^1 \ln\left(\ln\frac{1}{x}\right)\left(\frac{1}{1-\left(-xe^{i\theta}\right)}\right)\left(\frac{1}{1-\left(-xe^{-i\theta}\right)}\right)dx$$

---

[97] $\sum_{k=0}^{n} t^k = \frac{1-t^{n+1}}{1-t}$

$$I(\theta)=\int_0^1 \frac{\ln\left(\ln\frac{1}{x}\right)}{1+2x\cos\theta+x^2}dx=\int_0^1 \ln\left(\ln\frac{1}{x}\right)\left(\frac{1}{1-\left(-xe^{i\theta}\right)}\right)\left(\frac{1}{1-\left(-xe^{-i\theta}\right)}\right)dx=\int_0^1 \ln\left(\ln\frac{1}{x}\right)\left(\sum_{n=0}^{\infty}(-1)^n a_n x^n\right)dx$$

$$I(\theta)=\int_0^1 \frac{\ln\left(\ln\frac{1}{x}\right)}{1+2x\cos\theta+x^2}dx=\int_0^1 \ln\left(\ln\frac{1}{x}\right)\left(\frac{1}{\operatorname{sen}\theta}\sum_{n=0}^{\infty}(-1)^n \operatorname{sen}\left[(n+1)\theta\right]x^n\right)dx$$

$$I(\theta)=\int_0^1 \frac{\ln\left(\ln\frac{1}{x}\right)}{1+2x\cos\theta+x^2}dx=\frac{1}{\operatorname{sen}\theta}\sum_{n=0}^{\infty}(-1)^n \operatorname{sen}\left[(n+1)\theta\right]\int_0^1 \ln\left(\ln\frac{1}{x}\right)x^n dx \quad \text{(II)}$$

Vamos agora calcular a integral,

$$\int_0^1 \ln\left(\ln\frac{1}{x}\right)x^n dx$$

Seja $u=\ln\frac{1}{x}=-\ln x \Rightarrow x=e^{-u}$, $dx=-e^{-u}du$, por tanto, $\begin{cases} x=1\to u=0 \\ x=0\to u=\infty \end{cases}$

$$\int_0^1 \ln\left(\ln\frac{1}{x}\right)x^n dx=\int_{\infty}^0 \ln u\left(e^{-u}\right)^n\left(-e^{-u}\right)du=\int_0^{\infty} e^{-(n+1)u}\ln u\, du$$

Seja agora, $v=(n+1)u$, $dv=(n+1)du$,

$$\int_0^1 \ln\left(\ln\frac{1}{x}\right)x^n dx=\int_0^{\infty} e^{-(n+1)u}\ln u\, du=\int_0^{\infty} e^{-v}\ln\left(\frac{v}{n+1}\right)\left(\frac{1}{n+1}\right)dv=\frac{1}{n+1}\int_0^{\infty} e^{-v}\left[\ln v-\ln(n+1)\right]dv$$

$$\int_0^1 \ln\left(\ln\frac{1}{x}\right)x^n dx=\frac{1}{n+1}\left[\int_0^{\infty} e^{-v}\ln v\, dv-\int_0^{\infty} e^{-v}\ln(n+1)\, dv\right]=\frac{1}{n+1}\left[\int_0^{\infty} e^{-v}\ln v\, dv-\ln(n+1)\int_0^{\infty} e^{-v}\, dv\right]$$

$$\int_0^1 \ln\left(\ln\frac{1}{x}\right)x^n dx=\frac{1}{n+1}\left[\underbrace{\int_0^{\infty} e^{-v}\ln v\, dv}_{-\gamma}-\ln(n+1)\left[-e^{-v}\right]_0^{\infty}\right]=\frac{-\gamma-\ln(n+1)}{n+1}=-\left(\frac{\gamma+\ln(n+1)}{n+1}\right)$$

Substituindo o valor da integral acima em (II),

$$I(\theta)=\frac{1}{\operatorname{sen}\theta}\sum_{n=0}^{\infty}(-1)^n \operatorname{sen}\left[(n+1)\theta\right]\int_0^1 \ln\left(\ln\frac{1}{x}\right)x^n dx=\frac{1}{\operatorname{sen}\theta}\sum_{n=0}^{\infty}(-1)^{n+1}\operatorname{sen}\left[(n+1)\theta\right]\left(\frac{\gamma+\ln(n+1)}{n+1}\right)$$

$$I(\theta)=\frac{1}{\operatorname{sen}\theta}\sum_{n=0}^{\infty}(-1)^{n+1}\left(\frac{\gamma+\ln(n+1)}{n+1}\right)\operatorname{sen}\left[(n+1)\theta\right]$$

$$I(\theta)=\frac{1}{\operatorname{sen}\theta}\left[\gamma\sum_{n=0}^{\infty}(-1)^{n+1}\frac{\operatorname{sen}\left[(n+1)\theta\right]}{n+1}+\sum_{n=0}^{\infty}(-1)^{n+1}\frac{\ln(n+1)}{n+1}\operatorname{sen}\left[(n+1)\theta\right]\right],\ k=n+1$$

$$I(\theta)=\frac{1}{\operatorname{sen}\theta}\left[\gamma\sum_{k=1}^{\infty}(-1)^{k}\frac{\operatorname{sen}k\theta}{k}+\sum_{k=1}^{\infty}(-1)^{k}\ln k\frac{\operatorname{sen}k\theta}{k}\right]$$

$$\boxed{I(\theta)=\frac{-1}{\operatorname{sen}\theta}\left[\gamma\sum_{k=1}^{\infty}(-1)^{k-1}\frac{\operatorname{sen}k\theta}{k}+\sum_{k=1}^{\infty}(-1)^{k-1}\ln k\frac{\operatorname{sen}k\theta}{k}\right]}\quad\text{(III)}$$

Vamos analisar agora as duas séries acima, seja,

A: $\sum_{k=1}^{\infty}(-1)^{k-1}\frac{1}{k}\operatorname{sen}k\theta,\ -\pi<\theta<\pi$

B: $\sum_{k=1}^{\infty}(-1)^{k-1}\ln k\frac{\operatorname{sen}k\theta}{k},\ -\pi<\theta<\pi$

A) No intervalo, a série, é uma Série de Fourier para a função $f(x)=x$, por tanto[98],

$$f(x)=\sum_{k=1}^{\infty}b_k\operatorname{sen}kx \text{ e } b_k=\frac{2}{\pi}\int_0^{\pi}x\operatorname{sen}kx$$

$$b_k=\frac{2}{\pi}\int_0^{\pi}x\operatorname{sen}kx$$

$$\begin{array}{ccc} & D & I \\ + & x & \operatorname{sen}kx \\ - & 1 & -\dfrac{\cos kx}{k} \\ + & 0 & -\dfrac{\operatorname{sen}kx}{k^2} \end{array}$$

$$\left[-x\frac{\cos kx}{k}+\frac{\operatorname{sen}kx}{k^2}\right]_0^{\pi}=-\pi\frac{\cos k\pi}{k}=-\frac{\pi}{k}(-1)^k$$

$$b_k=\frac{2}{\pi}\int_0^{\pi}x\operatorname{sen}kx=\frac{2}{\pi}\left[\frac{\pi}{k}(-1)^{k+1}\right]=\frac{2}{k}(-1)^{k+1}=\frac{2}{k}(-1)^{k-1}\text{, assim,}$$

$$f(x)=\sum_{k=1}^{\infty}b_k\operatorname{sen}kx$$

$$f(x)=\sum_{k=1}^{\infty}\frac{2}{k}(-1)^{k-1}\operatorname{sen}kx$$

[98] Que é uma função ímpar, por tanto, a série de Fourier será uma função em Senos.

$$f(\theta)=\theta=\sum_{k=1}^{\infty}\frac{2}{k}(-1)^{k-1}\operatorname{sen}k\theta$$

$$\theta=\sum_{k=1}^{\infty}\frac{2}{k}(-1)^{k-1}\operatorname{sen}k\theta \Rightarrow \frac{\theta}{2}=\sum_{k=1}^{\infty}(-1)^{k-1}\frac{1}{k}\operatorname{sen}k\theta,\text{ ou seja,}$$

$$\boxed{\text{A: }\sum_{k=1}^{\infty}(-1)^{k-1}\frac{1}{k}\operatorname{sen}k\theta=\frac{\theta}{2},\ -\pi<\theta<\pi}$$

B) Seja agora a série $\sum_{k=1}^{\infty}(-1)^{k-1}\frac{\ln k}{k}\operatorname{sen}k\theta,\ -\pi<\theta<\pi$,

Perceba que a série de Fourier em senos não será suficiente para encontrarmos o valor da série, pois nesse caso o seno aparece multiplicado pelo logaritmo natural. A série cujo termo geral apresenta este produto, é a série de Kummer, ou seja, a expansão em série de Fourier da função $\ln\Gamma(x)$. Observe:

$$\ln\Gamma(x)=\left(\frac{1}{2}-x\right)(\gamma+\ln 2)+(1-x)\ln\pi-\frac{1}{2}\ln(\operatorname{sen}\pi x)+\frac{1}{\pi}\sum_{k=2}^{\infty}\frac{\ln k}{k}\operatorname{sen}2k\pi x$$

Necessitamos agora fazer aparecer a alternância do sinal dos termos da série, podemos fazer isso mediante uma substituição, devemos escolher um valor de x tal que o resultado final da substituição seja,

$$(-1)^{k-1}\operatorname{sen}k\theta=(-1)^{k+1}\operatorname{sen}k\theta=-(-1)^{k}\operatorname{sen}k\theta=-\operatorname{sen}\theta k\cos k\pi$$

$$(-1)^{k-1}\operatorname{sen}k\theta=\underbrace{\operatorname{sen}k\pi}_{0}\cos\theta k-\operatorname{sen}\theta k\cos k\pi=\operatorname{sen}\Big(\underbrace{\pi k-\theta k}_{2k\pi x}\Big)=\operatorname{sen}2k\pi x$$

Para isso, temos que $2k\pi x=\pi k-\theta k\Rightarrow x=\dfrac{\pi-\theta}{2\pi}$, assim, substituindo na série de Kummer,

$$\ln\Gamma(x)=\left(\frac{1}{2}-x\right)(\gamma+\ln 2)+(1-x)\ln\pi-\frac{1}{2}\ln(\operatorname{sen}\pi x)+\frac{1}{\pi}\sum_{k=2}^{\infty}\frac{\ln k}{k}\operatorname{sen}2k\pi x$$

$$\ln\Gamma\left(\frac{1}{2}-\frac{\theta}{2\pi}\right)=\left[\frac{1}{2}-\left(\frac{1}{2}-\frac{\theta}{2\pi}\right)\right](\gamma+\ln 2)+\left[1-\left(\frac{1}{2}-\frac{\theta}{2\pi}\right)\right]\ln\pi-\frac{1}{2}\ln\left[\operatorname{sen}\pi\left(\frac{1}{2}-\frac{\theta}{2\pi}\right)\right]+\frac{1}{\pi}\sum_{k=2}^{\infty}\frac{\ln k}{k}\operatorname{sen}(\pi k-\theta k)$$

$$\ln\Gamma\left(\frac{1}{2}-\frac{\theta}{2\pi}\right)=\frac{\theta}{2\pi}(\gamma+\ln 2)+\left(\frac{1}{2}+\frac{\theta}{2\pi}\right)\ln\pi-\frac{1}{2}\ln\left[\operatorname{sen}\left(\frac{\pi}{2}-\frac{\theta}{2}\right)\right]+\frac{1}{\pi}\sum_{k=2}^{\infty}\frac{\ln k}{k}(-1)^{k-1}\operatorname{sen}k\theta$$

$$\ln\Gamma\left(\frac{1}{2}-\frac{\theta}{2\pi}\right)=\frac{\theta}{2\pi}(\gamma+\ln 2)+\left(\frac{1}{2}+\frac{\theta}{2\pi}\right)\ln\pi-\frac{1}{2}\ln\left[\cos\left(\frac{\theta}{2}\right)\right]+\frac{1}{\pi}\sum_{k=2}^{\infty}(-1)^{k-1}\frac{\ln k}{k}\operatorname{sen}k\theta$$

$$\frac{1}{\pi}\sum_{k=2}^{\infty}(-1)^{k-1}\frac{\ln k}{k}\operatorname{sen}k\theta=\ln\Gamma\left(\frac{1}{2}-\frac{\theta}{2\pi}\right)+\frac{1}{2}\ln\left[\cos\left(\frac{\theta}{2}\right)\right]-\frac{\theta}{2\pi}(\gamma+\ln 2)-\left(\frac{1}{2}+\frac{\theta}{2\pi}\right)\ln\pi$$

$$\sum_{k=2}^{\infty}(-1)^{k-1}\frac{\ln k}{k}\operatorname{sen}k\theta=\pi\ln\Gamma\left(\frac{1}{2}-\frac{\theta}{2\pi}\right)+\frac{\pi}{2}\ln\left[\cos\left(\frac{\theta}{2}\right)\right]-\frac{\theta}{2}(\gamma+\ln 2)-\left(\frac{\pi}{2}+\frac{\theta}{2}\right)\ln\pi$$

$$\text{B: }\sum_{k=1}^{\infty}(-1)^{k-1}\frac{\ln k}{k}\operatorname{sen}k\theta=\pi\ln\Gamma\left(\frac{1}{2}-\frac{\theta}{2\pi}\right)+\frac{\pi}{2}\ln\left[\cos\left(\frac{\theta}{2}\right)\right]-\frac{\theta}{2}(\gamma+\ln 2)-\left(\frac{\pi}{2}+\frac{\theta}{2}\right)\ln\pi$$

Substituindo os valores de (A) e (B) em (III),

$$I(\theta)=\frac{-1}{\operatorname{sen}\theta}\left[\gamma\sum_{k=1}^{\infty}(-1)^{k-1}\frac{\operatorname{sen}k\theta}{k}+\sum_{k=1}^{\infty}(-1)^{k-1}\ln k\frac{\operatorname{sen}k\theta}{k}\right]$$

$$I(\theta)=\frac{-1}{\operatorname{sen}\theta}\left[\gamma\frac{\theta}{2}+\pi\ln\Gamma\left(\frac{1}{2}-\frac{\theta}{2\pi}\right)+\frac{\pi}{2}\ln\left[\cos\left(\frac{\theta}{2}\right)\right]-\frac{\theta}{2}(\gamma+\ln 2)-\left(\frac{\pi}{2}+\frac{\theta}{2}\right)\ln\pi\right]$$

$$I(\theta)=\frac{-1}{\operatorname{sen}\theta}\left[\cancel{\gamma\frac{\theta}{2}}+\pi\ln\Gamma\left(\frac{1}{2}-\frac{\theta}{2\pi}\right)+\frac{\pi}{2}\ln\left[\cos\left(\frac{\theta}{2}\right)\right]-\cancel{\gamma\frac{\theta}{2}}-\frac{\theta}{2}\ln 2-\frac{\pi}{2}\ln\pi-\frac{\theta}{2}\ln\pi\right]$$

$$I(\theta)=\frac{\pi}{\operatorname{sen}\theta}\left[-\ln\Gamma\left(\frac{1}{2}-\frac{\theta}{2\pi}\right)-\frac{1}{2}\ln\left[\cos\left(\frac{\theta}{2}\right)\right]+\frac{\theta}{2\pi}\ln 2\pi+\frac{1}{2}\ln\pi\right]$$

$$I(\theta)=\frac{\pi}{\operatorname{sen}\theta}\ln\left[\frac{(2\pi)^{\frac{\theta}{2\pi}}\sqrt{\pi}}{\Gamma\left(\frac{1}{2}-\frac{\theta}{2\pi}\right)\sqrt{\cos\left(\frac{\theta}{2}\right)}}\right]\quad\text{(IV)}$$

Observe que da fórmula reflexiva de Euler, temos,

$$\Gamma(z)\Gamma(1-z)=\pi\operatorname{cossec}\pi z$$

Para $z=\frac{1}{2}-\frac{\theta}{2\pi}$, temos que $1-z=\frac{1}{2}+\frac{\theta}{2\pi}$, substituindo,

$$\Gamma\left(\frac{1}{2}-\frac{\theta}{2\pi}\right)\Gamma\left(\frac{1}{2}+\frac{\theta}{2\pi}\right)=\pi\operatorname{cossec}\pi\left(\frac{1}{2}-\frac{\theta}{2\pi}\right)$$

$$\Gamma\left(\frac{1}{2}-\frac{\theta}{2\pi}\right)\Gamma\left(\frac{1}{2}+\frac{\theta}{2\pi}\right)=\pi\operatorname{cossec}\left(\frac{\pi}{2}-\frac{\theta}{2}\right)=\frac{\pi}{\operatorname{sen}\left(\frac{\pi}{2}-\frac{\theta}{2}\right)}$$

$$\Gamma\left(\frac{1}{2}-\frac{\theta}{2\pi}\right)\Gamma\left(\frac{1}{2}+\frac{\theta}{2\pi}\right)=\frac{\pi}{\operatorname{sen}\left(\frac{\pi}{2}-\frac{\theta}{2}\right)}$$

$$\Gamma\left(\frac{1}{2}-\frac{\theta}{2\pi}\right)\Gamma\left(\frac{1}{2}+\frac{\theta}{2\pi}\right)=\frac{\pi}{\cos\left(\frac{\theta}{2}\right)}$$

$$\sqrt{\Gamma\left(\frac{1}{2}-\frac{\theta}{2\pi}\right)}\sqrt{\Gamma\left(\frac{1}{2}+\frac{\theta}{2\pi}\right)}=\sqrt{\frac{\pi}{\cos\left(\frac{\theta}{2}\right)}}$$, substituindo em (IV),

$$I(\theta)=\frac{\pi}{\operatorname{sen}\theta}\ln\left[\frac{(2\pi)^{\frac{\theta}{2\pi}}\sqrt{\pi}}{\Gamma\left(\frac{1}{2}-\frac{\theta}{2\pi}\right)\sqrt{\cos\left(\frac{\theta}{2}\right)}}\right]$$

$$I(\theta)=\frac{\pi}{\operatorname{sen}\theta}\ln\left[\frac{(2\pi)^{\frac{\theta}{2\pi}}\sqrt{\Gamma\left(\frac{1}{2}-\frac{\theta}{2\pi}\right)}\sqrt{\Gamma\left(\frac{1}{2}+\frac{\theta}{2\pi}\right)}}{\Gamma\left(\frac{1}{2}-\frac{\theta}{2\pi}\right)}\right]$$

$$I(\theta)=\frac{\pi}{\operatorname{sen}\theta}\ln\left[\frac{(2\pi)^{\frac{\theta}{2\pi}}\sqrt{\Gamma\left(\frac{1}{2}+\frac{\theta}{2\pi}\right)}}{\sqrt{\Gamma\left(\frac{1}{2}-\frac{\theta}{2\pi}\right)}}\right]$$

$$I(\theta)=\frac{\pi}{\operatorname{sen}\theta}\ln\left[(2\pi)^{\frac{\theta}{\pi}}\frac{\Gamma\left(\frac{1}{2}+\frac{\theta}{2\pi}\right)}{\Gamma\left(\frac{1}{2}-\frac{\theta}{2\pi}\right)}\right]^{\frac{1}{2}}$$

$$\boxed{I(\theta)=\frac{\pi}{2\operatorname{sen}\theta}\ln\left[(2\pi)^{\frac{\theta}{\pi}}\frac{\Gamma\left(\frac{1}{2}+\frac{\theta}{2\pi}\right)}{\Gamma\left(\frac{1}{2}-\frac{\theta}{2\pi}\right)}\right]}$$

□

a) Vardi Integral - Mostre que $\int_{\frac{\pi}{4}}^{\frac{\pi}{2}} \ln(\ln(\operatorname{tg} x))\,dx = \frac{\pi}{2}\ln\left[\frac{\Gamma\left(\frac{3}{4}\right)}{\Gamma\left(\frac{1}{4}\right)}\sqrt{2\pi}\right]$.

Demonstração:

Da integral de Malmstèn, sabemos que,

$$I(\theta)=\int_1^\infty \frac{\ln(\ln x)}{1+2x\cos\theta+x^2}dx=\frac{\pi}{2\operatorname{sen}\theta}\ln\left[(2\pi)^{\frac{\theta}{\pi}}\frac{\Gamma\left(\frac{1}{2}+\frac{\theta}{2\pi}\right)}{\Gamma\left(\frac{1}{2}-\frac{\theta}{2\pi}\right)}\right],\ -\pi<\theta<\pi$$

Fazendo $\theta=\frac{\pi}{2}$, temos,

$$I\left(\frac{\pi}{2}\right)=\int_1^\infty \frac{\ln(\ln x)}{1+x^2}dx=\frac{\pi}{2}\ln\left[(2\pi)^{\frac{\frac{\pi}{2}}{\pi}}\frac{\Gamma\left(\frac{1}{2}+\frac{\frac{\pi}{2}}{2\pi}\right)}{\Gamma\left(\frac{1}{2}-\frac{\frac{\pi}{2}}{2\pi}\right)}\right]$$

$$I\left(\frac{\pi}{2}\right)=\int_1^\infty \frac{\ln(\ln x)}{1+x^2}dx=\frac{\pi}{2}\ln\left[\sqrt{2\pi}\frac{\Gamma\left(\frac{3}{4}\right)}{\Gamma\left(\frac{1}{4}\right)}\right]$$

Seja $x=\operatorname{tg} u,\ dx=\sec^2 u\,du,\ \begin{cases} x=\infty \to u=\frac{\pi}{2} \\ x=1\to u=\frac{\pi}{4}\end{cases}$

$$I\left(\frac{\pi}{2}\right)=\int_{\frac{\pi}{4}}^{\frac{\pi}{2}} \frac{\ln(\ln \operatorname{tg} u)}{\cancel{1+\operatorname{tg}^2 u}}\cancel{\sec^2 u}\,du=\frac{\pi}{2}\ln\left[\sqrt{2\pi}\frac{\Gamma\left(\frac{3}{4}\right)}{\Gamma\left(\frac{1}{4}\right)}\right]$$

$$I\left(\frac{\pi}{2}\right)=\int_{\frac{\pi}{4}}^{\frac{\pi}{2}} \ln(\ln \operatorname{tg} u)\,du=\frac{\pi}{2}\ln\left[\sqrt{2\pi}\frac{\Gamma\left(\frac{3}{4}\right)}{\Gamma\left(\frac{1}{4}\right)}\right]$$

□

b) Calcule $\int_1^\infty \frac{\ln(\ln x)}{1+x+x^2}dx$.

Solução:

Basta fazermos $\theta = \frac{\pi}{3}$ na integral de Malmstèn,

$$I(\theta) = \int_1^\infty \frac{\ln(\ln x)}{1 + 2x\cos\theta + x^2} dx = \frac{\pi}{2\operatorname{sen}\theta} \ln\left[(2\pi)^{\frac{\theta}{\pi}} \frac{\Gamma\left(\frac{1}{2} + \frac{\theta}{2\pi}\right)}{\Gamma\left(\frac{1}{2} - \frac{\theta}{2\pi}\right)}\right]$$

$$I\left(\frac{\pi}{3}\right) = \int_1^\infty \frac{\ln(\ln x)}{1 + x + x^2} dx = \frac{\pi}{2\operatorname{sen}\frac{\pi}{3}} \ln\left[(2\pi)^{\frac{\frac{\pi}{3}}{\pi}} \frac{\Gamma\left(\frac{1}{2} + \frac{\frac{\pi}{3}}{2\pi}\right)}{\Gamma\left(\frac{1}{2} - \frac{\frac{\pi}{3}}{2\pi}\right)}\right]$$

$$I\left(\frac{\pi}{3}\right) = \int_1^\infty \frac{\ln(\ln x)}{1 + x + x^2} dx = \frac{\pi}{\sqrt{3}} \ln\left[\sqrt[3]{2\pi} \frac{\Gamma\left(\frac{2}{3}\right)}{\Gamma\left(\frac{1}{3}\right)}\right]$$

14) Integração Repetida de Cauchy

$$I^n f(x) = \frac{1}{\Gamma(n)} \int_a^x (x-t)^{n-1} f(t)\,dt$$

O objetivo da expressão acima obtida por Cauchy, é realizarmos repetidas integrações de $f(x)$ no intervalo de a até x de uma só vez. Como veremos, a técnica é um fruto direto da integração por partes. Pelo método DI fica fácil imaginarmos integrarmos múltiplas vezes uma função $f(x)$, bastando para isso colocar essa função na coluna de integração.

	D	I
$+$	$?$	$f(t)$
$-$	$?'$	$\int_a^t f(u)\,du$

A questão é, o que devemos colocar sobre a coluna D?

A resposta mais óbvia, seria uma constante. Sendo assim, por que não, -1? Uma vez que ao multiplicarmos a 2ª linha teremos um produto positivo, por tanto, na 1ª linha devemos ter $-t$,

	D	I
$+$	$-t$	$f(t)$
$-$	-1	$\int_a^t f(u)\,du$

$$\int_a^{?} -t\,f(t)\,dt = \left[-t\int_a^t f(u)\,du\right]_{t=a}^{t=?} + \int_a^{?}\left(\int_a^t f(u)\,du\right)dt$$

Nosso problema agora é encontrarmos um limite superior de integração que nos preserve uma função ao final e ainda elimine o 2º termo. O nosso candidato mais óbvio é x, mas para isso devemos fazer uma pequena e fundamental modificação na primeira linha sobre o D,

	D	I
$+$	$x-t$	$f(t)$
$-$	-1	$\int_a^t f(u)\,du$

$$\int_a^x (x-t) f(t)\,dt = \left[(x-t)\int_a^t f(u)\,du\right]_{t=a}^{t=x} + \int_a^x\left(\int_a^t f(u)\,du\right)dt$$

Encontramos assim uma expressão capaz de realizar duas integrais repetidamente sobre uma função $f(x)$ para um intervalo de a até x:

$$I^2 f(x) = \int_a^x (x-t) f(t)\,dt = \int_a^x\left(\int_a^t f(u)\,du\right)dt$$

Vamos agora prosseguir adicionando mais duas linhas ao nosso método DI, uma vez que para preenchermos a coluna D acima do termo $x-t$, basta integrarmos,

$$
\begin{array}{lll}
 & D & I \\
+ & \frac{1}{3.2.1}(x-t)^3 & f(t) \\
- & \frac{-1}{2.1}(x-t)^2 & \int_a^t f(u_1)\,du_1 \\
+ & x-t & \int_a^t \int_a^{u_2} f(u_1)\,du_1\,du_2 \\
- & -1 & \int_a^t \int_a^{u_3} \int_a^{u_2} f(u_1)\,du_1\,du_2 du_3
\end{array}
$$

Ficamos com,

$$
\begin{aligned}
\int_a^x \frac{(x-t)^3}{3!} f(t)\,dt = & \left[\frac{1}{3.2.1}(x-t)^3 \int_a^t f(u_1)\,du_1\right]_a^x \\
& + \left[\frac{1}{2.1}(x-t)^2 \int_a^t \int_a^{u_2} f(u_1)\,du_1\,du_2\right]_a^x \\
& + \left[(x-t)\int_a^t \int_a^{u_3} \int_a^{u_2} f(u_1)\,du_1\,du_2 du_3\right]_a^x \;.. \\
& + \int_a^t \int_a^{u_4} \int_a^{u_3} \int_a^{u_2} f(u_1)\,du_1\,du_2 du_3 du_4
\end{aligned}
$$

Ou seja,

$$
I^4 f(x) = \int_a^t \int_a^{u_4} \int_a^{u_3} \int_a^{u_2} f(u_1)\,du_1\,du_2 du_3 du_4 = \int_a^x \frac{(x-t)^3}{3!} f(t)\,dt
$$

Que é a fórmula para 4 integrações repetidas, assim, através de indução será possível generalizarmos o resultado:

$$
I^n f(x) = \frac{1}{(n-1)!} \int_a^x (x-t)^{n-1} f(t)\,dt
$$

$$
\boxed{I^n f(x) = \frac{1}{\Gamma(n)} \int_a^x (x-t)^{n-1} f(t)\,dt}
$$

A fórmula acima continua válida se substituirmos o n acima por um $\alpha \in \mathbb{C}; \mathrm{Re}(\alpha) > 0$, o que nos abre todo um novo horizonte de possibilidades, como integração fracionária ou mesmo imaginária.

a) Calcule o valor de meia integral de $f(x)$ ou $I^{\frac{1}{2}}$.

Solução:

Da expressão,

$$I^{\alpha} f(x)=\frac{1}{\Gamma(\alpha)} \int_a^x (x-t)^{\alpha-1} f(t)\,dt,\ \alpha \in \mathbb{C}; \operatorname{Re}(\alpha)>0$$

Temos,

$$I^{\frac{1}{2}} f(x)=\frac{1}{\Gamma\left(\frac{1}{2}\right)} \int_a^x (x-t)^{-\frac{1}{2}} f(t)\,dt=\frac{1}{\sqrt{\pi}} \int_a^x \frac{f(t)}{\sqrt{x-t}}\,dt$$

b) Calcule a meia integral de uma constante k.

Solução:

$$I^{\frac{1}{2}} f(x)=\frac{1}{\Gamma\left(\frac{1}{2}\right)} \int_0^x (x-t)^{-\frac{1}{2}} f(t)\,dt=\frac{1}{\sqrt{\pi}} \int_0^x \frac{f(t)}{\sqrt{x-t}}\,dt$$

$$I^{\frac{1}{2}} f(x)=\frac{1}{\sqrt{\pi}} \int_0^x \frac{k}{\sqrt{x-t}}\,dt=\frac{k}{\sqrt{\pi}} \int_0^x \frac{1}{\sqrt{x-t}}\,dt$$

Seja $x-t=u,\ dt=-du$, por tanto, $\begin{cases} t=x \rightarrow u=0 \\ t=0 \rightarrow u=x \end{cases}$

$$I^{\frac{1}{2}} f(x)=\frac{k}{\sqrt{\pi}} \int_x^0 \frac{1}{\sqrt{u}}(-1)\,du=\frac{k}{\sqrt{\pi}} \int_0^x \frac{1}{\sqrt{u}}\,du$$

$$I^{\frac{1}{2}} f(x)=\frac{k}{\sqrt{\pi}}\left[2\sqrt{u}\right]_0^x=\frac{2k}{\sqrt{\pi}}\sqrt{x}=\frac{2k}{\sqrt{\pi}} x^{\frac{1}{2}}$$

c) Calcule a meia derivada de uma constante k.

Solução:

A ideia aqui é a de derivarmos a meia integral para obtermos a meia derivada, em termos de operadores, podemos escrever,

$$D^{\frac{1}{2}}=D^{1} \circ I^{\frac{1}{2}}=D^{1} \circ D^{-\frac{1}{2}}$$

Do item anterior, calculamos a meia integral de uma constante, assim, basta derivarmos o resultado anterior,

$$I^{\frac{1}{2}}(k)=D^{-\frac{1}{2}}=\frac{2k}{\sqrt{\pi}} x^{\frac{1}{2}}$$

$$\frac{d^{\frac{1}{2}}}{dx^{\frac{1}{2}}}(k)=\frac{d}{dx}\left[\frac{2k}{\sqrt{\pi}} x^{\frac{1}{2}}\right]=\frac{k}{\sqrt{\pi}} \frac{1}{\sqrt{x}}$$ [99]

[99] A derivada fracionária calculada dessa maneira é conhecida como Derivada Fracionária de Riemann-Liouville

d) Encontre uma expressão para a α-ésima derivada, α real.
Solução:
Do cálculo usual da derivada de x, temos,

$$\frac{d^{\alpha}}{dx^{\alpha}}x^{n}=\frac{n!}{(n-\alpha)!}x^{n-\alpha}$$

$$\frac{d^{\alpha}}{dx^{\alpha}}x^{n}=\frac{\Gamma(n+1)}{\Gamma(n-\alpha+1)}x^{n-\alpha}$$

15) Integrais Elípticas

Os matemáticos tem se ocupado da tentativa de calcular o perímetro de algumas curvas consideradas importantes, desde há muito tempo. No século XVIII, o matemático diletante italiano, Giulio Fagnano (1682-1766) em uma tentativa de calcular o perímetro de uma lemniscata[100] (curva que se assemelha ao símbolo do infinito) se deparou com uma integral que não podia ser expressa em termo de funções elementares, no entanto, ele encontrou uma relação interessante entre os extremos de integração, ele percebeu que entre duas lemniscatas, uma cujo arco é o dobro da outra, se mantem uma relação algébrica entre os extremos de integração em ambas integrais. Fagnano enviou para a academia de Berlin seu texto, que incluía não só essa relação, mas o cálculo do comprimento de várias curvas e era prefaciado por ninguém menos que John Bernoulli, sendo recebido por Euler em 23 de dezembro de 1751, data que Jacobi considera como o "nascimento" das funções elípticas.

Em relação às lemniscatas, Euler publica em 1753, seu teorema aditivo, que relaciona os extremos de integração entre as integrais que determinam o comprimento de dois arcos de lemniscata:

$$\int_0^a \frac{1}{\sqrt{1-x^4}}dx + \int_0^b \frac{1}{\sqrt{1-y^4}}dy = \int_0^{\frac{a\sqrt{1-b^4}+b\sqrt{1-a^4}}{1+(ab)^2}} \frac{1}{\sqrt{1-z^4}}dz \text{, Euler}$$

Se fizermos $a = b$, teremos o resultado descoberto por Fagnano.

Não se deixe assustar pelo extremo de integração da última integral, essas relações se tornam mais evidentes e próximas das fórmulas de adição de arcos quando utilizamos relações trigonométricas, observe o exemplo mais simples abaixo,

$$\int_0^u \frac{1}{\sqrt{1-x^2}}dx + \int_0^v \frac{1}{\sqrt{1-x^2}}dx = \int_0^{T(u,v)} \frac{1}{\sqrt{1-x^2}}dx,$$

Onde,

$$T(u,v) = u\sqrt{1-v^2} + v\sqrt{1-u^2}$$

Se fizermos a mudança de variáveis, $u = \operatorname{sen}\alpha$ e $v = \operatorname{sen}\beta$, a relação acima se transformará em,

$$\int_0^{\operatorname{sen}\alpha} \frac{1}{\sqrt{1-x^2}}dx + \int_0^{\operatorname{sen}\beta} \frac{1}{\sqrt{1-x^2}}dx = \int_0^{\operatorname{sen}(\alpha+\beta)} \frac{1}{\sqrt{1-x^2}}dx$$

Antes mesmo de receber os escritos de Fagnano, Euler, já mostrava um grande interesse na forma na qual tomavam algumas integrais quando se tentava calcular o perímetro de certas curvas, em particular a elipse, que emprestará seu nome a toda uma família de integrais.

---

[100] Equação cartesiana de uma lemniscata $(x^2+y^2)^2 = x^2 - y^2$, ou ainda, na forma polar $r^2 = \cos 2\theta$. Seu comprimento está intimamente ligado à integral $\int \frac{1}{\sqrt{1-t^4}}dt$.

Para melhor entendermos o papel da elipse, vamos calcular o comprimento de uma elipse,

Na figura a seguir, temos a representação de um quarto de uma elipse com centro na origem, eixo maior sobre o eixo x, de comprimento $2a$, e eixo menor sobre o eixo y, de comprimento $2b$. Assim,

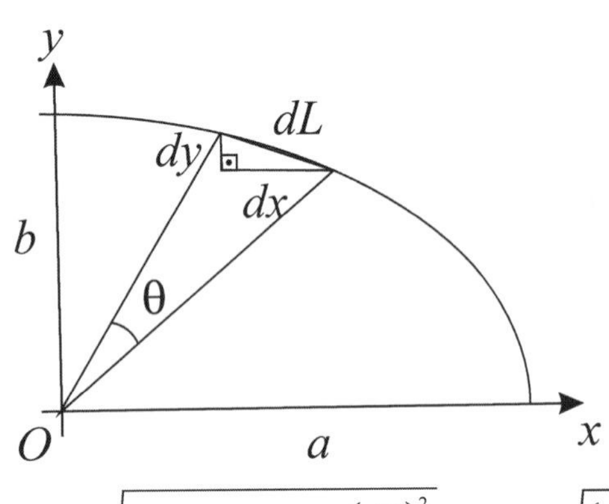

Do teorema de Pitágoras no triângulo infinitesimal,

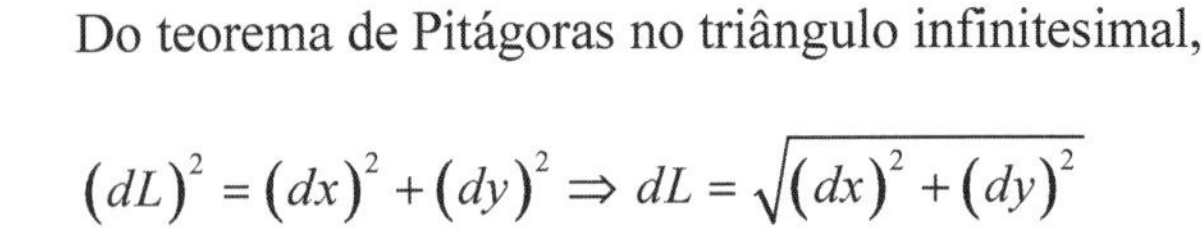

$$(dL)^2 = (dx)^2 + (dy)^2 \Rightarrow dL = \sqrt{(dx)^2 + (dy)^2}$$

$$dL = \sqrt{\left[(dx)^2 + (dy)^2\right]\frac{(d\theta)^2}{(d\theta)^2}} \Rightarrow dL = \sqrt{\left(\frac{dx}{d\theta}\right)^2 + \left(\frac{dy}{d\theta}\right)^2}\, d\theta$$

$$\frac{L}{4} = \int_0^{\frac{\pi}{2}} \sqrt{\left(\frac{dx}{d\theta}\right)^2 + \left(\frac{dy}{d\theta}\right)^2}\, d\theta$$

Da parametrização da Elipse,

$$\begin{cases} x = a\cos\theta \\ y = b\,\text{sen}\,\theta \end{cases} \Rightarrow \begin{cases} \dfrac{dx}{d\theta} = -a\,\text{sen}\,\theta \\ \dfrac{dy}{d\theta} = b\cos\theta \end{cases}$$

Substituindo,

$$\frac{L}{4} = \int_0^{\frac{\pi}{2}} \sqrt{(-a\,\text{sen}\,\theta)^2 + (b\cos\theta)^2}\, d\theta = \int_0^{\frac{\pi}{2}} \sqrt{a^2\,\text{sen}^2\,\theta + b^2\cos^2\theta}\, d\theta$$

$$\frac{L}{4} = \int_0^{\frac{\pi}{2}} \sqrt{a^2\left(1-\cos^2\theta\right) + b^2\cos^2\theta}\, d\theta = \int_0^{\frac{\pi}{2}} \sqrt{a^2 - \underbrace{\left(a^2 - b^2\right)}_{c^2}\cos^2\theta}\, d\theta$$, onde c é a distância focal,

$$\frac{L}{4} = \int_0^{\frac{\pi}{2}} a\sqrt{1 - \underbrace{\left(\frac{c}{a}\right)}_{k}^2\cos^2\theta}\, d\theta = a\int_0^{\frac{\pi}{2}} \sqrt{1-k^2\cos^2\theta}\, d\theta$$

Vamos agora fazer a substituição,

$$t = \frac{\pi}{2} - \theta,\ dt = -d\theta \text{, ainda, } \begin{cases} \theta = \dfrac{\pi}{2} \rightarrow t = 0 \\ \theta = 0 \rightarrow t = \dfrac{\pi}{2} \end{cases}$$

$$\frac{L}{4} = a\int_0^{\frac{\pi}{2}} \sqrt{1-k^2\cos^2\theta}\, d\theta = a\int_{\frac{\pi}{2}}^{0} \sqrt{1-k^2\cos^2\left(\frac{\pi}{2}-t\right)}\,(-dt)$$

$$\frac{L}{4} = a\int_0^{\frac{\pi}{2}} \sqrt{1 - k^2 \operatorname{sen}^2 t}\; dt$$

Ou seja, o comprimento da Elipse em questão pode ser calculado pela expressão,

$$L = 4a\int_0^{\frac{\pi}{2}} \sqrt{1-k^2 \operatorname{sen}^2 t}\, dt$$

O problema é que essa não é uma integral que possa ser expressa por meio de funções elementares, ou seja, diferente do comprimento de uma circunferência de raio *r*, cujo perímetro pode ser calculado como $C = 2\pi r$, a elipse não possui uma expressão exata para o seu cálculo, mesmo que seja em função de π. Muitas fórmulas aproximadas surgiram desde então, como,

$L \approx \pi(a+b)$, $L \approx \pi\sqrt{2(a^2+b^2)}$, $L \approx \pi\left[3\left(\frac{a+b}{2}\right)-\sqrt{ab}\right]$, entre outras, mas nada tão surpreendente quanto as duas fórmulas apresentadas por Ramanujan encontradas empiricamente,

$$L = \pi\left[3\left(a+b-\sqrt{(3a+b)(a+3b)}\right)\right] \text{ ou } L = \pi(a+b)\left(3-\sqrt{4-h}\right),\ h = \frac{(a-b)^2}{(a+b)^2}, \text{ ainda,}$$

$$L \approx \pi(a+b)\left(1+\frac{3h}{10+\sqrt{4-3h}}\right)$$

Sendo a 1ª fórmula mais precisa para elipses com menor excentricidade e a segunda para corpos com maior excentricidade. Para se ter uma ideia, em uma elipse com o tamanho e a excentricidade de um meridiano terrestre, a precisão seria da ordem de um sexagésimo do diâmetro convencional de um átomo de hidrogênio. Já a segunda fórmula, mais precisa para elipses mais achatadas (maior excentricidade), tem uma precisão dez vezes melhor do que a primeira...

Mas a parte a genialidade das fórmulas de Ramanujan, é um fato de que as integrais como a apresentada no cálculo do perímetro da elipse vêm ocupando o pensamento dos matemáticos já há muito tempo, não só de Euler, na verdade, o interesse nesse tipo de integral só veio a aumentar, principalmente após a divulgação das Leis de Kepler e só aumentaram a urgência de uma teoria que as abordasse quando no século XIX foram descobertos os asteroides.

Foi então que Legendre em seu tratado, *Traites des fonctions elliptiques*, mostrou que as integrais do tipo $\int \frac{R(t)}{\sqrt{P(t)}}dt$, onde *R*(*t*) é uma função racional e *P*(*t*) um polinômio de grau 4, poderiam ser reduzidas a três tipos de integrais[101],

$$\int \frac{1}{\sqrt{1-x^2}\sqrt{1-l^2x^2}}dx,\ \int \frac{x^2}{\sqrt{1-x^2}\sqrt{1-l^2x^2}}dx,\ \int \frac{1}{(x-a)\sqrt{1-x^2}\sqrt{1-l^2x^2}}dx$$

Que mediante substituições se reduziriam a três tipos, podendo ainda ser completas ou incompletas,

I) <u>Integral Elíptica de 1º Tipo</u>:

Incompleta, $F(k,\phi) = \int_0^{\phi} \frac{1}{\sqrt{1-k^2 \operatorname{sen}^2\theta}}d\theta,\ 0<k<1;$

[101] Barrios, Jose. "A Brief History of Elliptc Integral Addition Theorems". Rose-Hulman Undergraduate Mathematics Journal, Volume 10, Issue 2, Article 2, 2009.

Completa, $F(k)=\int_0^{\frac{\pi}{2}} \frac{1}{\sqrt{1-k^2 \operatorname{sen}^2 \theta}} d\theta$, $0<k<1$.

Integral Elíptica de 2º Tipo:

Incompleta, $E(k,\phi)=\int_0^{\phi} \sqrt{1-k^2 \operatorname{sen}^2 \theta}\, d\theta$, $0<k<1$;

Completa, $E(k)=\int_0^{\frac{\pi}{2}} \sqrt{1-k^2 \operatorname{sen}^2 \theta}\, d\theta$, $0<k<1$.

Integral Elíptica de 3º Tipo:

Incompleta, $H(k,n,\phi)=\int_0^{\phi} \frac{1}{\left(1-n^2 \operatorname{sen}^2 \theta\right)\sqrt{1-k^2 \operatorname{sen}^2 \theta}} d\theta$, $0<k<1$, $n \neq 0$;

Completa, $H(k,n)=\int_0^{\frac{\pi}{2}} \frac{1}{\left(1-n^2 \operatorname{sen}^2 \theta\right)\sqrt{1-k^2 \operatorname{sen}^2 \theta}} d\theta$, $0<k<1$, $n \neq 0$;

O parâmetro *k*, que como vimos no 2º caso, representa a excentricidade, e recebe o nome de módulo, e o ângulo ϕ recebe o nome de argumento. A partir daí, surgem nomes como Abel e Jacobi, que olham para as integrais no sentido contrário, ou seja, a inversa da integral elíptica, por exemplo, dado o valor de $E(k, \phi)$, qual deve ser o valor de ϕ? Essa nova abordagem permite o desenvolvimento de novas funções e relações cujo comportamento é muito semelhante ao das funções trigonométricas,

Se nas integrais anteriores, substituirmos $v=\operatorname{sen}\theta$, obteremos novas integrais onde $x=\operatorname{sen}\phi$,

$$F(k,x)=\int_0^{x=\operatorname{sen}\phi} \frac{1}{\sqrt{\left(1-t^2\right)\left(1-k^2t^2\right)}} dt$$

$$E(k,x)=\int_0^{x} \sqrt{\frac{1-k^2t^2}{1-t^2}}\, dt$$

$$H(k,n,x)=\int_0^{x} \frac{1}{\left(1-n^2t^2\right)\sqrt{\left(1-t^2\right)\left(1-k^2t^2\right)}} dt$$

Denominadas agora de Integrais Elípticas de Jacobi, respectivamente de 1ª, 2ª e 3ª ordem. Estas integrais são ditas completas quando $x=1$.

a) Calcule a integral $\int_0^2 \frac{1}{\sqrt{(9-x^2)(4-x^2)}}\,dx$.

Solução:

Seja $x = 2\operatorname{sen}\theta,\ dx = 2\cos\theta\, d\theta$, ainda, $\begin{cases} x = 2 \to \theta = \dfrac{\pi}{2} \\ x = 0 \to \theta = 0 \end{cases}$, assim,

$$\int_0^2 \frac{1}{\sqrt{(9-x^2)(4-x^2)}}\,dx = \int_0^{\frac{\pi}{2}} \frac{2\cos\theta}{\sqrt{(9-4\operatorname{sen}^2\theta)(4-4\operatorname{sen}^2\theta)}}\,d\theta$$

$$\int_0^2 \frac{1}{\sqrt{(9-x^2)(4-x^2)}}\,dx = \int_0^{\frac{\pi}{2}} \frac{2\cos\theta}{\sqrt{(9-4\operatorname{sen}^2\theta)4(1-\operatorname{sen}^2\theta)}}\,d\theta$$

$$\int_0^2 \frac{1}{\sqrt{(9-x^2)(4-x^2)}}\,dx = \int_0^{\frac{\pi}{2}} \frac{\cancel{2\cos\theta}}{\cancel{2\cos\theta}\sqrt{9-4\operatorname{sen}^2\theta}}\,d\theta$$

$$\int_0^2 \frac{1}{\sqrt{(9-x^2)(4-x^2)}}\,dx = \frac{1}{3}\int_0^{\frac{\pi}{2}} \frac{1}{\sqrt{1-\left(\frac{2}{3}\right)^2\operatorname{sen}^2\theta}}\,d\theta$$

$$\int_0^2 \frac{1}{\sqrt{(9-x^2)(4-x^2)}}\,dx = \frac{1}{3}F\left(\frac{2}{3},\frac{\pi}{2}\right) = \frac{1}{3}F\left(\frac{2}{3}\right)$$

b) Calcule a integral $\int \frac{1}{\sqrt{\operatorname{sen} x}}\,dx$.

Solução:

Seja $x = \frac{\pi}{2} - u,\ dx = -du$, assim,

$$\int \frac{1}{\sqrt{\operatorname{sen} x}}\,dx = -\int \frac{1}{\sqrt{\operatorname{sen}\left(\frac{\pi}{2}-u\right)}}\,du = -\int \frac{1}{\sqrt{\cos u}}\,du$$

Seja $u = 2\theta,\ du = 2\,d\theta$, assim,

$$\int \frac{1}{\sqrt{\operatorname{sen} x}}\,dx = -2\int \frac{1}{\sqrt{\cos 2\theta}}\,d\theta,$$

Da trigonometria,

$\cos 2\theta = 1 - 2\operatorname{sen}^2\theta$, assim,

$$\int \frac{1}{\sqrt{\operatorname{sen} x}}\, dx = -2\int \frac{1}{\sqrt{1-2\operatorname{sen}^2\theta}}\, d\theta$$

Onde, $x = \frac{\pi}{2} - 2\theta \Rightarrow \theta = \frac{\pi}{4} - \frac{x}{2}$, finalmente,

$$\int \frac{1}{\sqrt{\operatorname{sen} x}}\, dx = -2\, F\left(\sqrt{2}, \frac{\pi}{4} - \frac{x}{2}\right)$$

c) Calcule a integral $\int \sqrt{\cos x}\, dx$.

Solução:

Seja $x = 2\theta$, $dx = 2\, d\theta$, assim,

$$\int \sqrt{\cos x}\, dx = 2\int \sqrt{\cos 2\theta}\, d\theta$$

Da trigonometria,

$\cos 2\theta = 1 - 2\operatorname{sen}^2\theta$, assim,

$$\int \sqrt{\cos x}\, dx = 2\int \sqrt{1-2\operatorname{sen}^2\theta}\, d\theta$$

Onde, $x = 2\theta \Rightarrow \theta = \frac{x}{2}$, finalmente,

$$\int \sqrt{\cos x}\, dx = 2\, E\left(\sqrt{2}, \frac{x}{2}\right)$$

d) Calcule a integral $\int_{\sqrt{10}}^{\sqrt{30}} \frac{1}{\sqrt{(x^2+10)(x^2+9)}}\, dx$.

Solução:

Seja $x = \sqrt{10}\operatorname{tg}\theta$, $dx = \sqrt{10}\sec^2\theta\, d\theta$, ainda, $\begin{cases} x = \sqrt{30} \rightarrow \theta = \frac{\pi}{3} \\ x = \sqrt{10} \rightarrow \theta = \frac{\pi}{4} \end{cases}$

$$\int_{\sqrt{10}}^{\sqrt{30}} \frac{1}{\sqrt{(x^2+10)(x^2+9)}}\, dx = \int_{\frac{\pi}{4}}^{\frac{\pi}{3}} \frac{\sqrt{10}\sec^2\theta}{\sqrt{(10\operatorname{tg}^2\theta+10)(10\operatorname{tg}^2\theta+9)}}\, d\theta$$

$$\int_{\sqrt{10}}^{\sqrt{30}} \frac{1}{\sqrt{(x^2+10)(x^2+9)}}\, dx = \int_{\frac{\pi}{4}}^{\frac{\pi}{3}} \frac{\cancel{\sqrt{10}}\sec^2\theta}{\sqrt{\cancel{10}\sec^2\theta(10\operatorname{tg}^2\theta+9)}}\, d\theta$$

$$\int_{\sqrt{10}}^{\sqrt{30}} \frac{1}{\sqrt{(x^2+10)(x^2+9)}}\,dx = \int_{\frac{\pi}{4}}^{\frac{\pi}{3}} \frac{\sec^2\theta}{\sqrt{\sec^2\theta(10\sec^2\theta-1)}}\,d\theta$$

$$\int_{\sqrt{10}}^{\sqrt{30}} \frac{1}{\sqrt{(x^2+10)(x^2+9)}}\,dx = \int_{\frac{\pi}{4}}^{\frac{\pi}{3}} \frac{\sec^2\theta}{\sqrt{10\sec^4\theta-\sec^2\theta}}\,d\theta$$

$$\int_{\sqrt{10}}^{\sqrt{30}} \frac{1}{\sqrt{(x^2+10)(x^2+9)}}\,dx = \int_{\frac{\pi}{4}}^{\frac{\pi}{3}} \frac{\sec^2\theta}{\sqrt{\frac{10}{\cos^4\theta}-\frac{1}{\cos^2\theta}}}\,d\theta = \int_{\frac{\pi}{4}}^{\frac{\pi}{3}} \frac{\cancel{\sec^2\theta}}{\sqrt{\frac{1}{\cancel{\cos^4\theta}}(10-\cos^2\theta)}}\,d\theta$$

$$\int_{\sqrt{10}}^{\sqrt{30}} \frac{1}{\sqrt{(x^2+10)(x^2+9)}}\,dx = \int_{\frac{\pi}{4}}^{\frac{\pi}{3}} \frac{1}{\sqrt{(10-\cos^2\theta)}}\,d\theta$$

Seja $\theta = \frac{\pi}{2}-\phi,\ d\theta = -d\phi$, ainda, $\begin{cases} \theta = \frac{\pi}{3} \rightarrow \phi = \frac{\pi}{6} \\ \theta = \frac{\pi}{4} \rightarrow \phi = \frac{\pi}{4} \end{cases}$

$$\int_{\sqrt{10}}^{\sqrt{30}} \frac{1}{\sqrt{(x^2+10)(x^2+9)}}\,dx = -\int_{\frac{\pi}{4}}^{\frac{\pi}{6}} \frac{1}{\sqrt{(10-\text{sen}^2\phi)}}\,d\phi$$

$$\int_{\sqrt{10}}^{\sqrt{30}} \frac{1}{\sqrt{(x^2+10)(x^2+9)}}\,dx = \frac{1}{\sqrt{10}}\int_{\frac{\pi}{6}}^{\frac{\pi}{4}} \frac{1}{\sqrt{\left(1-\frac{1}{10}\text{sen}^2\phi\right)}}\,d\phi$$

$$\int_{\sqrt{10}}^{\sqrt{30}} \frac{1}{\sqrt{(x^2+10)(x^2+9)}}\,dx = -\frac{1}{\sqrt{10}}\left[F\left(\frac{1}{\sqrt{10}},\frac{\pi}{4}\right)-F\left(\frac{1}{\sqrt{10}},\frac{\pi}{6}\right)\right]$$

e) Calcule a integral $\int_4^{\frac{10}{3}} \frac{1}{\sqrt{(x-1)(x-2)(x-3)}}\,dx$.

Seja $x = u^2+3,\ dx = 2u\,du$, ainda, $\begin{cases} x = \frac{10}{3} \rightarrow u = \frac{\sqrt{3}}{3} \\ x = 4 \rightarrow u = 1 \end{cases}$,

$$\int_4^{\frac{10}{3}} \frac{1}{\sqrt{(x-1)(x-2)(x-3)}}\,dx = 2\int_1^{\frac{\sqrt{3}}{3}} \frac{\cancel{u}}{\sqrt{(u^2+2)(u^2+1)(\cancel{u^2})}}\,du$$

$$\int_4^{\frac{10}{3}} \frac{1}{\sqrt{(x-1)(x-2)(x-3)}}\,dx = 2\int_1^{\frac{\sqrt{3}}{3}} \frac{1}{\sqrt{(u^2+2)(u^2+1)}}\,du$$

Seja $u = \text{tg}\,\theta$, $du = \sec^2\theta\, d\theta$, ainda, $\begin{cases} u = \dfrac{\sqrt{3}}{3} \rightarrow \theta = \dfrac{\pi}{6} \\ u = 1 \rightarrow \theta = \dfrac{\pi}{4} \end{cases}$

$$\int_4^{\frac{10}{3}} \frac{1}{\sqrt{(x-1)(x-2)(x-3)}}\, dx = 2\int_{\frac{\pi}{4}}^{\frac{\pi}{6}} \frac{\sec^2\theta}{\sqrt{(\text{tg}^2\theta+2)(\text{tg}^2\theta+1)}}\, d\theta$$

$$\int_4^{\frac{10}{3}} \frac{1}{\sqrt{(x-1)(x-2)(x-3)}}\, dx = -2\int_{\frac{\pi}{6}}^{\frac{\pi}{4}} \frac{\sec^2\theta}{\sqrt{(\sec^2\theta+1)(\sec^2\theta)}}\, d\theta$$

$$\int_4^{\frac{10}{3}} \frac{1}{\sqrt{(x-1)(x-2)(x-3)}}\, dx = -2\int_{\frac{\pi}{6}}^{\frac{\pi}{4}} \frac{\sec^2\theta}{\sqrt{\sec^4\theta+\sec^2\theta}}\, d\theta$$

$$\int_4^{\frac{10}{3}} \frac{1}{\sqrt{(x-1)(x-2)(x-3)}}\, dx = -2\int_{\frac{\pi}{6}}^{\frac{\pi}{4}} \frac{\cancel{\sec^2}\theta}{\sqrt{\frac{1}{\cancel{\cos^4}\theta}(1+\cos^2\theta)}}\, d\theta$$

$$\int_4^{\frac{10}{3}} \frac{1}{\sqrt{(x-1)(x-2)(x-3)}}\, dx = -2\int_{\frac{\pi}{6}}^{\frac{\pi}{4}} \frac{1}{\sqrt{1+\cos^2\theta}}\, d\theta = -2\int_{\frac{\pi}{6}}^{\frac{\pi}{4}} \frac{1}{\sqrt{2-\text{sen}^2\theta}}\, d\theta$$

$$\int_4^{\frac{10}{3}} \frac{1}{\sqrt{(x-1)(x-2)(x-3)}}\, dx = -\frac{2}{\sqrt{2}}\int_{\frac{\pi}{6}}^{\frac{\pi}{4}} \frac{1}{\sqrt{1-\frac{1}{2}\text{sen}^2\theta}}\, d\theta$$

$$\int_4^{\frac{10}{3}} \frac{1}{\sqrt{(x-1)(x-2)(x-3)}}\, dx = -\sqrt{2}\left[F\left(\frac{1}{\sqrt{2}},\frac{\pi}{4}\right) - F\left(\frac{1}{\sqrt{2}},\frac{\pi}{6}\right)\right]$$

f) Calcule a integral $\displaystyle\int_{x_0}^{x_1} \frac{1}{\sqrt{(x-a)(x-b)(x-c)}}\, dx,\ c > b > a$.

Solução:

Seja $x = u^2 + c$, $dx = 2u$, ainda, $\begin{cases} x = x_1 \rightarrow u = \sqrt{x_1 - c} \\ x = x_0 \rightarrow u = \sqrt{x_0 - c} \end{cases}$

$$\int_{x_0}^{x_1} \frac{1}{\sqrt{(x-a)(x-b)(x-c)}}\, dx = \int_{\sqrt{x_0-c}}^{\sqrt{x_1-c}} \frac{2\cancel{u}}{\sqrt{(u^2+c-a)(u^2+c-b)\cancel{(u^2)}}}\, du$$

$$\int_{x_0}^{x_1}\frac{1}{\sqrt{(x-a)(x-b)(x-c)}}\,dx=2\int_{\sqrt{x_0-c}}^{\sqrt{x_1-c}}\frac{1}{\sqrt{(u^2+c-a)(u^2+c-b)}}\,du$$

Seja $u=\sqrt{c-b}\,\mathrm{tg}\,\theta$, $du=\sqrt{c-b}\sec^2\theta$, ainda, $\begin{cases} u=\sqrt{x_1-c}\rightarrow\theta=\mathrm{tg}^{-1}\left(\sqrt{\dfrac{x_1-c}{c-b}}\right)\\ u=\sqrt{x_0-c}\rightarrow\theta=\mathrm{tg}^{-1}\left(\sqrt{\dfrac{x_0-c}{c-b}}\right)\end{cases}$

$$\int_{x_0}^{x_1}\frac{1}{\sqrt{(x-a)(x-b)(x-c)}}\,dx=2\int_{\mathrm{tg}^{-1}\left(\sqrt{\frac{x_0-c}{c-b}}\right)}^{\mathrm{tg}^{-1}\left(\sqrt{\frac{x_1-c}{c-b}}\right)}\frac{\sqrt{c-b}\sec^2\theta}{\sqrt{\left[(c-b)\mathrm{tg}^2\theta+c-a\right]\left[(c-b)\mathrm{tg}^2\theta+(c-b)\right]}}\,d\theta$$

$$\int_{x_0}^{x_1}\frac{1}{\sqrt{(x-a)(x-b)(x-c)}}\,dx=2\int_{\mathrm{tg}^{-1}\left(\sqrt{\frac{x_0-c}{c-b}}\right)}^{\mathrm{tg}^{-1}\left(\sqrt{\frac{x_1-c}{c-b}}\right)}\frac{\cancel{\sqrt{c-b}}\sec^2\theta}{\sqrt{\left[(c-b)\mathrm{tg}^2\theta+c-a\right]\cancel{(c-b)}\left[\mathrm{tg}^2\theta+1\right]}}\,d\theta$$

$$\int_{x_0}^{x_1}\frac{1}{\sqrt{(x-a)(x-b)(x-c)}}\,dx=2\int_{\mathrm{tg}^{-1}\left(\sqrt{\frac{x_0-c}{c-b}}\right)}^{\mathrm{tg}^{-1}\left(\sqrt{\frac{x_1-c}{c-b}}\right)}\frac{\sec^2\theta}{\sqrt{\left[(c-b)\mathrm{tg}^2\theta+c-a\right]\sec^2\theta}}\,d\theta$$

$$\int_{x_0}^{x_1}\frac{1}{\sqrt{(x-a)(x-b)(x-c)}}\,dx=2\int_{\mathrm{tg}^{-1}\left(\sqrt{\frac{x_0-c}{c-b}}\right)}^{\mathrm{tg}^{-1}\left(\sqrt{\frac{x_1-c}{c-b}}\right)}\frac{\sec^2\theta}{\sqrt{\left[(c-b)(\sec^2\theta-1)+c-a\right]\sec^2\theta}}\,d\theta$$

$$\int_{x_0}^{x_1}\frac{1}{\sqrt{(x-a)(x-b)(x-c)}}\,dx=2\int_{\mathrm{tg}^{-1}\left(\sqrt{\frac{x_0-c}{c-b}}\right)}^{\mathrm{tg}^{-1}\left(\sqrt{\frac{x_1-c}{c-b}}\right)}\frac{\sec^2\theta}{\sqrt{\left[\sec^2\theta(c-b)+b-a\right]\sec^2\theta}}\,d\theta$$

$$\int_{x_0}^{x_1}\frac{1}{\sqrt{(x-a)(x-b)(x-c)}}\,dx=\frac{2}{\sqrt{b-c}}\int_{\mathrm{tg}^{-1}\left(\sqrt{\frac{x_0-c}{c-b}}\right)}^{\mathrm{tg}^{-1}\left(\sqrt{\frac{x_1-c}{c-b}}\right)}\frac{\sec^2\theta}{\sqrt{\left[\sec^4\theta+\left(\dfrac{b-a}{b-c}\right)\sec^2\theta\right]}}\,d\theta$$

$$\int_{x_0}^{x_1}\frac{1}{\sqrt{(x-a)(x-b)(x-c)}}\,dx=\frac{2}{\sqrt{b-c}}\int_{\mathrm{tg}^{-1}\left(\sqrt{\frac{x_0-c}{c-b}}\right)}^{\mathrm{tg}^{-1}\left(\sqrt{\frac{x_1-c}{c-b}}\right)}\frac{\cancel{\sec^2\theta}}{\sqrt{\cancel{\sec^4\theta}\left[1+\left(\dfrac{b-a}{b-c}\right)\cos^2\theta\right]}}\,d\theta$$

$$\int_{x_0}^{x_1}\frac{1}{\sqrt{(x-a)(x-b)(x-c)}}\,dx=\frac{2}{\sqrt{b-c}}\int_{\mathrm{tg}^{-1}\left(\sqrt{\frac{x_0-c}{c-b}}\right)}^{\mathrm{tg}^{-1}\left(\sqrt{\frac{x_1-c}{c-b}}\right)}\frac{1}{\sqrt{1+\left(\dfrac{b-a}{b-c}\right)\cos^2\theta}}\,d\theta$$

Seja $\phi = \frac{\pi}{2} - \theta,\ d\phi = -d\theta$, ainda, $\begin{cases} \theta = \operatorname{tg}^{-1}\left(\sqrt{\frac{x_1 - c}{c - b}}\right) \to \phi = \frac{\pi}{2} - \operatorname{tg}^{-1}\left(\sqrt{\frac{x_1 - c}{c - b}}\right) \\ \theta = \operatorname{tg}^{-1}\left(\sqrt{\frac{x_0 - c}{c - b}}\right) \to \phi = \frac{\pi}{2} - \operatorname{tg}^{-1}\left(\sqrt{\frac{x_0 - c}{c - b}}\right) \end{cases}$

$$\int_{x_0}^{x_1} \frac{1}{\sqrt{(x-a)(x-b)(x-c)}}\,dx = \frac{2}{\sqrt{b-c}} \int_{\frac{\pi}{2}-\operatorname{tg}^{-1}\left(\sqrt{\frac{x_1-c}{c-b}}\right)}^{\frac{\pi}{2}-\operatorname{tg}^{-1}\left(\sqrt{\frac{x_0-c}{c-b}}\right)} \frac{1}{\sqrt{1-\left(\frac{a-b}{b-c}\right)\operatorname{sen}^2\theta}}\,d\theta$$

$$\int_{x_0}^{x_1} \frac{1}{\sqrt{(x-a)(x-b)(x-c)}}\,dx = \frac{2}{\sqrt{b-c}}\left[F\left(\sqrt{\frac{a-b}{b-c}}, \frac{\pi}{2} - \operatorname{tg}^{-1}\left(\sqrt{\frac{x_0-c}{c-b}}\right)\right) - F\left(\sqrt{\frac{a-b}{b-c}}, \frac{\pi}{2} - \operatorname{tg}^{-1}\left(\sqrt{\frac{x_1-c}{c-b}}\right)\right)\right]$$

g) Mostre que $F\left(\frac{1}{\sqrt{2}}\right) = \frac{\Gamma^2\left(\frac{1}{4}\right)}{4\sqrt{\pi}}$.

Demonstração:

$$F\left(\frac{1}{\sqrt{2}}\right) = \int_0^{\frac{\pi}{2}} \frac{1}{\sqrt{1-\frac{1}{2}\operatorname{sen}^2\theta}}\,d\theta$$

Seja $t = \operatorname{sen}\theta,\ dt = \cos\theta\,d\theta \Rightarrow d\theta = \frac{dt}{\cos\theta} = \frac{dt}{\sqrt{\cos^2\theta}} = \frac{dt}{\sqrt{1-\operatorname{sen}^2\theta}} = \frac{dt}{\sqrt{1-t^2}}$, ainda, $\begin{cases} \theta = \frac{\pi}{2} \to t = 1 \\ \theta = 0 \to t = 0 \end{cases}$

$$F\left(\frac{1}{\sqrt{2}}\right) = \int_0^{\frac{\pi}{2}} \frac{1}{\sqrt{1-\frac{1}{2}\operatorname{sen}^2\theta}}\,d\theta = \int_0^1 \frac{1}{\sqrt{1-\frac{1}{2}t^2}} \frac{dt}{\sqrt{1-t^2}} = \sqrt{2}\int_0^1 \frac{1}{\sqrt{2-t^2}\sqrt{1-t^2}}\,dt$$

Seja agora $t^2 = u,\ 2t\,dt = du \Rightarrow dt = \frac{du}{2\sqrt{u}}$,

$$F\left(\frac{1}{\sqrt{2}}\right) = \sqrt{2}\int_0^1 \frac{1}{\sqrt{2-t^2}\sqrt{1-t^2}}\,dt = \sqrt{2}\int_0^1 \frac{1}{\sqrt{2-u}\sqrt{1-u}} \frac{du}{2\sqrt{u}}$$

$$F\left(\frac{1}{\sqrt{2}}\right) = \frac{\sqrt{2}}{2}\int_0^1 \frac{1}{\sqrt{(2-u)(1-u)u}}\,du$$

Seja $u = 1 - v,\ du = -dv$, ainda, $\begin{cases} u = 1 \to v = 0 \\ u = 0 \to v = 1 \end{cases}$

$$F\left(\frac{1}{\sqrt{2}}\right)=\frac{\sqrt{2}}{2}\int_0^1 \frac{1}{\sqrt{(2-u)(1-u)u}}du=\frac{\sqrt{2}}{2}\int_1^0 \frac{-1}{\sqrt{(1+v)v(1-v)}}dv$$

$$F\left(\frac{1}{\sqrt{2}}\right)=\frac{\sqrt{2}}{2}\int_0^1 \frac{1}{\sqrt{(1+v)v(1-v)}}dv$$

Seja $v^2=x,\ 2v\,dv=dx \Rightarrow dv=\dfrac{dx}{2\sqrt{x}}$

$$F\left(\frac{1}{\sqrt{2}}\right)=\frac{\sqrt{2}}{2}\int_0^1 \frac{1}{\sqrt{(1+v^2)v}}dv=\frac{\sqrt{2}}{2}\int_0^1 \frac{1}{\sqrt{(1+x)x^{\frac{1}{2}}}}\frac{dx}{2\sqrt{x}}$$

$$F\left(\frac{1}{\sqrt{2}}\right)=\frac{\sqrt{2}}{2}\int_0^1 \frac{1}{\sqrt{(1+v^2)v}}dv=\frac{\sqrt{2}}{4}\int_0^1 \frac{1}{\sqrt{(1+x)x^{\frac{3}{2}}}}dx$$

$$F\left(\frac{1}{\sqrt{2}}\right)=\frac{\sqrt{2}}{4}\int_0^1 (1+x)^{-\frac{1}{2}}x^{-\frac{3}{4}}dx$$

Reescrevendo em forma de função Beta,

$$F\left(\frac{1}{\sqrt{2}}\right)=\frac{\sqrt{2}}{4}\int_0^1 (1+x)^{\frac{1}{2}-1}x^{\frac{1}{4}-1}dx$$

$$F\left(\frac{1}{\sqrt{2}}\right)=\frac{\sqrt{2}}{4}\mathrm{B}\left(\frac{1}{4},\frac{1}{2}\right)$$

$$F\left(\frac{1}{\sqrt{2}}\right)=\frac{\sqrt{2}}{4}\frac{\Gamma\left(\frac{1}{4}\right)\Gamma\left(\frac{1}{2}\right)}{\Gamma\left(\frac{1}{4}+\frac{1}{2}\right)}=\frac{\sqrt{2}}{4}\frac{\Gamma\left(\frac{1}{4}\right)\sqrt{\pi}}{\Gamma\left(\frac{3}{4}\right)}$$

Lembrando que $\Gamma(z)\Gamma(1-z)=\pi\operatorname{cossec}\pi z$,

$$\Gamma\left(\frac{3}{4}\right)\Gamma\left(1-\frac{3}{4}\right)=\pi\operatorname{cossec}\frac{3\pi}{4}\Rightarrow\Gamma\left(\frac{3}{4}\right)=\frac{\pi\sqrt{2}}{\Gamma\left(\frac{1}{4}\right)},$$

Substituindo,

$$F\left(\frac{1}{\sqrt{2}}\right)=\frac{\sqrt{2}}{4}\frac{\Gamma\left(\frac{1}{4}\right)\sqrt{\pi}}{\dfrac{\pi\sqrt{2}}{\Gamma\left(\frac{1}{4}\right)}}=\frac{\Gamma^2\left(\frac{1}{4}\right)}{4\sqrt{\pi}}$$

□

h) Calcule a integral $\int_0^\theta \frac{\cos^2 x}{\sqrt{1+\cos^2 x}}dx$.

Solução:

Da relação fundamental da trigonometria,

$$\int_0^\theta \frac{\cos^2 x}{\sqrt{1+\cos^2 x}}dx = \int_0^\theta \frac{1-\operatorname{sen}^2 x}{\sqrt{2-\operatorname{sen}^2 x}}dx$$

$$\int_0^\theta \frac{\cos^2 x}{\sqrt{1+\cos^2 x}}dx = \int_0^\theta \frac{1}{\sqrt{2-\operatorname{sen}^2 x}}dx - \int_0^\theta \frac{\operatorname{sen}^2 x}{\sqrt{2-\operatorname{sen}^2 x}}dx$$

$$\int_0^\theta \frac{\cos^2 x}{\sqrt{1+\cos^2 x}}dx = \frac{1}{\sqrt{2}}\int_0^\theta \frac{1}{\sqrt{1-\frac{1}{2}\operatorname{sen}^2 x}}dx - \frac{1}{\sqrt{2}}\int_0^\theta \frac{\operatorname{sen}^2 x}{\sqrt{1-\frac{1}{2}\operatorname{sen}^2 x}}dx$$

$$\int_0^\theta \frac{\cos^2 x}{\sqrt{1+\cos^2 x}}dx = \frac{1}{\sqrt{2}}F\left(\frac{1}{\sqrt{2}},\theta\right) - \frac{1}{\sqrt{2}}\underbrace{\int_0^\theta \frac{\operatorname{sen}^2 x}{\sqrt{1-\frac{1}{2}\operatorname{sen}^2 x}}dx}_{I}$$

$$I = \int_0^\theta \frac{\operatorname{sen}^2 x}{\sqrt{1-\frac{1}{2}\operatorname{sen}^2 x}}dx = \int_0^\theta \frac{1-\frac{1}{2}\operatorname{sen}^2 x - 1 + \frac{3}{2}\operatorname{sen}^2 x}{\sqrt{1-\frac{1}{2}\operatorname{sen}^2 x}}dx$$

$$I = \int_0^\theta \frac{\operatorname{sen}^2 x}{\sqrt{1-\frac{1}{2}\operatorname{sen}^2 x}}dx = \int_0^\theta \frac{1-\frac{1}{2}\operatorname{sen}^2 x}{\sqrt{1-\frac{1}{2}\operatorname{sen}^2 x}}dx + \int_0^\theta \frac{\frac{3}{2}\operatorname{sen}^2 x - 1}{\sqrt{1-\frac{1}{2}\operatorname{sen}^2 x}}dx$$

$$I = \int_0^\theta \frac{\operatorname{sen}^2 x}{\sqrt{1+\frac{1}{2}\operatorname{sen}^2 x}}dx = \int_0^\theta \frac{\left(\sqrt{1-\frac{1}{2}\operatorname{sen}^2 x}\right)^{\not{2}}}{\cancel{\sqrt{1-\frac{1}{2}\operatorname{sen}^2 x}}}dx - \int_0^\theta \frac{1}{\sqrt{1-\frac{1}{2}\operatorname{sen}^2 x}}dx + \frac{3}{2}\int_0^\theta \frac{\operatorname{sen}^2 x - 1}{\sqrt{1-\frac{1}{2}\operatorname{sen}^2 x}}dx$$

$$I = \int_0^\theta \frac{\operatorname{sen}^2 x}{\sqrt{1-\frac{1}{2}\operatorname{sen}^2 x}}dx = \int_0^\theta \sqrt{1-\frac{1}{2}\operatorname{sen}^2 x}\,dx - \int_0^\theta \frac{1}{\sqrt{1-\frac{1}{2}\operatorname{sen}^2 x}}dx + \frac{3}{2}\int_0^\theta \frac{\operatorname{sen}^2 x}{\sqrt{1-\frac{1}{2}\operatorname{sen}^2 x}}dx$$

$$I = \int_0^\theta \frac{\operatorname{sen}^2 x}{\sqrt{1-\frac{1}{2}\operatorname{sen}^2 x}}dx = E\left(\frac{1}{\sqrt{2}},\theta\right) - F\left(\frac{1}{\sqrt{2}},\theta\right) + \frac{3}{2}I$$

$$I = 2\left[F\left(\frac{1}{\sqrt{2}},\theta\right) - E\left(\frac{1}{\sqrt{2}},\theta\right)\right]$$, substituindo,

$$\int_0^\theta \frac{\cos^2 x}{\sqrt{1+\cos^2 x}}dx = \frac{1}{\sqrt{2}}F\left(\frac{1}{\sqrt{2}},\theta\right) - \frac{1}{\sqrt{2}}I$$

$$\int_0^\theta \frac{\cos^2 x}{\sqrt{1+\cos^2 x}}dx = \frac{1}{\sqrt{2}}F\left(\frac{1}{\sqrt{2}},\theta\right) - \frac{2}{\sqrt{2}}\left[F\left(\frac{1}{\sqrt{2}},\theta\right) - E\left(\frac{1}{\sqrt{2}},\theta\right)\right]$$

$$\int_0^\theta \frac{\cos^2 x}{\sqrt{1+\cos^2 x}}dx = \frac{2}{\sqrt{2}}E\left(\frac{1}{\sqrt{2}},\theta\right) - \frac{1}{\sqrt{2}}F\left(\frac{1}{\sqrt{2}},\theta\right)$$

$$\int_0^\theta \frac{\cos^2 x}{\sqrt{1+\cos^2 x}}dx = \sqrt{2}\,E\left(\frac{1}{\sqrt{2}},\theta\right) - \frac{1}{\sqrt{2}}F\left(\frac{1}{\sqrt{2}},\theta\right)$$

16) Função Hipergeométrica

A denominação, hipergeométrica, foi atribuída pela primeira vez em 1655 por John Wallis em seu livro *Arithmetica Infinitorum*, com a intenção de denominar qualquer série cuja forma poderia ser considerada "mais que" geométrica. Em particular, Wallis se referia a uma série cujo enésimo termo pode ser representado por,

$$a(a+b)(a+2b)\ldots(a+(n-1)b)$$

Séries compostas por elementos como os acima, introduzidos por Wallis, foram estudadas por Euler que foi capaz de encontrar relações e comportamentos notáveis dessa série,

$$1+\frac{\alpha\beta}{1.\gamma}x+\frac{\alpha(\alpha+1)\beta(\beta+1)}{1.2.\gamma(\gamma+1)}x^2+\frac{\alpha(\alpha+1)(\alpha+2)\beta(\beta+1)(\beta+2)}{1.2.3.\gamma(\gamma+1)(\gamma+2)}x^3+\ldots$$

Em 1770, Vandermonde utilizando a série, apresentou o seu teorema sobre a extensão do teorema binomial seguido por outros matemáticos que se dedicaram a seguir no mesmo caminho. Finalmente em 1822, Gauss, apresentou sua tese, *Disquisitiones Generales circa Seriem Infinitam*, apresentou a definição da série e sua notação atual, ${}_2F_1[a,b;c;z]$, além de diversas outras relações e teoremas. No ano de 1836, Kummer, deu a exclusividade do termo hipergeométrico à série em questão e mostrou que a mesma podia representar cada uma das 24 soluções para a equação diferencial homogenia de 2ª ordem, com singularidades nos pontos 0, 1 e ∞, agora denominada de equação diferencial hipergeométrica,

$$z(1-z)\frac{d^2w}{dz^2}+[c-(a+b+1)z]\frac{dw}{dz}-ab\,w=0$$

onde a, b, c e z são parâmetros da série hipergeométrica

Em 1857, Riemann conseguiu mostrar que qualquer equação diferencial de segunda ordem, com três singularidades regulares, pode ser convertida para uma equação diferencial hipergeométrica por meio de uma mudança de variáveis. O trabalho de Riemann foi aplicado ao de Kummer, o que possibilitou um estudo aprofundado sobre as relações entre as soluções da equação diferencial hipergeométrica.

De outro lado, se deu continuidade ao trabalho de Euler, de representar a função hipergeométrica por meio de uma integral, buscando uma representação em termos de integrais de contorno por Pincherle, Mellin e Barnes, que em 1907 publicou uma integral de contorno capaz de representar as 24 funções (soluções da equação diferencial hipergeométrica) de Kummer e em 1910 foi capaz de reescrever o teorema de Gauss também na forma de uma integral.

A série abordada por nós, quando é convergente, passa a se chamar Função Hipergeométrica de Gauss e é definida em função de três parâmetros, dois no denominador (a e b) e um no denominador (c) e do parâmetro variável (z). O estabelecimento da convergência da série está baseado no Teste da Razão, onde é fácil vermos que para t_k o enésimo termo da série e t_{k+1} o enésimo mais um, termo da série hipergeométrica, temos,

Para $\lim_{k\to\infty}\left|\frac{t_{k+1}}{t_k}\right|<1$ a série será convergente, assim,

$$t_{k+1}=\frac{(a)_{k+1}(b)_{k+1}}{(c)_{k+1}}\frac{z^{k+1}}{(k+1)!}=\frac{(a)_k(a+k)(b)_k(b+k)}{(c)_k(c+k)}\frac{z^k}{k!(k+1)}z$$

$$t_{k+1}=\underbrace{\frac{(a)_k(b)_k}{(c)_k}\frac{z^k}{k!}}_{t_k}\frac{(a+k)(b+k)}{(k+1)(c+k)}z=t_k\frac{(a+k)(b+k)}{(k+1)(c+k)}z$$

$$\lim_{k\to\infty}\left|\frac{t_{k+1}}{t_k}\right|=\lim_{k\to\infty}\left|\frac{(a+k)(b+k)}{(k+1)(c+k)}z\right|=\lim_{k\to\infty}\left|\frac{\not{k}\left(\frac{a}{k}+1\right)\left(\frac{b}{k}+1\right)}{\not{k}\left(1+\frac{1}{k}\right)\left(\frac{c}{k}+1\right)}z\right|=|z|$$

Assim, sabemos que para $|z|<1$, a série é convergente, já para $|z|=1$, o Teste da Razão nada nos permite afirmar, no entanto, o critério de Raabe pode nos levar a uma conclusão,

<u>Critério de Raabe</u> – Seja $\sum_{n=0}^{\infty}a_n$ uma série de termos positivos e vamos supor ainda, existente (finito ou infinito) o limite,

$$\lim_{n\to\infty}n\left(1-\frac{a_{n+1}}{a_n}\right)=L$$

Temos,

i) $L>1$ ou $L=\infty\Rightarrow\sum_{n=0}^{\infty}a_n$ convergente;

ii) $L<1$ ou $L=-\infty\Rightarrow\sum_{n=0}^{\infty}a_n$ diverge;

iii) $L=1$, nada podemos afirmar.

Assim, temos, para $|z|=1$,

$$\lim_{k\to\infty}k\left(1-\frac{t_{k+1}}{t_k}\right)=\lim_{k\to\infty}k\left(1-\frac{(a+k)(b+k)}{(k+1)(c+k)}\right)=\lim_{k\to\infty}k\left(\frac{(k+1)(c+k)-(a+k)(b+k)}{(k+1)(c+k)}\right)$$

$$\lim_{k\to\infty}k\left(1-\frac{t_{k+1}}{t_k}\right)=\lim_{k\to\infty}k\left(\frac{k(c-a-b+1)+c-ab}{k^2+k(c+1)+c}\right)=\lim_{k\to\infty}\left(\frac{k^2(c-a-b+1)+k(c-ab)}{k^2+k(c+1)+c}\right)$$

$$\lim_{k\to\infty}k\left(1-\frac{t_{k+1}}{t_k}\right)=\lim_{k\to\infty}\left(\frac{\frac{1}{\not{k^2}}}{\frac{1}{\not{k^2}}}\frac{(c-a-b+1)+\frac{1}{k}(c-ab)}{1+\frac{1}{k}(c+1)+\frac{c}{k^2}}\right)=c-a-b+1,\text{ por tanto,}$$

Para $|z|=1$, a série converge se $c-a-b+1>1\Rightarrow c>a+b$, ou melhor, $\operatorname{Re}(c-a-b)>0$.
Estamos prontos agora para definir,

Função Hipergeométrica de Gauss - Seja $z \in \mathbb{C}$; $|z| < 1$, sejam a, b e c números complexos tais que $c \notin \mathbb{Z}^-$ denominamos série hipergeométrica de Gauss a série infinita,

$$\text{I)} \quad {}_2F_1[a,b;c;z] = {}_2F_1\begin{bmatrix} a & b & \\ c & & z \end{bmatrix} = F(a,b;c;z) = \sum_{k=0}^{\infty} \frac{(a)_k (b)_k}{(c)_k} \frac{z^k}{k!}$$ [102]

onde,

$(a)_k = a(a+1)(a+2)\ \ldots\ (a+k-1)$ é o símbolo de Pochhammer,

Expandindo,

$${}_2F_1[a,b;c;z] = 1 + \frac{a.b}{c}\frac{z^1}{1!} + \frac{a(a+1).b(b+1)}{c(c+1)}\frac{z^2}{2!} + \ldots + \frac{a(a+1)(a+2)\ldots(a+n-1).b(b+1)(b+2)\ldots(b+n-1)}{c(c+1)(c+2)\ldots(c+n-1)}\frac{z^n}{n!} + \ldots$$

Se a ou b forem inteiros negativos, a série será finita, ou melhor, terá um número finito de termos, se tornando na verdade um polinômio. Prova-se ainda que a função hipergeométrica é analítica em a, b e c, exceto nos polos simples em $c = 0, -1, -2, -3, \ldots$.

Uma função hipergeométrica ou a razão entre duas funções hipergeométricas pode representar a maioria das funções elementares conhecidas, na verdade, a maior parte das funções não-elementares que surgem tanto na matemática como na física, possuem representação em termos de função hipergeométrica. Exemplos,

- $\dfrac{1}{1-z} = {}_2F_1[1,b;b;z]$, Série Geométrica;
- $\dfrac{1}{(1-z)^2} = {}_2F_1[2,b;b;z]$;
- $(1+z)^a = {}_2F_1[-a,b;b;-z]$;
- $\ln(1-z) = -z\ {}_2F_1[1,1;2;z]$;
- $\ln\left(\dfrac{1+z}{1-z}\right) = 2z\ {}_2F_1\left[\dfrac{1}{2},1;\dfrac{3}{2};z^2\right]$;
- $\operatorname{sen} nz = n \operatorname{sen} z\ {}_2F_1\left[\dfrac{1+n}{2},\dfrac{1-n}{2};\dfrac{3}{2};\operatorname{sen}^2 z\right]$;
- $\cos nz = {}_2F_1\left[\dfrac{n}{2},-\dfrac{n}{2};\dfrac{1}{2};\operatorname{sen}^2 z\right]$
- $\operatorname{sen}^{-1} z = z\ {}_2F_1\left(\dfrac{1}{2},\dfrac{1}{2};\dfrac{3}{2},z^2\right)$;
- $\operatorname{tg}^{-1} z = z\ {}_2F_1\left(\dfrac{1}{2},1;\dfrac{3}{2},-z^2\right)$;

[102] Vale mencionar que o "2" sobescrito anterior a letra F, representa o número de parâmetros no numerador (a e b) e o "1" sobescrito posterior ao F, representa o número de parâmetros no denominador do termo geral. A definição mostra ainda algumas das representações usuais, no caso, a primeira do próprio Gauss, a segunda de Appell (1926) e a terceira de Bailey (1935), neste texto, no entanto, optaremos pela primeira forma.

- $e^z = \lim_{b\to\infty} {}_2F_1\left[1,b;1;\frac{z}{b}\right]$;
- $K(z) = \frac{\pi}{2}\,{}_2F_1\left[\frac{1}{2},\frac{1}{2};1;z^2\right]$, integral elíptica completa de 1ª ordem;
- $E(z) = \frac{\pi}{2}\,{}_2F_1\left[-\frac{1}{2},\frac{1}{2};1;z^2\right]$, integral elíptica completa de 2ª ordem;
- Etc. ...

Alterando os parâmetros, podemos escrever, por exemplo,

- $(1-z)^{-a} = {}_1F_0\left[a,-;z\right]$
- $\operatorname{sen} z = z\,{}_0F_1\left[-;\frac{3}{2};-\frac{z^2}{4}\right]$;
- $\cos z = {}_0F_1\left[-;\frac{1}{2};-\frac{z^2}{4}\right]$;
- $e^z = {}_0F_0\left[-;\frac{1}{-};z\right]$;

Relações Elementares

II) As funções hipergeométricas são simétricas em relação aos parâmetros de seu numerador,

$${}_2F_1[a,b;c;z] = {}_2F_1[b,a;c;z]$$

III) Funções Contíguas

Dada a função ${}_2F_1[a,b;c;z]$, são ditas contíguas a ela, as 6 funções, ${}_2F_1[a\pm1,b;c;z]$, ${}_2F_1[a,b\pm1;c;z]$ e ${}_2F_1[a,b;c\pm1;z]$ que por uma questão de simplicidade serão notadas por F , $F[a\pm1]$, $F[b\pm1]$ e $F[c\pm1]$. Gauss mostrou que uma função ${}_2F_1[a,b;c;z]$ pode ser escrita como uma combinação linear (com coeficientes racionais dados em função de *a*, *b* e *c*) de duas quaisquer funções contíguas a ela. Dentre as 15 possíveis relações, apenas 4 são independentes. São as 15 combinações[103],

a) $[c-2a-(b-a)z]F + a(1-z)F(a+1) - (c-a)F(a-1) = 0$;
b) $(b-a)F + aF(a+1) - bF(b+1) = 0$ ou $(b-a)F = bF(b+1) - aF(a+1)$;
c) $(c-a-b)F + a(1-z)F(a+1) - (c-b)F(b-1) = 0$;
d) $c[a-(c-b)z]F - ac(1-z)F(a+1) + (c-a)(c-b)zF(c+1) = 0$;
e) $(c-a-1)F + aF(a+1) - (c-1)F(c-1) = 0$ ou $(c-1-a)F = (c-1)F(c-1) - aF(a+1)$;
f) $(c-a-b)F - (c-a)F(a-1) + b(1-z)F(b+1) = 0$;
g) $(b-a)(1-z)F - (c-a)F(a-1) + (c-b)F(b-1) = 0$;
h) $c(1-z)F - cF(a-1) + (c-b)zF(c+1) = 0$;
i) $[a-1-(c-b-1)z]F + (c-a)F(a-1) - (c-1)(1-z)F(c-1) = 0$;
j) $[c-2b+(b-a)z]F + b(1-z)F(b+1) - (c-b)F(b-1) = 0$;

103 De acordo com a disposição de Bateman, Harry. "Higher Transcendental Functions". McGraw-Hill Book Company, INC. 1953, vol.1.

k) $c\left[b-(c-a)z\right]F-bc(1-z)F(b+1)+(c-a)(c-b)zF(c+1)=0$;

l) $(c-b-1)F+bF(b+1)-(c-1)F(c-1)=0$ ou $(c-1-b)F=(c-1)F(c-1)-bF(b+1)$;

m) $c(1-z)F-cF(b-1)+(c-a)F(c+1)=0$;

n) $\left[b-1-(c-a-1)z\right]F+(c-b)F(b-1)-(c-1)(1-z)F(c-1)=0$;

o) $c\left[c-1-(2c-a-b-1)z\right]F+(c-a)(c-b)zF(c+1)-c(c-1)(1-z)F(c-1)=0$.

Representação da Função Hipergeométrica como Integral[104] – Euler (1748)

"Seja a função hipergeométrica ${}_2F_1[a,b;c;z]$ com $\operatorname{Re}(c)>\operatorname{Re}(b)>0$, então podemos escrever,

$$\text{IV)}\quad \boxed{{}_2F_1[a,b;c;z]=\frac{\Gamma(c)}{\Gamma(b)\Gamma(c-b)}\int_0^1 t^{b-1}(1-t)^{c-b-1}(1-zt)^{-a}\,dt}$$

no plano z cortado ao longo do eixo real de 1 até o infinito, onde se entende que $\arg t=\arg(1-t)=0$ e $(1-zt)^{-a}$ assume seu valor principal."

(As restrições garantem que t e $(1-t)$ sejam reais e $(1-zt)^{-a}$ tenda a 1 quanto t tender a 0 de modo que o integrando seja uma função unária).

Demonstração:

Da propriedade,

$\Gamma(a+n)=(a)_n\,\Gamma(a)$, por tanto, $(a)_n=\dfrac{\Gamma(a+n)}{\Gamma(a)}$, assim,

$${}_2F_1[a,b;c;z]=\sum_{k=0}^{\infty}\frac{(a)_k(b)_k}{(c)_k}\frac{z^k}{k!}=\sum_{k=0}^{\infty}(a)_k\frac{\Gamma(b+k)}{\Gamma(b)}\frac{\Gamma(c)}{\Gamma(c+k)}\frac{z^k}{k!}=\sum_{k=0}^{\infty}(a)_k\frac{\Gamma(b+k)}{\Gamma(b)}\frac{\Gamma(c-b)}{\Gamma(c-b)}\frac{\Gamma(c)}{\Gamma(c+k)}\frac{z^k}{k!}$$

Da função Beta, temos,

$\mathrm{B}(m,n)=\dfrac{\Gamma(m)\Gamma(n)}{\Gamma(m+n)}$, assim,

$\mathrm{B}(b,c-b)=\dfrac{\Gamma(b)\Gamma(c-b)}{\Gamma(c)}$, substituindo,

$${}_2F_1[a,b;c;z]=\sum_{k=0}^{\infty}(a)_k\frac{\Gamma(b+k)}{\Gamma(b)}\frac{\Gamma(c-b)}{\Gamma(c-b)}\frac{\Gamma(c)}{\Gamma(c+k)}\frac{z^k}{k!}=\frac{\Gamma(c)}{\Gamma(b)\Gamma(c-b)}\sum_{k=0}^{\infty}(a)_k\frac{\Gamma(b+k)\Gamma(c-b)}{\Gamma(b+c+k-b)}\frac{z^k}{k!}$$

[104] A integral também é conhecida como integral de Pochammer.

$$ {}_2F_1[a,b;c;z]=\frac{\Gamma(c)}{\Gamma(b)\Gamma(c-b)}\sum_{k=0}^{\infty}(a)_k\frac{\Gamma(b+k)\Gamma(c-b)}{\Gamma(b+k+c-b)}\frac{z^k}{k!}=\frac{\Gamma(c)}{\Gamma(b)\Gamma(c-b)}\sum_{k=0}^{\infty}(a)_k \mathrm{B}(b+k,c-b)\frac{z^k}{k!} $$

$$ {}_2F_1[a,b;c;z]=\frac{\Gamma(c)}{\Gamma(b)\Gamma(c-b)}\sum_{k=0}^{\infty}(a)_k\int_0^1 t^{b+k-1}(1-t)^{c-b-1}\,dt\frac{z^k}{k!}, $$

Vamos provar que $\sum_{k=0}^{\infty}(a)_k\frac{z^k}{k!}=(1-z)^{-a}$ (I)

Partindo do 2º membro:

$$ (1-z)^{-a}=\binom{-a}{0}(-z)^0+\binom{-a}{1}(-z)^1+\binom{-a}{2}(-z)^2+\ldots=1+az+\frac{(-a)(-a-1)}{2!}z^2+\ldots $$

$$ (1-z)^{-a}=1+az+\frac{a(a+1)}{2!}z^2+\frac{a(a+1)(a+2)}{3!}z^3+\ldots=\sum_{k=0}^{\infty}\frac{(a)_k}{k!}z^k $$

□

Continuando,

$$ {}_2F_1[a,b;c;z]=\frac{\Gamma(c)}{\Gamma(b)\Gamma(c-b)}\sum_{k=0}^{\infty}(a)_k\int_0^1 t^{b-1}t^k(1-t)^{c-b-1}\,dt\frac{z^k}{k!} $$

$$ {}_2F_1[a,b;c;z]=\frac{\Gamma(c)}{\Gamma(b)\Gamma(c-b)}\int_0^1 t^{b-1}(1-t)^{c-b-1}\sum_{k=0}^{\infty}(a)_k\frac{(tz)^k}{k!}\,dt \text{, substituindo (I)} $$

$$ {}_2F_1[a,b;c;z]=\frac{\Gamma(c)}{\Gamma(b)\Gamma(c-b)}\int_0^1 t^{b-1}(1-t)^{c-b-1}(1-tz)^{-a}\,dt $$

□

Vale observar que a simetria entre os parâmetros do numerador não é evidente na integral de Euler, no entanto, em 1937, Erdélyi[105] apresentou uma integral dupla em cujo formato ficava clara a simetria dos parâmetros.

V) $$ {}_2F_1[a,b;c;z]=\frac{\Gamma^2(c)}{\Gamma(a)\Gamma(b)\Gamma(c-a)\Gamma(c-b)}\int_0^1\int_0^1 t^{b-1}s^{a-1}(1-t)^{c-b-1}(1-s)^{c-a-1}(1-stx)^{-c}\,dt\,ds \text{ , Erdélyi (1937)} $$

[105] Arthur Erdélyi (1908-1977) matemático húngaro recomendado por Whittaker para organizar e publicar os manuscritos de Harry Bateman.

Derivando a Função Hipergeométrica

Teorema: Seja a função hipergeométrica ${}_2F_1\left[a,b;c;z\right]$ temos que

$$\text{VI)}\quad \frac{d}{dz}\,{}_2F_1\left[a,b;c;z\right]=\frac{ab}{c}\,{}_2F_1\left[a+1,b+1;c+1;z\right]$$

Demonstração:

Seja a função ${}_2F_1\left[a,b;c;z\right]=\sum_{k=0}^{\infty}\frac{(a)_k(b)_k}{(c)_k}\frac{z^k}{k!}$, temos,

$$\frac{d}{dz}\,{}_2F_1\left[a,b;c;z\right]=\sum_{k=0}^{\infty}\frac{(a)_k(b)_k}{(c)_k}\frac{k\,z^{k-1}}{k!}=\sum_{k=1}^{\infty}\frac{(a)_k(b)_k}{(c)_k}\frac{\cancel{k}\,z^{k-1}}{\cancel{k}(k-1)!}$$

Mudando os parâmetros do somatório,

Seja $m=k-1$, assim,

$$\frac{d}{dz}\,{}_2F_1\left[a,b;c;z\right]=\sum_{k=1}^{\infty}\frac{(a)_k(b)_k}{(c)_k}\frac{\cancel{k}\,z^{k-1}}{\cancel{k}(k-1)!}=\sum_{m=0}^{\infty}\frac{(a)_{m+1}(b)_{m+1}}{(c)_{m+1}}\frac{z^m}{m!}$$

$$\frac{d}{dz}\,{}_2F_1\left[a,b;c;z\right]=\sum_{m=0}^{\infty}\frac{a(a)_m\,b(b)_m}{c(c)_m}\frac{z^m}{m!}=\frac{ab}{c}\sum_{m=0}^{\infty}\frac{(a)_m(b)_m}{(c)_m}\frac{z^m}{m!}={}_2F_1\left[a+1,b+1;c+1;z\right]$$

□

De modo recorrente podemos provar que,

$$\text{VII)}\quad \frac{d^n}{dz^n}\,{}_2F_1\left[a,b;c;z\right]=\frac{(a)_n(b)_n}{(c)_n}\,{}_2F_1\left[a+n,b+n;c+n;z\right]$$

Muitas expressões da função hipergeométrica calculadas para valores particulares de z foram encontradas ao longo dos anos, é possível encontrarmos um verdadeiro guia[106] a esse respeito escrito pelo matemático britânico Wilfred N. Bailey[107], além de suas próprias contribuições para o assunto.

Teorema de Gauss (1812) – "Seja ${}_2F_1\left[a,b;c;z\right]$ uma função hipergeométrica tal que, $\operatorname{Re}(c-a-b)>0$, temos,

$$\text{VIII)}\quad {}_2F_1\left[a,b;c;1\right]=\frac{\Gamma(c)\Gamma(c-a-b)}{\Gamma(c-a)\Gamma(c-b)}$$ "

[106] Bailey, W. N. . "Generalized Hypergeometric Series". Cambridge University Press, Cambridge, 1935.

[107] Wilfrid Norman Bailey (1893-1961) Matemático inglês cujas contribuições enriqueceram o estudo das funções hipergeométricas.

Demonstração:

Nas condições da integral de Euler temos que,

$${}_2F_1[a,b;c;z]=\frac{\Gamma(c)}{\Gamma(b)\Gamma(c-b)}\int_0^1 t^{b-1}(1-t)^{c-b-1}(1-zt)^{-a}\,dt \text{, para } z\to 1^-,$$

$${}_2F_1[a,b;c;z]=\frac{\Gamma(c)}{\Gamma(b)\Gamma(c-b)}\int_0^1 t^{b-1}(1-t)^{c-b-1}(1-t)^{-a}\,dt$$

$${}_2F_1[a,b;c;z]=\frac{\Gamma(c)}{\Gamma(b)\Gamma(c-b)}\int_0^1 t^{b-1}(1-t)^{c-a-b-1}\,dt,$$

Lembrando que, $\mathrm{B}(m,n)=\int_0^1 t^{m-1}(1-t)^{n-1}\,dt$, substituindo,

$${}_2F_1[a,b;c;z]=\frac{\Gamma(c)}{\Gamma(b)\Gamma(c-b)}\mathrm{B}(b,c-a-b)$$

Ainda, $\mathrm{B}(m,n)=\dfrac{\Gamma(m)\Gamma(n)}{\Gamma(m+n)}$, assim,

$${}_2F_1[a,b;c;z]=\frac{\Gamma(c)}{\Gamma(b)\Gamma(c-b)}\frac{\Gamma(b)\Gamma(c-a-b)}{\Gamma(c-a)}$$

$${}_2F_1[a,b;c;1]=\frac{\Gamma(c)\Gamma(c-a-b)}{\Gamma(c-a)\Gamma(c-b)}$$

□

Para as vezes em que o valor de b é negativo, $b=-n$, utilizamos um caso especial do Teorema de Gauss conhecido como Teorema de Vandermonde.

Teorema de Vandermonde – "Seja dada a função hipergeométrica ${}_2F_1[a,b;c;z]$, para z = 1 e $b=-n,\ n\in\mathbb{N}$, temos,

IX) $${}_2F_1[a,-n;c;1]=\frac{(c-a)_n}{(c)_n}$$ "

Demonstração:

Do teorema de Gauss,

$${}_2F_1[a,-n;c;1]=\frac{\Gamma(c)\Gamma(c-a+n)}{\Gamma(c-a)\Gamma(c+n)}$$

$${}_2F_1[a,-n;c;1]=\frac{\Gamma(c-a+n)}{\Gamma(c-a)}\frac{\Gamma(c)}{\Gamma(c+n)}$$

Da identidade $(a)_n = \dfrac{\Gamma(a+n)}{\Gamma(a)}$,

$${}_2F_1[a,-n;c;1] = \frac{(c-a)_n}{(c)_n}$$

□

X) Teorema (Rainville[108]) Seja $\operatorname{Re}(b) > 0$ e $n \in \mathbb{Z}^+$, então,

$${}_2F_1\left[-\frac{n}{2}, \frac{1-n}{2}; b+\frac{1}{2}; 1\right] = \frac{2^n (b)_n}{(2b)_n}$$

Demonstração:

Aplicando o teorema de Gauss para os parâmetros da função,

$${}_2F_1\left[-\frac{n}{2}, \frac{1-n}{2}; b+\frac{1}{2}; 1\right] = \frac{\Gamma\left(b+\frac{1}{2}\right)\Gamma\left(b+\frac{1}{2}+\frac{n}{2}-\frac{1-n}{2}\right)}{\Gamma\left(b+\frac{1}{2}+\frac{n}{2}\right)\Gamma\left(b+\frac{1}{2}-\frac{1-n}{2}\right)}$$

$${}_2F_1\left[-\frac{n}{2}, \frac{1-n}{2}; b+\frac{1}{2}; 1\right] = \frac{\Gamma\left(b+\frac{1}{2}\right)\Gamma(b+n)}{\Gamma\left(b+\frac{1}{2}+\frac{n}{2}\right)\Gamma\left(b+\frac{n}{2}\right)}$$

$${}_2F_1\left[-\frac{n}{2}, \frac{1-n}{2}; b+\frac{1}{2}; 1\right] = \frac{\Gamma\left(b+\frac{1}{2}\right)(b)_n\Gamma(b)}{\Gamma\left(b+\frac{1}{2}+\frac{n}{2}\right)\Gamma\left(b+\frac{n}{2}\right)}$$

Da forma de duplicação de Legendre sabemos que,

$\Gamma(b)\Gamma\left(b+\frac{1}{2}\right) = 2^{1-2b}\sqrt{\pi}\,\Gamma(2b)$, ainda,

$\Gamma\left(b+\frac{n}{2}\right)\Gamma\left(b+\frac{n}{2}+\frac{1}{2}\right) = 2^{1-2b-n}\sqrt{\pi}\,\Gamma(2b+n)$, substituindo,

$${}_2F_1\left[-\frac{n}{2}, \frac{1-n}{2}; b+\frac{1}{2}; 1\right] = \frac{(b)_n\Gamma(b)\Gamma\left(b+\frac{1}{2}\right)}{\Gamma\left(b+\frac{n}{2}\right)\Gamma\left(b+\frac{n}{2}+\frac{1}{2}\right)} = \frac{(b)_n 2^{1-2b}\sqrt{\pi}\,\Gamma(2b)}{2^{1-2b-n}\sqrt{\pi}\,\Gamma(2b+n)}$$

[108] Rainville, Earl D. . "Special Functions". The Macmillan Company, New York 1960, pg.49, example.

$$ {}_2F_1\left[-\frac{n}{2},\frac{1-n}{2};\,b+\frac{1}{2};\,1\right]=2^n(b)_n\frac{\Gamma(2b)}{\Gamma(2b+n)}=\frac{2^n(b)_n}{(2b)_n} $$

□

Vamos ver agora o caso em que $z = -1$,

<u>Teorema de Kummer</u> - Seja a função hipergeométrica ${}_2F_1[a,b;c;z]$, para $z = -1$, $\mathrm{Re}(b)<1$, $b-a\neq -1, -2, -3, \ldots$. Temos,

XI) $$ {}_2F_1[a,b;1+b-a;-1]=\frac{\Gamma(1+b-a)\Gamma\left(1+\frac{b}{2}\right)}{\Gamma(1+b)\Gamma\left(1+\frac{b}{2}-a\right)} $$

Demonstração:

Da integral de Euler,

$$ {}_2F_1[a,b;c;z]=\frac{\Gamma(c)}{\Gamma(b)\Gamma(c-b)}\int_0^1 t^{b-1}(1-t)^{c-b-1}(1-zt)^{-a}\,dt $$

$$ {}_2F_1[a,b;1+b-a;-1]=\frac{\Gamma(b-a+1)}{\Gamma(b)\Gamma(1-a)}\int_0^1 t^{b-1}(1-t)^{-a}(1+t)^{-a}\,dt $$

$$ {}_2F_1[a,b;1+b-a;-1]=\frac{\Gamma(b-a+1)}{\Gamma(b)\Gamma(1-a)}\int_0^1 t^{b-1}\left(1-t^2\right)^{-a}\,dt $$

Seja $u=t^2$, $du=2t\,dt$,

$$ {}_2F_1[a,b;1+b-a;-1]=\frac{\Gamma(b-a+1)}{\Gamma(b)\Gamma(1-a)}\int_0^1 u^{\frac{b-1}{2}}(1-u)^{-a}\frac{du}{2t} $$

$$ {}_2F_1[a,b;1+b-a;-1]=\frac{\Gamma(b-a+1)}{\Gamma(b)\Gamma(1-a)}\frac{1}{2}\int_0^1 u^{\frac{b}{2}-1}(1-u)^{1-a-1}\,du $$

$$ {}_2F_1[a,b;1+b-a;-1]=\frac{\Gamma(b-a+1)}{\Gamma(b)\Gamma(1-a)}\frac{1}{2}\mathrm{B}\left(\frac{b}{2},1-a\right) $$

$$ {}_2F_1[a,b;1+b-a;-1]=\frac{\Gamma(b-a+1)}{\Gamma(b)\cancel{\Gamma(1-a)}}\frac{1}{2}\frac{\Gamma\left(\frac{b}{2}\right)\cancel{\Gamma(1-a)}}{\Gamma\left(1+\frac{b}{2}-a\right)} $$

$${}_2F_1[a,b;1+b-a;-1]=\frac{\Gamma(b-a+1)}{\Gamma\left(1+\frac{b}{2}-a\right)}\frac{\Gamma\left(\frac{b}{2}\right)}{2\Gamma(b)}$$

Da relação, $\frac{\Gamma(1+b)}{\Gamma(b)}=\frac{2\Gamma\left(1+\frac{b}{2}\right)}{\Gamma\left(\frac{b}{2}\right)}$,

$$\frac{\Gamma(1+b)}{\Gamma(b)}=\frac{2\Gamma\left(1+\frac{b}{2}\right)}{\Gamma\left(\frac{b}{2}\right)}\Rightarrow\frac{\Gamma\left(\frac{b}{2}\right)}{2\Gamma(b)}=\frac{\Gamma\left(1+\frac{b}{2}\right)}{\Gamma(1+b)}$$, substituindo,

$${}_2F_1[a,b;1+b-a;-1]=\frac{\Gamma(b-a+1)}{\Gamma\left(1+\frac{b}{2}-a\right)}\frac{\Gamma\left(1+\frac{b}{2}\right)}{\Gamma(1+b)}$$

$${}_2F_1[a,b;1+b-a;-1]=\frac{\Gamma(1+b-a)\Gamma\left(1+\frac{b}{2}\right)}{\Gamma(1+b)\Gamma\left(1+\frac{b}{2}-a\right)}$$

□

Identidade de Kummer – Para n inteiro, temos,

XII) $${}_2F_1[-2n,b;1-2n-b;-1]=\frac{(b)_n(2n)!}{n!(b)_{2n}}$$

Demonstração:

Temos que,

$$\sum_{n=0}^{\infty}(1-x)^{-b}=\binom{-b}{n}(-x)^n=\frac{(b)_n}{n!}(-x)^n$$

$$\sum_{k=0}^{\infty}(1+x)^{-b}=\binom{-b}{k}(x)^k=\frac{(b)_k}{k!}(x)^k$$

Da identidade, $(1-x)^{-b}(1+x)^{-b}=(1-x^2)^{-b}$

$$\sum_{n=0}^{\infty}\sum_{k=0}^{\infty}(1+x)^{-b}(1-x)^{-b}=\sum_{n=0}^{\infty}\frac{(b)_n}{n!}(x)^{2n}$$

$$\sum_{n=0}^{\infty}\sum_{k=0}^{\infty}\binom{-b}{n}(x)^n\binom{-b}{k}(-x)^k=\sum_{n=0}^{\infty}\frac{(b)_n}{n!}(x)^{2n}$$

$$\sum_{n=0}^{\infty}\sum_{k=0}^{\infty}\frac{(b)_n}{n!}(x)^n\frac{(b)_k}{k!}(-x)^k=\sum_{n=0}^{\infty}\frac{(b)_n}{n!}(x)^{2n}$$

Da propriedade de manipulação de séries[109],

$\sum_{n=0}^{\infty}\sum_{k=0}^{\infty}F(k,n)=\sum_{n=0}^{\infty}\sum_{k=0}^{n}F(k,n-k)$, segue,

$$\sum_{n=0}^{\infty}\sum_{k=0}^{n}\frac{(b)_{n-k}(x)^n}{(n-k)!}\frac{(b)_k(-1)^k}{k!}=\sum_{n=0}^{\infty}\frac{(b)_n(x)^{2n}}{n!}$$

Igualando os coeficientes de x^{2n},

$$\sum_{k=0}^{2n}\frac{(b)_{2n-k}}{(2n-k)!}\frac{(b)_k(-1)^k}{k!}=\frac{(b)_n}{n!}$$

Utilizando as identidades,

$$(a)_{n-k}=\frac{(-1)^k(a)_n}{(1-a-n)_k} \text{ e } (-n)_k=\frac{(-1)^k n!}{(n-k)!}$$

$$\sum_{k=0}^{2n}\frac{(2n)!}{(b)_{2n}}\frac{(b)_{2n-k}}{(2n-k)!}\frac{(b)_k(-1)^k}{k!}=\frac{(b)_n}{n!}\frac{(2n)!}{(b)_{2n}}$$

$$\sum_{k=0}^{2n}\frac{(-2n)_k}{\cancel{(b)_{2n}}}\frac{\cancel{(b)_{2n}}}{(1-b-2n)_k}\frac{(b)_k(-1)^k}{k!}=\frac{(b)_n}{n!}\frac{(2n)!}{(b)_{2n}}$$

$${}_2F_1[-2n,b;1-2n-b;-1]=\frac{(b)_n(2n)!}{n!(b)_{2n}}$$

□

[109] Rainville, Earl D. . "Special Functions". The Macmillan Company, New York, 1960, pg.56.

APÊNDICE

A) Funções Hiperbólicas

As funções trigonométricas estão definidas em função da medida de um ângulo associado a um ponto tomado sobre a circunferência trigonométrica, ao substituirmos a circunferência trigonométrica por um ramo de hipérbole de equação $x^2 - y^2 = 1$, tal que $x \geq 1$, redefiniremos essas funções, mas notaremos semelhanças importantes entre elas.

A primeira coisa que observamos é que para um mesmo ângulo, θ , tanto do setor circular, quanto do setor hiperbólico, as áreas de ambos os setores serão iguais entre si e iguais a $\frac{\theta}{2}$ unidades de área.

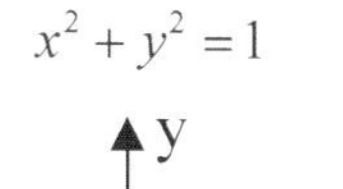

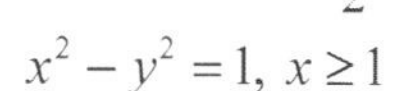

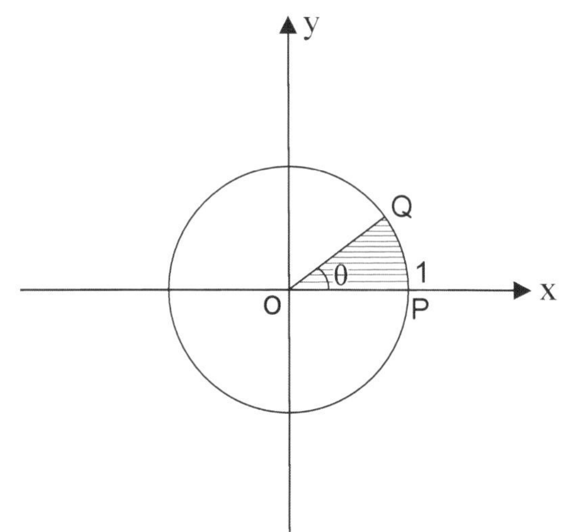

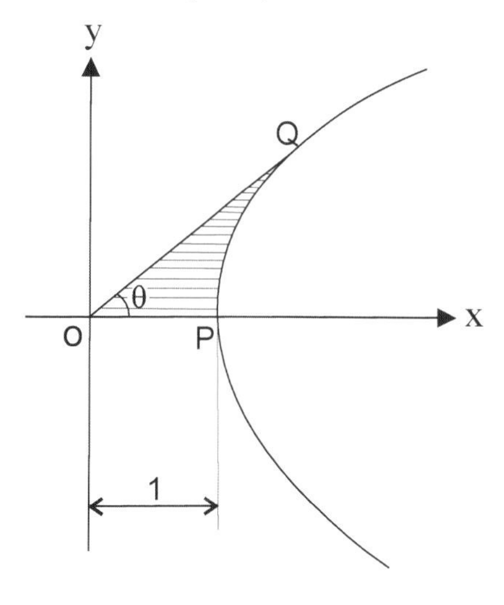

A demonstração dessa propriedade será vista nos exercícios, vamos as definições:

Seja Q um ponto do ramo da hipérbole, $x^2 - y^2 = 1$, tal que $x \geq 1$, e θ o ângulo do setor hiperbólico mostrado na figura ao lado, definimos:

Cosseno hiperbólico de θ : $\cosh\theta = OP$

Seno hiperbólico de θ : $\operatorname{senh}\theta = PQ$

Tangente hiperbólica de θ : $\operatorname{tgh}\theta = AB$

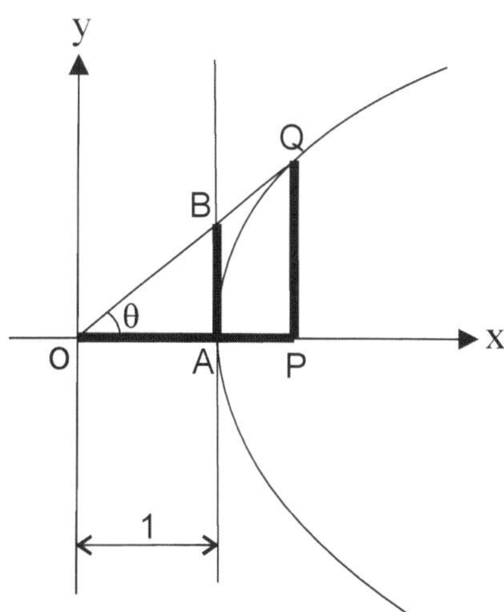

Como o ponto Q é um ponto da hipérbole em questão, podemos escrever

$Q \in H \Leftrightarrow Q(x, y) = Q(\cosh x, \operatorname{senh} x)$, por tanto,

$$\cosh^2 x - \operatorname{senh}^2 x = 1$$

Fórmulas para o Cálculo das Identidades Hiperbólicas:

$$\cosh x = \frac{e^x + e^{-x}}{2}$$

$$\operatorname{senh} x = \frac{e^x - e^{-x}}{2}$$

$$\operatorname{tgh} x = \frac{e^x - e^{-x}}{e^x + e^{-x}}$$

note que $\begin{cases} \operatorname{senh}(-x) = -\operatorname{senh} x \\ \cosh(-x) = \cosh x \end{cases}$

Definimos ainda,

$$\operatorname{sech} x = \frac{2}{e^x + e^{-x}}$$

$$\operatorname{cossech} x = \frac{2}{e^x - e^{-x}}$$

$$\operatorname{cotgh} x = \frac{\cosh x}{\operatorname{senh} x} = \frac{e^x + e^{-x}}{e^x - e^{-x}}$$

Se dividirmos a Relação Fundamental por $\cosh^2 x$ e $\operatorname{senh}^2 x$, respectivamente, teremos as relações:

$$\operatorname{sech}^2 x = \operatorname{tgh}^2 x + 1$$

$$\operatorname{cossec}^2 x = \operatorname{cotgh}^2 x - 1$$

Das relações acima ainda podemos demonstrar:

$\operatorname{senh}(x+y) = \operatorname{senh} x \cosh y + \operatorname{senh} y \cosh x$, de onde, $\operatorname{senh} 2x = 2 \operatorname{senh} x \cosh y$,

$\cosh(x+y) = \cosh x \cosh y + \operatorname{senh} y \operatorname{senh} x$, de onde, $\cosh 2x = \cosh^2 x + \operatorname{senh}^2 x$

$$\boxed{\begin{array}{l}\operatorname{senh} x = -i\,\operatorname{sen}(ix)\\ \cosh x = \cos(ix)\\ \operatorname{tgh} x = -i\,\operatorname{tg}(ix)\end{array}}$$

Prove que a área dos setores circulares e hiperbólicos de ângulo θ são iguais.

Demonstração:

Das regiões hachuradas nas figuras abaixo,

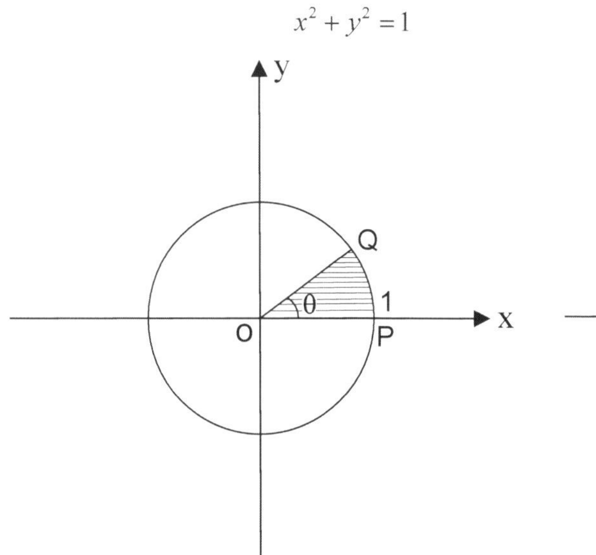

$x^2 - y^2 = 1,\ x \geq 1$

Área do Setor Circular:

$$A = \frac{\theta}{2\pi}\pi r^2 = \frac{\theta}{2}1^2 = \frac{\theta}{2}$$

Área do Setor Hiperbólico:

$$A = A_{Triângulo\ OQR} - A_{sobre\ a\ hipérbole\ PQR}$$

$$A = \frac{1}{2}x_Q . y_Q - \int y_Q\,dx$$

$$x = x(\theta) \Rightarrow dx = x'(\theta)\,d\theta \Rightarrow dx = \left(\frac{e^{\theta} - e^{-\theta}}{2}\right)d\theta$$

$$A = \frac{1}{2}(\cosh\theta)(\operatorname{senh}\theta) - \int_{P=0}^{R=\theta} \operatorname{senh}\theta\left(\frac{e^{\theta} + e^{-\theta}}{2}\right)' d\theta$$

$$A = \frac{1}{2}\left(\frac{e^{\theta} + e^{-\theta}}{2}\right)\left(\frac{e^{\theta} - e^{-\theta}}{2}\right) - \int_{P=0}^{R=\theta}\left(\frac{e^{\theta} - e^{-\theta}}{2}\right)\left(\frac{e^{\theta} - e^{-\theta}}{2}\right)d\theta$$

$$A = \frac{1}{8}\left(e^{2\theta} - e^{-2\theta}\right) - \frac{1}{4}\int_{P=0}^{R=\theta}\left(e^{2\theta} - 2e^{\theta}e^{-\theta} + e^{-2\theta}\right)d\theta$$

$$A = \frac{1}{8}\left(e^{2\theta} - e^{-2\theta}\right) - \frac{1}{4}\left[\frac{1}{2}e^{2x} - 2x - \frac{1}{2}e^{-2x}\right]_0^{\theta}$$

$$A = \frac{1}{8}\left(e^{2\theta} - e^{-2\theta}\right) - \left(\frac{1}{8}e^{2\theta} - \frac{\theta}{2} - \frac{1}{8}e^{-2\theta}\right) = \frac{\theta}{2}$$

$$A = \frac{\theta}{2}$$

□

a) Prove as relações entre as funções trigonométricas circulares e as hiperbólicas.

$$\begin{cases} \cosh x = \cos(ix) \\ \text{senh}\, x = -i\,\text{sen}(ix) \end{cases}$$

Demonstração:

Como sabemos, $\cos x = \dfrac{e^{ix} + e^{-ix}}{2}$ e $\text{sen}\, x = \dfrac{e^{ix} - e^{-ix}}{2i}$, assim,

$$\cos ix = \frac{e^{i(ix)} + e^{-i(ix)}}{2} = \frac{e^{-x} + e^{x}}{2} = \cosh x,$$

$$-i\,\text{sen}\, ix = -i\left(\frac{e^{i(ix)} - e^{-i(ix)}}{2i}\right) = \frac{e^{x} - e^{-x}}{2} = \text{senh}\, x$$

□

b) Calcule o sen(a + bi).

$$\text{sen}(a+bi) = \text{sen}\, a \cos bi + \text{sen}\, bi \cos a$$

$$\text{sen}(a+bi) = \text{sen}\, a \cosh b + \frac{i}{i}\left(\frac{e^{i(bi)} - e^{-i(bi)}}{2i}\right)\cos a$$

$$\text{sen}(a+bi) = \text{sen}\, a \cosh b - i\left(\frac{e^{-b} - e^{b}}{2}\right)\cos a$$

$$\text{sen}(a+bi) = \text{sen}\, a \cosh b + i\,\text{senh}\, b \cos a$$

c) Encontre z, que satisfaça sen(z) = 3.

$$\text{sen}(z) = 3$$

$$\frac{e^{zi} - e^{-zi}}{2i} = 3$$

$$e^{zi} - e^{-zi} = 6i$$

Multiplicando tudo por e^{z}, segue,

$(e^{zi})^2 - 6i(e^{zi}) - 1 = 0$, assim,

$$e^{zi} = \frac{6i \pm \sqrt{-36+4}}{2} = 3i \pm 2\sqrt{2}i = \left(3 \pm 2\sqrt{2}\right)i$$

$$\ln e^{zi} = \ln\left[\left(3 \pm 2\sqrt{2}\right)i\right] = \ln(i) + \ln(3 \pm 2\sqrt{2})$$

Onde, $\ln(i) = \ln\left(e^{\frac{\pi}{2}i}\right) = \dfrac{\pi}{2}i$,

$$zi = \frac{\pi}{2}i + \ln(3 \pm 2\sqrt{2})$$

$$z = \frac{\pi}{2} + i\ln\left(3 \pm 2\sqrt{2}\right)$$

d) Mostre que $\operatorname{tgh}\left(\frac{x}{2}\right) = \coth x - \operatorname{cossech} x$.

Demonstração:

$$\coth x - \operatorname{cossech} x = \frac{\cosh x}{\operatorname{senh} x} - \frac{1}{\operatorname{senh} x} = \frac{\frac{e^x + e^{-x}}{2}}{\frac{e^x - e^x}{2}} - \frac{2}{e^x - e^x} = \frac{e^x - 2 + e^{-x}}{e^x - e^x} =$$

$$= \frac{\left(e^{\frac{x}{2}} + e^{\frac{-x}{2}}\right)^2}{\left(e^{\frac{x}{2}} + e^{\frac{x}{2}}\right)\left(e^{\frac{x}{2}} - e^{\frac{x}{2}}\right)} = \frac{e^{\frac{x}{2}} + e^{\frac{-x}{2}}}{e^{\frac{x}{2}} - e^{\frac{x}{2}}} = \operatorname{tgh}\left(\frac{x}{2}\right)$$

□

e) Calcule o valor de $\frac{1 + \operatorname{tgh} x}{1 - \operatorname{tgh} x}$.

$$\frac{1 + \operatorname{tgh} x}{1 - \operatorname{tgh} x} = \frac{1 + \frac{\operatorname{senh} x}{\cosh x}}{1 + \frac{\operatorname{senh} x}{\cosh x}} = \frac{\frac{\operatorname{senh} x + \cosh x}{\cosh x}}{\frac{\cosh x - \operatorname{senh} x}{\cosh x}} = \frac{\cosh x + \operatorname{senh} x}{\cosh x - \operatorname{senh} x} = \frac{e^x + e^{-x} + e^x - e^{-x}}{e^x + e^{-x} - e^x + e^{-x}} = \frac{2e^x}{2e^{-x}} = e^{2x}$$

f) Mostre que $\operatorname{tgh} x = -i \operatorname{tgh}(ix)$.

Demonstração:

$$-i\operatorname{tg}(ix) = \frac{-i\operatorname{sen}(ix)}{\cos(ix)} = \frac{i\frac{e^{-i(ix)} - e^{i(ix)}}{2i}}{\frac{e^{i(ix)} + e^{-i(ix)}}{2}} = \frac{e^x - e^{-x}}{e^{-x} + e^x} = \operatorname{tgh} x$$

□

g) De acordo com o site "Careercup.com" em uma entrevista para a vaga de Engenheiro de Software/Desenvolvedor, a Amazon.com propôs a seguinte questão[110]:
"Existem dois postes de igual altura, 15 m. Um cabo com comprimento de 16 m está dependurado entre os dois postes. A altura do centro do cabo até chão é de 7 m, então, quanto é a distância entre os postes? Como resolver este problema?"
Solução:

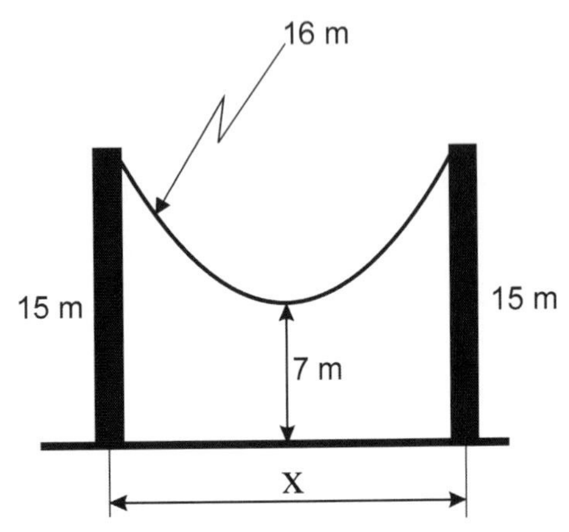

O Tipo de curva formada por um cabo flexível submetido apenas ao seu próprio peso é chamada Catenária, do latim, Catena (corrente), pois essa era forma pela qual eram construídas algumas abóbodas e arcos desde a idade média. Suspendia-se uma corrente entre dois pontos e se fazia-se um molde em madeira do arco a ser construído.

Vamos redefinir o sistema de coordenadas para que possamos visualizar o problema de modo mais eficiente, para isso, vamos estabelecer a origem do sistema no vértice da curva. O novo sistema se encontra representado na figura ao lado, e nos permite dar uma resposta imediata, x = 0 m! Uma vez que a metade do comprimento do cabo é igual a parte positiva do poste!

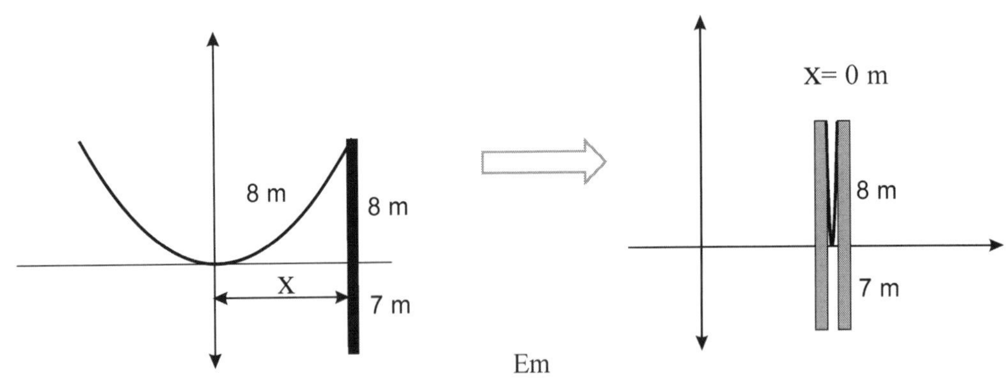

Em princípio, o problema proposto foi resolvido, bastava que o candidato tivesse iniciativa, no entanto se a resposta não fosse x = 0 m, o problema seria bem mais complexo. Vamos então mudar o comprimento do cabo para 24 m. Dessa forma com o novo sistema de coordenadas já estabelecido, teríamos:

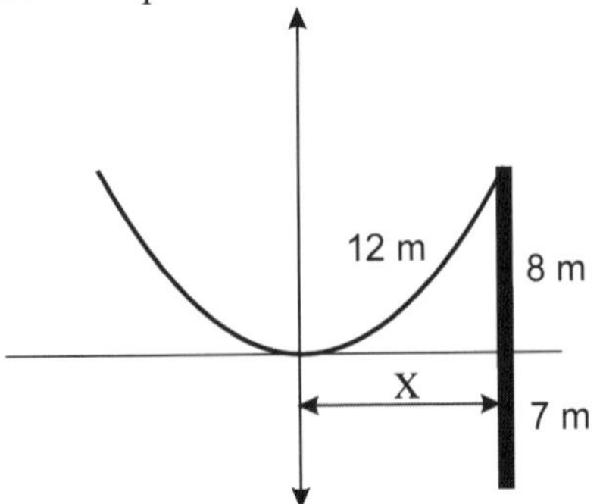

Para a solução desse problema, faremos uso de duas equações[111], uma delas a função que nos dá o contorno da curva (cosseno hiperbólico) e a outra que nos diz o comprimento do cabo (seno hiperbólico):

$$y = a\cosh\left(\frac{x}{a}\right) - a,$$ função da Catenária,

$$a\,\text{senh}\left(\frac{x}{a}\right) = 12,$$ o comprimento da metade do cabo,

---

[110] https://www.careercup.com/question?id=7949664

[111] As fórmulas utilizadas foram extraídas do artigo: Chatterjee, Neil, and Bogdan G. Nita. "The hanging cable problem or pratical applications." Atlantic Electronic Journal of Mathematics 4.1 (2010). https://www.researchgate.net/publication/265827269_The_hanging_cable_problem_for_practical_applications

onde a representa a razão entre a componente horizontal de tensão e o peso do cabo por unidade de comprimento. Quando o parâmetro a é dado, se faz conhecida a forma da catenária.
Para utilizarmos a primeira equação, basta pegarmos um ponto conhecido do gráfico, no caso, o ponto mais alto do poste, de coordenadas (x, 8) e substituí-lo na expressão:

$$8 = a\cosh\left(\frac{x}{a}\right) - a \Rightarrow \cosh\left(\frac{x}{a}\right) = \frac{8+a}{a}$$

Da expressão que nos fornece o comprimento do cabo (metade):

$$a\,\text{senh}\left(\frac{x}{a}\right) = 12 \Rightarrow \text{senh}\left(\frac{x}{a}\right) = \frac{12}{a}$$

Conhecidas agora a expressão do seno e cosseno hiperbólicos, $\text{senh}\left(\frac{x}{a}\right) = \frac{12}{a}$ e $\cosh\left(\frac{x}{a}\right) = \frac{8+a}{a}$,

Basta utilizarmos a relação fundamental: $\cosh^2\left(\frac{x}{a}\right) - \text{senh}^2\left(\frac{x}{a}\right) = 1$, daí vem que:

$$\left(\frac{8+a}{a}\right)^2 - \left(\frac{12}{a}\right)^2 = 1 \Rightarrow \frac{a^2+16a-80}{a^2} = 1 \Rightarrow a = 5$$

$$a = 5 \Rightarrow \text{senh}\left(\frac{x}{5}\right) = \frac{12}{5} \Rightarrow \text{senh}^{-1}(2,4) = \frac{x}{5} = 1,60944 \Rightarrow x \cong 8,04\,m,$$

Por tanto, a distância entre os postes deverá ser de aproximadamente: 16,08 m.

h) Nas condições do problema anterior, vamos agora supor a altura dos postes com tamanhos diferentes, conforme a figura abaixo. Determine x_1, x_2, y_1 e y_2.

Solução:

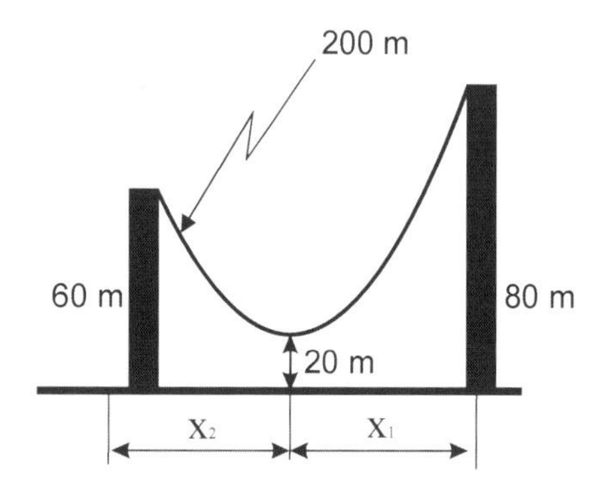

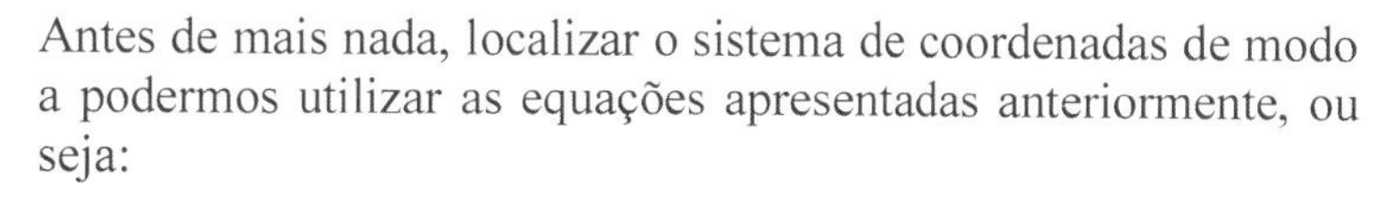
Antes de mais nada, localizar o sistema de coordenadas de modo a podermos utilizar as equações apresentadas anteriormente, ou seja:

80 – 20 = 60 m

60 – 20 = 40 m

$y_1 + y_2 = 200$ m

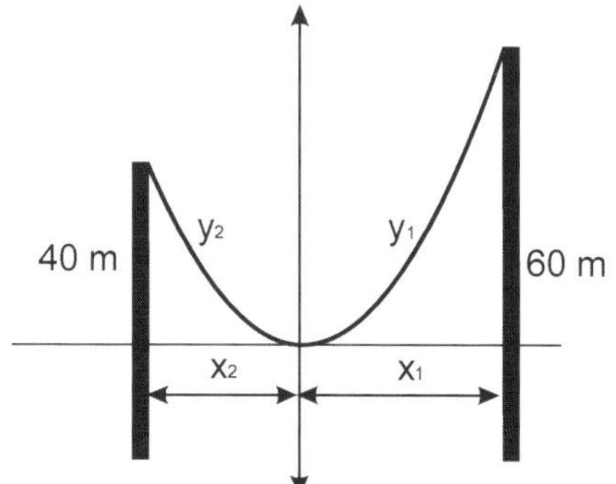

$$y = a\cosh\left(\frac{x_1}{a}\right) - a \Rightarrow a\cosh\left(\frac{x_1}{a}\right) - a = 60$$

$$\cosh\left(\frac{x_1}{a}\right) = \frac{60+a}{a}$$

$$a\,\text{senh}\left(\frac{x_1}{a}\right) = y_1 \Rightarrow \text{senh}\left(\frac{x_1}{a}\right) = \frac{y_1}{a}$$

da relação fundamental,

$$\left(\frac{60+a}{a}\right)^2 - \left(\frac{y_1}{a}\right)^2 = 1 \Rightarrow y_1 = a\sqrt{\left(\frac{60+a}{a}\right)^2 - 1}$$

$$y = a\cosh\left(\frac{x_2}{a}\right) - a \Rightarrow a\cosh\left(\frac{x_2}{a}\right) - a = 40$$

$$\cosh\left(\frac{x_2}{a}\right) = \frac{40+a}{a}$$

$a\,\text{senh}\left(\frac{x_2}{a}\right) = y_2$ da relação fundamental,

$$\left(\frac{40+a}{a}\right)^2 - \left(\frac{y_2}{a}\right)^2 = 1 \Rightarrow y_2 = a\sqrt{\left(\frac{40+a}{a}\right)^2 - 1}$$

Como $y_1 + y_2 = 200$ m,

$$\sqrt{\left(\frac{60+a}{a}\right)^2 - 1} + \sqrt{\left(\frac{40+a}{a}\right)^2 - 1} = \frac{200}{a}$$

$\sqrt{3600+120a} + \sqrt{1600+80a} = 200$, quadrando duas vezes, vem $a = 4950 - 600\sqrt{66} \cong 75,577$

$$\cosh\left(\frac{x_1}{75,577}\right) = \frac{60+75,577}{75,577} = 1,793 \Rightarrow \cosh^{-1}(1,793) = \left(\frac{x_1}{75,577}\right) = 1,188$$

$x_1 = 89,78$ m

$$\text{senh}\left(\frac{x_1}{a}\right) = \frac{y_1}{a} \Rightarrow \text{senh}\left(\frac{89,847}{75,577}\right) = \frac{y_1}{75,577} \Rightarrow \frac{y_1}{75,577} = 1,489$$

$y_1 = 112,53$ m

$$\cosh\left(\frac{x_2}{75,577}\right) = \frac{40+75,577}{75,577} = 1,529 \Rightarrow \cosh^{-1}(1,529) = \left(\frac{x_2}{75,577}\right) = 0,988$$

$x_2 = 74,67$ m

$$\text{senh}\left(\frac{x_2}{a}\right) = \frac{y_2}{a} \Rightarrow \text{senh}\left(\frac{74,670}{75,577}\right) = \frac{y_2}{75,577} \Rightarrow \text{senh}(0,987) = \frac{y_2}{75,577} = 1,155$$

$y_2 = 87,29$ m

.

B) Derivadas das Funções Hiperbólicas

Sejam as funções hiperbólicas listadas abaixo,

$$\cosh x = \frac{e^x + e^{-x}}{2},\ D_f = \mathbb{R},\ \text{Im}_f = [1, \infty[$$

$$\text{senh}\, x = \frac{e^x - e^{-x}}{2},\ D_f = \mathbb{R},\ \text{Im}_f = \mathbb{R}$$

$$\text{tgh}\, x = \frac{e^x - e^{-x}}{e^x + e^{-x}},\ D_f = \mathbb{R},\ \text{Im}_f =]-1, 1[$$

$$\text{tgh}\, x = \frac{e^x - e^{-x}}{e^x + e^{-x}},\ D_f = \mathbb{R},\ \text{Im}_f =]-1, 1[$$

$$\text{sech}\, x = \frac{2}{e^x - e^{-x}},\ D_f = \mathbb{R},\ \text{Im}_f =]-1, 1[$$

$$\text{cosech}\, x = \frac{2}{e^x + e^{-x}},\ D_f = \mathbb{R}^*,\ \text{Im}_f = \mathbb{R}^*$$

$$\text{cotgh}\, x = \frac{e^x + e^{-x}}{e^x - e^{-x}},\ D_f = \mathbb{R}^*,\ \text{Im}_f =]-\infty, -1[\cup]1, \infty[$$

Suas derivadas serão dadas por:

$$\text{senh}\, x' = \cosh x$$
$$\cosh x' = \text{senh}\, x$$
$$\text{tgh}\, x' = \text{sech}^2 x$$
$$\text{sech}\, x' = -\text{sech}\, x\, \text{tgh}\, x$$
$$\text{cossech}\, x' = -\text{cossech}\, x\, \text{cotgh}\, x$$
$$\text{cotgh}\, x' = -\text{cossech}^2 x$$

As demonstrações, ficam por conta do leitor, uma vez que bastam aplicar as derivadas das funções escritas como potências de e^x.

Apresentaremos a seguir, sem desenvolver, as fórmulas e as derivadas das funções hiperbólicas inversas:

$$\text{senh}^{-1} x = \ln\left(x + \sqrt{x^2 + 1}\right),\ D_f = \mathbb{R}, \text{Im}_f = \mathbb{R}$$

$$\cosh^{-1} x = \ln\left(x + \sqrt{x^2 - 1}\right),\ D_f = [1, \infty[,\ \text{Im}_f = \mathbb{R}$$

$$\text{tgh}^{-1} x = \frac{1}{2}\ln\left(\frac{1+x}{1-x}\right),\ D_f =]-1, 1[,\ \text{Im}_f = \mathbb{R}$$

$$\text{sech}^{-1} x = \ln\left(\frac{1 + \sqrt{1 - x^2}}{x}\right),\ D_f =]-1, 1[,\ \text{Im}_f = \mathbb{R}$$

$$\text{cossech}^{-1} x = \ln\left(\frac{1 + \sqrt{1 + x^2}}{x}\right),\ D_f = \mathbb{R}^*,\ \text{Im}_f = \mathbb{R}$$

$$\text{cotgh}^{-1} x = \frac{1}{2}\ln\left(\frac{x+1}{x-1}\right),\ D_f =]-\infty, -1[\cup]-1, \infty[,\ \text{Im}_f = \mathbb{R}^*$$

$$\Rightarrow$$

$$\text{senh}^{-1} x' = \frac{1}{\sqrt{x^2 + 1}}$$

$$\cosh^{-1} x' = \frac{\pm 1}{\sqrt{x^2 - 1}}$$

$$\text{tgh}^{-1} x' = \frac{\pm 1}{1 - x^2},\ |x| < 1$$

$$\text{sech}^{-1} x' = \frac{\pm 1}{|x|\sqrt{1 - x^2}}$$

$$\text{cossech}^{-1} x' = \frac{-1}{|x|\sqrt{1 + x^2}}$$

$$\text{cotgh}^{-1} x' = \frac{1}{1 - x^2},\ |x| > 1$$

Observação: Outra notação para as funções hiperbólicas inversas é o uso do prefixo *ar* (de área e não de arco, diferente das funções trigonométricas inversas), ex. $\operatorname{senh}^{-1} x = ar\operatorname{senh} x$.

a) Sabendo que $\operatorname{senh} x = \dfrac{e^x - e^{-x}}{2}$, mostre que $\operatorname{senh}^{-1} x = \ln\left(x + \sqrt{x^2+1}\right)$.

$$\operatorname{senh} x = \frac{e^x - e^{-x}}{2} \Rightarrow x = \frac{e^y - e^{-y}}{2} \Leftrightarrow e^y - e^{-y} = 2x \Leftrightarrow \left(e^y\right)^2 - 2x\left(e^y\right) - 1 = 0$$

$$e^y = \frac{2x \pm \sqrt{4x^2+4}}{2} \Rightarrow e^y = x + \sqrt{x^2+1} \Rightarrow y = \ln\left(x + \sqrt{x^2+1}\right)$$ [112]

b) Sabendo que $\operatorname{tgh} x = \dfrac{e^x - e^{-x}}{e^x + e^{-x}}$, mostre que $\operatorname{tgh}^{-1} x = \dfrac{1}{2}\ln\left(\dfrac{1+x}{1-x}\right)$.

$$\operatorname{tgh} x = \frac{e^x - e^{-x}}{e^x + e^{-x}} \Rightarrow x = \frac{e^y - e^{-y}}{e^y + e^{y}} = \frac{e^y - e^{-y}}{e^y + e^{y}}\frac{e^y}{e^y} = \frac{\left(e^y\right)^2 - 1}{\left(e^y\right)^2 + 1} \Rightarrow (x-1)\left(e^y\right)^2 = -1 - x \Rightarrow e^y = \sqrt{\frac{1+x}{1-x}}$$

$$e^y = \sqrt{\frac{1+x}{1-x}} \Rightarrow \ln\left(e^y\right) = \ln\left(\sqrt{\frac{1+x}{1-x}}\right) \Rightarrow y = \frac{1}{2}\ln\left(\frac{1+x}{1-x}\right)$$

C) Diferenciação pelo Método de Feynman ou Método da Derivada Logarítmica.

A técnica apresentada a seguir, rearranja a forma da diferenciação de um produto de funções, facilitando seu cálculo, sem, no entanto, alterar seu conteúdo.

Seja $y(x) = k\left[u(x)\right]^a\left[v(x)\right]^b\left[w(x)\right]^c\left[z(x)\right]^d \ldots$ onde k é uma constante e y é uma função composta pelo produto de várias funções de x, cada uma elevada a uma determinada potência, aplicando o logaritmo natural em ambos os lados, temos:

$$\ln y(x) = \ln k\left[u(x)\right]^a\left[v(x)\right]^b\left[w(x)\right]^c\left[z(x)\right]^d \ldots$$

$$\ln y(x) = \ln k + \ln\left[u(x)\right]^a + \ln\left[v(x)\right]^b + \ln\left[w(x)\right]^c + \ln\left[z(x)\right]^d + \ldots$$

$$\ln y(x) = \ln k + a\ln u(x) + b\ln v(x) + c\ln w(x) + d\ln z(x) + \ldots$$

Derivando em relação a *x*,

$$\frac{d}{dx}\ln y(x) = \frac{d}{dx}\ln k + a\frac{d}{dx}\ln u(x) + b\frac{d}{dx}\ln v(x) + c\frac{d}{dx}\ln w(x) + d\frac{d}{dx}\ln z(x) + \ldots$$

$$\frac{y'(x)}{y(x)} = a\frac{u'(x)}{u(x)} + b\frac{v'(x)}{v(x)} + c\frac{w'(x)}{w(x)} + d\frac{z'(x)}{z(x)} + \ldots$$

Reorganizando,

---

[112] $e^y = x - \sqrt{x^2+1} < 0$, por isso foi desconsiderado.

$$\frac{dy}{dx}=y(x).\left[a\left(\frac{\frac{du}{dx}}{u(x)}\right)+b\left(\frac{\frac{dv}{dx}}{v(x)}\right)+c\left(\frac{\frac{dw}{dx}}{w(x)}\right)+d\left(\frac{\frac{dz}{dx}}{z(x)}\right)+\ldots\right]$$

D) Diferenciação pelo Método de Leibniz

A técnica a seguir, nos permite o cálculo da enésima derivada de um produto de duas funções:

$$\left[f(x)g(x)\right]^{(n)}=\sum_{k=0}^{n}\binom{n}{k}f^{(k)}(x)g^{(n-k)}(x),\ n\geq 0$$

Onde,

$$\binom{n}{k}=\frac{n!}{k!(n-k)!},$$ para $k=0,\ 1,\ 2,\ \ldots,\ n$, k e n inteiros não negativos.

Obs.:

$f^{(0)}(x)=f(x),\ f^{(1)}(x)=f'(x)$ e assim por diante.

E) Algumas Identidades Trigonométricas

a) $\left(1-\cos\frac{2\pi}{n}\right)\left(1-\cos\frac{4\pi}{n}\right)\left(1-\cos\frac{6\pi}{n}\right)\ldots\left(1-\cos\frac{2(n-1)\pi}{n}\right)=\frac{n^2}{2^{n-1}}$

b) $\operatorname{sen}\left(\frac{\pi}{n}\right)\operatorname{sen}\left(\frac{2\pi}{n}\right)\operatorname{sen}\left(\frac{3\pi}{n}\right)\ldots\operatorname{sen}\left(\frac{(n-1)\pi}{n}\right)=\frac{n}{2^{n-1}}$

c) $\cos^{-1}A=2\cos^{-1}\sqrt{\frac{A+1}{2}}=2\operatorname{tg}^{-1}\sqrt{\frac{1-A}{1+A}},\ |A|<1$

d) $\operatorname{arctg}(x)+\operatorname{arctg}\left(\frac{1}{x}\right)=\frac{\pi}{2}$

Demonstração:

a) Das raízes enésimas da unidade podemos escrever,

$$z^n-1=(z-1)\left(z-\operatorname{cis}\frac{2\pi}{n}\right)\left(z-\operatorname{cis}\frac{4\pi}{n}\right)\ldots\left(z-\operatorname{cis}\frac{2(n-1)\pi}{n}\right)\ \text{(I)}$$

Ainda, da soma da PG de termo inicial 1 e razão z, temos que a soma dos n primeiros termos será dada por,

$$\frac{z^n-1}{z-1}=1+z+z^2+z^3+\ldots+z^{n-1}\Rightarrow z^n-1=(z-1)\left(1+z+z^2+z^3+\ldots+z^{n-1}\right)\ \text{(II)}$$

De (I) e (II) segue que:

$$\left(1+z+z^2+z^3+\ldots+z^{n-1}\right)=\left(z-\text{cis}\frac{2\pi}{n}\right)\left(z-\text{cis}\frac{4\pi}{n}\right)\ldots\left(z-\text{cis}\frac{2(n-1)\pi}{n}\right)$$

Fazendo $z = 1$,

$$\left(1-\text{cis}\frac{2\pi}{n}\right)\left(1-\text{cis}\frac{4\pi}{n}\right)\ldots\left(1-\text{cis}\frac{2(n-1)\pi}{n}\right)=1+1+1^2+1^3+\ldots+1^{n-1}=n \qquad \text{(I)}$$

Aplicando o conjugado em ambos os lados da equação,

$$\overline{\left(1-\text{cis}\frac{2\pi}{n}\right)\left(1-\text{cis}\frac{4\pi}{n}\right)\ldots\left(1-\text{cis}\frac{2(n-1)\pi}{n}\right)}=\overline{n}$$

$$\overline{\left(1-\text{cis}\frac{2\pi}{n}\right)}\,\overline{\left(1-\text{cis}\frac{4\pi}{n}\right)}\ldots\overline{\left(1-\text{cis}\frac{2(n-1)\pi}{n}\right)}=\overline{n}$$

$$\left(1-\text{cis}\frac{-2\pi}{n}\right)\left(1-\text{cis}\frac{-4\pi}{n}\right)\ldots\left(1-\text{cis}\frac{-2(n-1)\pi}{n}\right)=n \qquad \text{(II)}$$

De (I) e (II),

$$\begin{cases}\left(1-\text{cis}\frac{2\pi}{n}\right)\left(1-\text{cis}\frac{4\pi}{n}\right)\ldots\left(1-\text{cis}\frac{2(n-1)\pi}{n}\right)=1+1+1^2+1^3+\ldots+1^{n-1}=n\\ \left(1-\text{cis}\frac{-2\pi}{n}\right)\left(1-\text{cis}\frac{-4\pi}{n}\right)\ldots\left(1-\text{cis}\frac{-2(n-1)\pi}{n}\right)=n\end{cases}$$

Multiplicando membro a membro,

$$\left(1-\text{cis}\frac{2\pi}{n}\right)\left(1-\text{cis}\frac{-2\pi}{n}\right)\left(1-\text{cis}\frac{4\pi}{n}\right)\left(1-\text{cis}\frac{-4\pi}{n}\right)\ldots\left(1-\text{cis}\frac{2(n-1)\pi}{n}\right)\left(1-\text{cis}\frac{-2(n-1)\pi}{n}\right)=n^2$$

Onde a cada dois fatores teremos,

$$(1-\text{cis}\,\theta)(1-\text{cis}(-\theta))=1-\text{cis}(-\theta)-\text{cis}\,\theta+\text{cis}\,\theta\,\text{cis}(-\theta)$$
$$(1-\text{cis}\,\theta)(1-\text{cis}(-\theta))=1-\cos(-\theta)-i\,\text{sen}(-\theta)-\cos\theta-i\,\text{sen}\,\theta+(\cos\theta+i\,\text{sen}\,\theta)(\cos(-\theta)+i\,\text{sen}(-\theta))$$
$$(1-\text{cis}\,\theta)(1-\text{cis}(-\theta))=1-\cos\theta+\cancel{i\,\text{sen}\,\theta}-\cos\theta-\cancel{i\,\text{sen}\,\theta}+(\cos\theta+i\,\text{sen}\,\theta)(\cos\theta-i\,\text{sen}\,\theta)$$
$$(1-\text{cis}\,\theta)(1-\text{cis}(-\theta))=1-2\cos\theta+1$$
$$(1-\text{cis}\,\theta)(1-\text{cis}(-\theta))=2-2\cos\theta$$

Assim, teremos,

$$\left(2-2\cos\frac{2\pi}{n}\right)\left(2-2\cos\frac{4\pi}{n}\right)\ldots\left(2-2\cos\frac{2(n-1)\pi}{n}\right)=n^2$$

$$2^{n-1}\left(1-\cos\frac{2\pi}{n}\right)\left(1-\cos\frac{4\pi}{n}\right)\ldots\left(1-\cos\frac{2(n-1)\pi}{n}\right)=n^2\text{, finalmente,}$$

$$\left(1-\cos\frac{2\pi}{n}\right)\left(1-\cos\frac{4\pi}{n}\right)\left(1-\cos\frac{6\pi}{n}\right)\cdots\left(1-\cos\frac{2(n-1)\pi}{n}\right)=\frac{n^2}{2^{n-1}}$$

□

b) Da adição de arcos temos que,

$\cos\theta=\cos^2\frac{\theta}{2}-\operatorname{sen}^2\frac{\theta}{2}$, ainda,

$$\cos\theta=\left(1-\operatorname{sen}^2\frac{\theta}{2}\right)-\operatorname{sen}^2\frac{\theta}{2}=1-2\operatorname{sen}^2\frac{\theta}{2}\Rightarrow 1-\cos\theta=2\operatorname{sen}^2\frac{\theta}{2},$$

Substituindo na expressão do item anterior,

$$\left(1-\cos\frac{2\pi}{n}\right)\left(1-\cos\frac{4\pi}{n}\right)\left(1-\cos\frac{6\pi}{n}\right)\cdots\left(1-\cos\frac{2(n-1)\pi}{n}\right)=\frac{n^2}{2^{n-1}}\text{, vem,}$$

$$2\operatorname{sen}^2\left(\frac{\pi}{n}\right)2\operatorname{sen}^2\left(\frac{2\pi}{n}\right)2\operatorname{sen}^2\left(\frac{3\pi}{n}\right)\ldots 2\operatorname{sen}^2\left(\frac{(n-1)\pi}{n}\right)=\frac{n^2}{2^{n-1}}$$

$$2^{n-1}\operatorname{sen}^2\left(\frac{\pi}{n}\right)\operatorname{sen}^2\left(\frac{2\pi}{n}\right)\operatorname{sen}^2\left(\frac{3\pi}{n}\right)\ldots\operatorname{sen}^2\left(\frac{(n-1)\pi}{n}\right)=\frac{n^2}{2^{n-1}}$$

$$\operatorname{sen}^2\left(\frac{\pi}{n}\right)\operatorname{sen}^2\left(\frac{2\pi}{n}\right)\operatorname{sen}^2\left(\frac{3\pi}{n}\right)\ldots\operatorname{sen}^2\left(\frac{(n-1)\pi}{n}\right)=\frac{n^2}{2^{2(n-1)}}\text{, finalmente,}$$

$$\operatorname{sen}\left(\frac{\pi}{n}\right)\operatorname{sen}\left(\frac{2\pi}{n}\right)\operatorname{sen}\left(\frac{3\pi}{n}\right)\ldots\operatorname{sen}\left(\frac{(n-1)\pi}{n}\right)=\frac{n}{2^{n-1}}$$

□

c) No intervalo $[0,\frac{\pi}{2}[$, temos,

$$\cos 2x=\cos^2 x-\operatorname{sen}^2 x=\cos^2 x-\underbrace{\left(1-\cos^2 x\right)}_{\textit{relação fundamental}}=2\cos^2 x-1\text{, por tanto,}$$

$$\cos^{-1}(2x)=\cos^{-1}\left(2\cos^2 x-1\right)\Rightarrow 2x=\cos^{-1}\left(2\cos^2 x-1\right),$$

fazendo $\cos x=t$, por tanto, $x=\cos^{-1}t$,

$$2x=\cos^{-1}\left(2\cos^2 x-1\right)\Rightarrow 2\cos^{-1}t=\cos^{-1}\left(2t^2-1\right),$$

Seja agora, $A=2t^2-1\Rightarrow t=\sqrt{\frac{A+1}{2}}$, assim,

$$\cos^{-1}\left(2t^2-1\right)=2\cos^{-1}t\Rightarrow\cos^{-1}A=2\cos^{-1}\sqrt{\frac{A+1}{2}},$$

Seja θ , tal que, $\theta=\cos^{-1}A$, temos então, $\theta=\cos^{-1}A=2\cos^{-1}\sqrt{\frac{A+1}{2}}$,

Da expressão da tangente do arco metade de θ ,

$$\operatorname{tg}\frac{\theta}{2}=\frac{\operatorname{sen}\theta}{1+\cos\theta}=\sqrt{\frac{\operatorname{sen}^2\theta}{(1+\cos\theta)^2}}=\sqrt{\frac{1-\cos^2\theta}{(1+\cos\theta)^2}}=\sqrt{\frac{1-\cos\theta}{1+\cos\theta}}\text{, assim,}$$

$$\operatorname{tg}^{-1}\left(\operatorname{tg}\frac{\theta}{2}\right)=\operatorname{tg}^{-1}\sqrt{\frac{1-\cos\theta}{1+\cos\theta}}\Leftrightarrow\frac{\theta}{2}=\operatorname{tg}^{-1}\sqrt{\frac{1-\cos\theta}{1+\cos\theta}},$$

$$\theta=2\operatorname{tg}^{-1}\sqrt{\frac{1-\cos\theta}{1+\cos\theta}}\text{, onde }\cos\theta=A\text{, finalmente,}$$

$$\theta=\cos^{-1}A=2\cos^{-1}\sqrt{\frac{A+1}{2}}=2\operatorname{tg}^{-1}\sqrt{\frac{1-A}{1+A}}$$

d) Seja o triângulo retângulo abaixo,

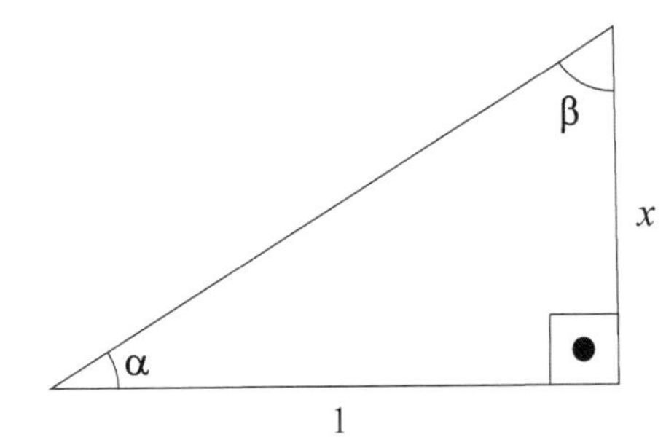

temos que,

$$\operatorname{tg}\alpha=x\ \therefore\ \alpha=\operatorname{arctg}(x)$$

$$\operatorname{tg}\beta=\frac{1}{x}\ \therefore\ \beta=\operatorname{arctg}\left(\frac{1}{x}\right)$$

Por tanto,

$$\alpha+\beta+\frac{\pi}{2}=\pi$$

Substituindo,

$$\alpha+\beta+\frac{\pi}{2}=\pi\Rightarrow\operatorname{arctg}(x)+\operatorname{arctg}\left(\frac{1}{x}\right)=\pi-\frac{\pi}{2}=\frac{\pi}{2}$$

$$\operatorname{arctg}(x)+\operatorname{arctg}\left(\frac{1}{x}\right)=\frac{\pi}{2}$$

□

F) Série de Fourier

Vamos primeiro dar uma ideia simplificada da Série de Fourier. Como se percebeu a partir do século XVIII, qualquer função periódica pode ser decomposta em uma soma de funções mais simples, senoides. Desse modo, objetivo das séries de Fourier será o de aproximarmos uma função $f(x)$ periódica no intervalo de $[0,2\pi]$ por uma soma de funções seno e cosseno como veremos abaixo:

$$f_n(x)=a_0+a_1\cos(x)+b_1\operatorname{sen}(x)+a_2\cos(2x)+b_2\operatorname{sen}(2x)+\ldots+a_n\cos(nx)+b_n\operatorname{sen}(nx)$$

$$f_n(x)=a_0+\sum_{k=1}^{n}\left[a_k\cos(kx)+b_k\operatorname{sen}(kx)\right]$$

No entanto, antes de prosseguirmos, são necessárias algumas preliminares,

Fórmulas de Werner:

$$\cos A \cos B = \frac{1}{2}\left[\cos(A+B)+\cos(A-B)\right]$$
$$\text{sen}\, A \,\text{sen}\, B = \frac{1}{2}\left[\cos(A-B)-\cos(A+B)\right]$$
$$\text{sen}\, A \cos B = \frac{1}{2}\left[\text{sen}(A+B)+\text{sen}(A-B)\right]$$

Integrais Importantes:

α) $\int_0^{2\pi} \cos(px)\,dx = 0,\ \forall p \in \mathbb{Z}$

Dem.:

$$\int_0^{2\pi} \cos(px)\,dx = \left[\frac{\text{sen}(px)}{p}\right]_0^{2\pi} = 0$$

β) $\int_0^{2\pi} \text{sen}(px)\,dx = 0,\ \forall p \in \mathbb{Z}$

Dem.:

$$\int_0^{2\pi} \cos(px)\,dx = \left[-\frac{\cos(px)}{p}\right]_0^{2\pi} = 0$$

γ) $\int_0^{2\pi} \cos(px)\cos(qx)\,dx = \begin{cases} 0, & p \neq q \\ \pi, & p = q \end{cases},\quad \forall p,q \in \mathbb{Z}$

Dem.:

$p = q$

$$\int_0^{2\pi} \cos(px)\cos(qx)\,dx = \int_0^{2\pi} \frac{1}{2}\left[\cos(2px)+\cos(0)\right]dx = \frac{1}{2}\left[\frac{\text{sen}(2px)}{2p} + x\right]_0^{2\pi}$$

$$\int_0^{2\pi} \cos(px)\cos(qx)\,dx = \int_0^{2\pi} \frac{1}{2}\left[\cos(2px)+\cos(0)\right]dx = \frac{1}{2}\left[\frac{\text{sen}(4p\pi)}{2p} + 2\pi\right] = \pi$$

$p \neq q$

$$\int_0^{2\pi} \cos(px)\cos(qx)\,dx = \int_0^{2\pi} \frac{1}{2}\left[\cos(px+qx)+\cos(px-qx)\right]dx = \frac{1}{2}\left[\frac{\text{sen}(px+qx)}{px+qx} + \frac{\text{sen}(px-qx)}{px-qx}\right]_0^{2\pi}$$

$$\int_0^{2\pi} \cos(px)\cos(qx)\,dx = \frac{1}{2}\left[\frac{\text{sen}\,2\pi(p+q)}{p+q} + \frac{\text{sen}\,2\pi(p-q)}{p-q}\right] - \frac{1}{2}[0+0] = 0$$

δ) $\int_0^{2\pi} \operatorname{sen}(px)\operatorname{sen}(qx)\,dx = \begin{cases} 0, & p \neq q \\ \pi, & p = q \end{cases}, \quad \forall p,q \in \mathbb{Z}$

Dem.:

$p = q$

$$\int_0^{2\pi} \operatorname{sen}(px)\operatorname{sen}(qx)\,dx = \int_0^{2\pi} \frac{1}{2}\left[\cos(0) - \cos(2p\pi)\right]dx = \frac{1}{2}\left[x - \frac{\operatorname{sen}(2px)}{p}\right]_0^{2\pi}$$

$$\int_0^{2\pi} \operatorname{sen}(px)\operatorname{sen}(qx)\,dx = \frac{1}{2}\left[2\pi - \frac{\operatorname{sen}(4p\pi)}{p}\right] = \pi$$

$p \neq q$

$$\int_0^{2\pi} \operatorname{sen}(px)\operatorname{sen}(qx)\,dx = \int_0^{2\pi} \frac{1}{2}\left[\cos(px - qx) - \cos(px + qx)\right]dx = \frac{1}{2}\left[\frac{\operatorname{sen}(p-q)x}{p-q} - \frac{\operatorname{sen}(p+q)x}{p+q}\right]_0^{2\pi}$$

$$\int_0^{2\pi} \operatorname{sen}(px)\operatorname{sen}(qx)\,dx = \frac{1}{2}\left[\frac{\operatorname{sen}2(p-q)\pi}{p-q} - \frac{\operatorname{sen}2(p+q)\pi}{p+q}\right] = 0$$

ε) $\int_0^{2\pi} \operatorname{sen}(px)\cos(qx)\,dx = 0, \quad \forall p,q \in \mathbb{Z}$

Dem.:

$p = q$

$$\int_0^{2\pi} \operatorname{sen}(px)\cos(qx)\,dx = \int_0^{2\pi} \frac{1}{2}\left[\operatorname{sen}(2p\pi) - \operatorname{sen}(0)\right]dx = \frac{1}{2}\left[-\frac{\cos(2px)}{2p}\right]_0^{2\pi} = -1 + 1 = 0$$

$p \neq q$

$$\int_0^{2\pi} \operatorname{sen}(px)\cos(qx)\,dx = \int_0^{2\pi} \frac{1}{2}\left[\operatorname{sen}(px + qx) + \operatorname{sen}(px - qx)\right]dx = \frac{1}{2}\left[-\frac{\cos(p+q)x}{p+q} - \frac{\cos(p-q)x}{p-q}\right]_0^{2\pi}$$

$$\int_0^{2\pi} \operatorname{sen}(px)\cos(qx)\,dx = \frac{1}{2}\left[-\frac{\cos 2(p+q)\pi}{p+q} - \frac{\cos 2(p-q)\pi}{p-q} + \frac{\cos(p+q)0}{p+q} + \frac{\cos(p-q)0}{p-q}\right]_0^{2\pi} = -1 - 1 + 1 + 1 = 0$$

Agora estamos munidos das ferramentas necessárias para calcularmos os coeficientes de Euler-Fourier, na série abaixo,

$$f_n(x) = a_0 + \sum_{k=1}^{n}\left[a_k\cos(kx) + b_k\operatorname{sen}(kx)\right]$$

Os coeficientes a_k e b_k devem ser escolhidos de maneira que obedeçam às condições:

(a) $\int_0^{2\pi} f_n(x)\,dx = \int_0^{2\pi} f(x)\,dx$

(b) $\int_0^{2\pi} f_n(x)\cos(kx)\,dx = \int_0^{2\pi} f(x)\cos(kx)\,dx$, para k variando de 1 à n

(c) $\int_0^{2\pi} f_n(x)\operatorname{sen}(kx)\,dx = \int_0^{2\pi} f(x)\operatorname{sen}(kx)\,dx$, para k variando de 1 à n

Dessa maneira, para encontrarmos os coeficientes, basta integrarmos o a função $f_n(x)$, observando os resultados obtidos pelas integrais $\alpha, \beta, \gamma, \delta$ e ε :

$$f_n(x) = a_0 + a_1\cos(x) + b_1\operatorname{sen}(x) + a_2\cos(2x) + b_2\operatorname{sen}(2x) + \ldots + a_n\cos(nx) + b_n\operatorname{sen}(nx)$$

$$\int_0^{2\pi} f_n(x)dx = \int_0^{2\pi} a_0\,dx + \int_0^{2\pi} a_1\cos(x)dx + \int_0^{2\pi} b_1\operatorname{sen}(x)dx + \int_0^{2\pi} a_2\cos(2x)dx + \int_0^{2\pi} b_2\operatorname{sen}(2x)dx + \ldots$$
$$\ldots + \int_0^{2\pi} a_n\cos(nx)dx + \int_0^{2\pi} b_n\operatorname{sen}(nx)dx$$

$$\int_0^{2\pi} f_n(x)dx = a_0\int_0^{2\pi} dx + a_1\underbrace{\int_0^{2\pi}\cos(x)dx}_{0} + b_1\underbrace{\int_0^{2\pi}\operatorname{sen}(x)dx}_{0} + a_2\underbrace{\int_0^{2\pi}\cos(2x)dx}_{0} + b_2\underbrace{\int_0^{2\pi}\operatorname{sen}(2x)dx}_{0} + \ldots$$
$$\ldots + a_n\underbrace{\int_0^{2\pi}\cos(nx)dx}_{0} + b_n\underbrace{\int_0^{2\pi}\operatorname{sen}(nx)dx}_{0}$$

Por tanto,

$$a_0 = \frac{1}{2\pi}\int_0^{2\pi} f(x)\,dx$$

Para encontrarmos os outros coeficientes a_k, basta multiplicarmos a $f_n(x)$ por $\cos(kx)$ e integrarmos novamente,

$$\int_0^{2\pi} f_n(x)\cos(kx)dx = \int_0^{2\pi} a_0\cos(kx)dx + \int_0^{2\pi} a_1\cos(x)\cos(kx)dx + \int_0^{2\pi} b_1\operatorname{sen}(x)dx + \int_0^{2\pi} a_2\cos(2x)\cos(kx)dx +$$
$$+\int_0^{2\pi} b_2\operatorname{sen}(2x)\cos(kx)dx + \ldots\ldots + \int_0^{2\pi} a_n\cos(nx)\cos(kx)dx + \int_0^{2\pi} b_n\operatorname{sen}(nx)\cos(kx)dx$$

$$\int_0^{2\pi} f_n(x)\cos(kx)dx = 0 + 0 + \ldots + \int_0^{2\pi} a_k\cos(kx)\cos(kx)dx + \ldots + 0 = a_k\pi$$

Por tanto,

$$a_k = \frac{1}{\pi}\int_0^{2\pi} f(x)\cos(kx)dx$$

Para encontrarmos os b_k basta desta vez multiplicarmos por $\operatorname{sen}(kx)$ ao invés de $\cos(kx)$ e realizarmos a integração, encontrando,

$$b_k = \frac{1}{\pi}\int_0^{2\pi} f(x)\operatorname{sen}(kx)dx$$

Dessa maneira determinamos os coeficientes da Série de Fourier como a seguir,

$$f_n(x) = a_0 + \sum_{k=1}^{n}\left[a_k \cos(kx) + b_k \operatorname{sen}(kx)\right], \text{ para } k \text{ variando de 1 à } n$$

$$a_0 = \frac{1}{2\pi}\int_0^{2\pi} f(x)\,dx$$

$$a_k = \frac{1}{\pi}\int_0^{2\pi} f(x)\cos(kx)\,dx$$

$$b_k = \frac{1}{\pi}\int_0^{2\pi} f(x)\operatorname{sen}(kx)\,dx$$

Para generalizarmos esses resultados devemos ser capazes de calcular a série de Fourier de uma função de período T qualquer e não necessariamente 2π. Sabemos da trigonometria que para um $a > 0$, o período da função $\operatorname{sen}(ax)$ será dado por $T = \frac{2\pi}{a}$, assim, devemos encontrar o valor de a que mude o período da função de $T = \frac{2\pi}{n}$ para $T = \frac{2L}{n}$, assim,

$$\begin{cases} \operatorname{sen}(ax) \leftrightarrow T = \dfrac{2\pi}{a} \\ T = \dfrac{2L}{n} \end{cases} \Rightarrow T = \frac{2\pi}{a} = \frac{2L}{n} \Rightarrow a = \frac{2n\pi}{2L} = \frac{n\pi}{L}$$

Finalmente,

$\operatorname{sen}\left(\frac{n\pi}{L}x\right)$, analogamente, $\cos\left(\frac{n\pi}{L}x\right)$,

Fazendo $\frac{n\pi}{L}$ igual a p ou q, fica fácil provarmos que,

α) $\int_c^{c+2L} \cos\left(\frac{n\pi}{L}x\right)dx = 0$

β) $\int_c^{c+2L} \operatorname{sen}\left(\frac{n\pi}{L}x\right)dx = 0$

γ) $\int_c^{c+2L} \cos\left(\frac{m\pi}{L}x\right)\cos\left(\frac{n\pi}{L}x\right)dx = \begin{cases} 0, & m \neq n \\ L, & m = n \end{cases}, \quad \forall m,n \in \mathbb{Z}$

δ) $\int_c^{c+2L} \operatorname{sen}\left(\frac{m\pi}{L}x\right)\operatorname{sen}\left(\frac{n\pi}{L}x\right)dx = \begin{cases} 0, & m \neq n \\ L, & m = n \end{cases}, \quad \forall m,n \in \mathbb{Z}$

ε) $\int_c^{c+2L} \operatorname{sen}\left(\frac{m\pi}{L}x\right)\cos\left(\frac{n\pi}{L}x\right)dx = 0, \quad \forall m,n \in \mathbb{Z}$

Como feito anteriormente,

$$f_n(x) = a_0 + a_1 \cos\left(\frac{\pi}{L}x\right) + b_1 \operatorname{sen}\left(\frac{\pi}{L}x\right) + a_2 \cos\left(\frac{2\pi}{L}x\right) + b_2 \operatorname{sen}\left(\frac{2\pi}{L}x\right) + \ldots + a_n \cos\left(\frac{n\pi}{L}x\right) + b_n \operatorname{sen}\left(\frac{n\pi}{L}x\right)$$

$$\int_c^{c+2L} f_n(x)\,dx = \int_c^{c+2L} a_0\,dx + \int_c^{c+2L} a_1 \cos\left(\frac{\pi}{L}x\right)dx + \int_c^{c+2L} b_1 \operatorname{sen}\left(\frac{\pi}{L}x\right)dx + \ldots$$
$$\ldots + \int_c^{c+2L} a_n \cos\left(\frac{n\pi}{L}x\right)dx + \int_c^{c+2L} b_n \operatorname{sen}\left(\frac{n\pi}{L}x\right)dx$$

$$\int_c^{c+2L} f_n(x)\,dx = \int_c^{c+2L} a_0\,dx + \underbrace{\int_c^{c+2L} a_1 \cos\left(\frac{\pi}{L}x\right)dx}_{0} + \underbrace{\int_c^{c+2L} b_1 \operatorname{sen}\left(\frac{\pi}{L}x\right)dx}_{0} + \ldots$$
$$\ldots + \underbrace{\int_c^{c+2L} a_n \cos\left(\frac{n\pi}{L}x\right)dx}_{0} + \underbrace{\int_c^{c+2L} b_n \operatorname{sen}\left(\frac{n\pi}{L}x\right)dx}_{0}$$

Por tanto,

$a_0 = \frac{1}{L}\int_c^{c+2L} f(x)\,dx$, continuando com o procedimento anterior, encontraremos,

$$a_n = \frac{1}{L}\int_c^{c+2L} f(x)\cos\left(\frac{n\pi}{L}x\right)dx \quad \text{e} \quad b_n = \frac{1}{L}\int_c^{c+2L} f(x)\operatorname{sen}\left(\frac{n\pi}{L}x\right)dx$$

Desse modo enunciamos,

<u>Teorema de Fourier</u> – "Seja $f(x)$ uma função periódica de período $2L$, sendo que $f(x)$ e $f'(x)$ são contínuas por partes[113] no intervalo $[c, c+2L]$, então podemos afirmar que a **Série de Fourier**

$$\frac{a_0}{2} + \sum_{n=1}^{\infty} a_n \cos\left(\frac{n\pi}{L}x\right) + \sum_{n=1}^{\infty} b_n \operatorname{sen}\left(\frac{n\pi}{L}x\right)$$

onde,

$$a_0 = \frac{1}{L}\int_c^{c+2L} f(x)\,dx, \quad a_n = \frac{1}{L}\int_c^{c+2L} f(x)\cos\left(\frac{n\pi}{L}x\right)dx \quad \text{e} \quad b_n = \frac{1}{L}\int_c^{c+2L} f(x)\operatorname{sen}\left(\frac{n\pi}{L}x\right)dx$$

[113] Uma função f é contínua por partes em um intervalo $[a, b]$, se o intervalo puder ser dividido em um número finito de pontos $a = x_0 < x_1 < x_2 < \ldots x_n = b$ de modo que:

(a) f é contínua em cada subintervalo $x_{i-1} < x < x_i$;

(b) f tende a um limite finito, nas extremidades de cada subintervalo quando aproximados pelo interior do intervalo, $f(x_i^+) = \lim_{x \to x_i +} f(x) = M$ e $f(x_i^-) = \lim_{x \to x_i -} f(x) = N$

Converge para $f(x)$ em todos os pontos onde a função é contínua e converge para

$\frac{f(x_i^+)+f(x_i^-)}{2}$ nos pontos onde a função é descontínua."

Observação:

Se a função $f(x)$ for,

- Par, a Série de Fourier é dita em Cossenos, uma vez que todos os seus termos b_n serão nulos e os coeficientes serão dados por:
  $a_0 = \frac{2}{L}\int_0^L f(x)dx$ e $a_n = \frac{2}{L}\int_0^L f(x)\cos\left(\frac{n\pi x}{L}\right)dx$
- Ímpar, a Série de Fourier é dita em Senos, pois dessa vez tanto a_0 quanto a_n serão nulos e seus coeficientes b_n serão dados por:
  $b_n = \frac{2}{L}\int_0^L f(x)\operatorname{sen}\left(\frac{n\pi x}{L}\right)dx$

a) Demonstre a expansão de Mittag-Leffer da $\operatorname{cotg}(z) = \frac{1}{z} + 2z\sum_{n=1}^{\infty}\frac{1}{z^2-(\pi n)^2}$.

Demonstração:
Vamos primeiro encontrar a expansão em série de Fourier da função $\cos(tx)$, com $t \in \mathbb{R}\setminus\mathbb{Z}$ (que se justificará ao longo do desenvolvimento). Uma vez que a função é uma função par, teremos uma série de Fourier em cossenos,

$f(x) = \cos(tx) = \frac{a_0}{2} + \sum_{n=1}^{\infty} a_n \cos\left(\frac{n\pi}{L}x\right)$, para $L = \pi$, temos,

$$a_0 = \frac{2}{\pi}\int_0^\pi f(x)dx \quad \text{e} \quad a_n = \frac{2}{\pi}\int_0^\pi \cos(tx)\cos(nx)dx$$

$$a_0 = \frac{2}{\pi}\int_0^\pi \cos(tx)dx = \frac{2}{\pi}\left[\frac{\operatorname{sen}(tx)}{t}\right]_0^\pi = \frac{2}{\pi t}\operatorname{sen}(\pi t)$$

$$a_n = \frac{2}{\pi}\int_0^\pi \cos(tx)\cos(nx)dx$$

	D	I
$+$	$\cos(tx)$	$\cos(nx)$
$-$	$-t\operatorname{sen}(tx)$	$\frac{\operatorname{sen}(nx)}{n}$
$+$	$-t^2\cos(tx)$	$-\frac{\cos(nx)}{n^2}$

$$\left[\cos(tx)\frac{\operatorname{sen}(nx)}{n}\right]_0^\pi - \left[t\operatorname{sen}(tx)\frac{\cos(nx)}{n^2}\right]_0^\pi + \frac{t^2}{n^2}\int_0^\pi \cos(tx)\cos(nx)dx$$

$$\int_0^\pi \cos(tx)\cos(nx)\,dx = \left[\cos(tx)\frac{\operatorname{sen}(nx)}{n}\right]_0^\pi - \left[t\operatorname{sen}(tx)\frac{\cos(nx)}{n^2}\right]_0^\pi + \frac{t^2}{n^2}\int_0^\pi \cos(tx)\cos(nx)\,dx$$

$$\int_0^\pi \cos(tx)\cos(nx)\,dx = \cancel{\left[\cos(tx)\frac{\operatorname{sen}(nx)}{n}\right]_0^\pi} - \frac{t}{n^2}\operatorname{sen}(t\pi)\underbrace{\cos(n\pi)}_{(-1)^n} + \frac{t^2}{n^2}\int_0^\pi \cos(tx)\cos(nx)\,dx$$

$$\left(1-\frac{t^2}{n^2}\right)\int_0^\pi \cos(tx)\cos(nx)\,dx = -\frac{t}{n^2}\operatorname{sen}(t\pi)(-1)^n$$

$$\int_0^\pi \cos(tx)\cos(nx)\,dx = -\frac{(-1)^n t}{n^2-t^2}\operatorname{sen}(t\pi)$$

$$a_n = \frac{2}{\pi}\int_0^\pi \cos(tx)\cos(nx)\,dx = -\frac{2t(-1)^n}{\pi\left(n^2-t^2\right)}\operatorname{sen}(t\pi)$$

$$f(x) = \cos(tx) = \frac{a_0}{2} + \sum_{n=1}^{\infty} a_n \cos\left(\frac{n\pi}{L}x\right)$$

$$\cos(tx) = \frac{1}{\pi t}\operatorname{sen}(\pi t) - \frac{2t}{\pi}\sum_{n=1}^{\infty}\frac{(-1)^n}{n^2-t^2}\operatorname{sen}(t\pi)\cos(nx)$$

Fazendo $x=\pi$,

$$\cos(t\pi) = \frac{1}{\pi t}\operatorname{sen}(\pi t) - \frac{2t}{\pi}\sum_{n=1}^{\infty}\frac{(-1)^n}{n^2-t^2}\operatorname{sen}(t\pi)\cos(n\pi), \text{ onde,}$$

dada a origem do nosso *t*, o $\operatorname{sen}(t\pi)$ nunca vai ser zero, por tanto, podemos dividir ambos os lados da igualdade por $\operatorname{sen}(t\pi)$,

$$\frac{\cos(t\pi)}{\operatorname{sen}(t\pi)} = \frac{1}{\pi t} - \frac{2t}{\pi}\sum_{n=1}^{\infty}\frac{(-1)^n}{n^2-t^2}\underbrace{\cos(n\pi)}_{(-1)^n}$$

$$\operatorname{cotg}(t\pi) = \frac{1}{\pi t} + \frac{2t}{\pi}\sum_{n=1}^{\infty}\frac{1}{t^2-n^2}$$

Seja agora, $z=\pi t$,

$$\operatorname{cotg}(z) = \frac{1}{z} + \frac{2z}{\pi^2}\sum_{n=1}^{\infty}\frac{1}{\left(\frac{z}{\pi}\right)^2-n^2} = \frac{1}{z} + \frac{2z}{\pi^2}\sum_{n=1}^{\infty}\frac{\pi^2}{z^2-\pi^2 n^2}, \text{ finalmente,}$$

$$\operatorname{cotg}(z) = \frac{1}{z} + 2z\sum_{n=1}^{\infty}\frac{1}{z^2 - (\pi n)^2}$$

G) Teorema: "Sejam $f(x)$ e g (y) integráveis, então: $\int_a^b\int_c^d f(x)g(y)\,dy\,dx = \left(\int_a^b f(x)\,dx\right)\left(\int_c^d g(y)\,dy\right)$".

Demonstração:

Para g (y) independente de x, temos $\int_a^b g(y)f(x)\,dx = g(y)\int_a^b f(x)\,dx$, temos ainda que,

$$\int_a^b\int_c^d f(x)g(y)\,dy\,dx = \int_a^b\left(\int_c^d f(x)g(y)\,dy\right)dx = \int_a^b f(x)\underbrace{\left(\int_c^d g(y)\,dy\right)}_{\text{não depende de } x}dx$$

Por tanto, $\int_a^b\int_c^d f(x)g(y)\,dy\,dx = \left(\int_a^b f(x)\,dx\right)\left(\int_c^d g(y)\,dy\right)$.

H) Teorema de Tonelli:

"Seja f $(x,y) \geq 0$ sobre o domínio $E \times F = \{(x,y) \in \mathbb{R}^{m+n} : x \in E, y \in F\}$, nessas condições podemos afirmar que $\int_E\int_F f(x,y)\,dy\,dx = \int_F\int_E f(x,y)\,dx\,dy$".

Corolário: "Seja dado $E \subseteq R^d$ e suponha que $f_n : E \to [0,\infty[$ para todo $n \in \mathbb{N}$. Então, para integrais e séries com convergência absoluta $\int_E\sum_{n=1}^{\infty} f_n = \sum_{n=1}^{\infty}\int_E f_n$".

Bibliografia

Livros:

ABEL, N. H., *Oeuvres Complètes de N. H. ABEL, TOME SECOND.* Christiania, 1839.

ABLOWITZ, Mark J., FOKAS, Athanassios S., *Complex Variables – Introduction and Applications – Second Edition.* 2nd Edition, Cambridge University Press, 2003.

ABRAMOWITZ, Milton, STEGUN, Irene, *Handbook of Mathematical Functions – with Formulas, Graphs, and Mathematical Tables.* 1970.

AGARWAL, Amit M., *Integral Calculus – Be Prepared for JEE Main & Advanced.* Arihant Prakashan, Meerut, 2018.

AHLFORS, Lars V., *Complex Analysis.* 3rd Edition, McGraw-Hill, 1979.

ALSAMRAEE, Hamza E., *Advanced Calculus Explores with Applications in Physics, Chemistry and Beyond.* Curiousmath.publications@gmail.com , 2019.

ANDREESCU, Titu, ANDRICA, Dorin, *Complex Number from A to ... Z.* Birkhäuser, 2006.

ANDREESCU, Titu, GELCA, Razvan, *PUTNAM and BEYOND.* Springer, 2007.

ANDREWS, George E., ASKEY, Richard, ROY, Ranjan, *Special Functions.* Cambridge University Press, 1999.

ANDREWS, Larry C., *Special Functions for Engineers and Applied Mathematicians.* Macmillan, 1985.

ARAKAWA, Tsuneo, IBUKIYAMA, Tomoyoshi, KANEKO, Masanobu, *Bernoulli Numbers and Zeta Functions.* Springer Japan, 2014.

ARTIN, Emil, *The Gamma Function.* Trad. Michael Butler, Holt, Rinehart and Winston, 1964.

ASMAR, Nakhlé H., GRAFAKOS, Loukas, *Complex Analysis with Applications.* Springer, 2018.

ÁVILA, Geraldo, *Variáveis Complexas e Aplicações.* 3a Edição, LTC, 2008.

BACHMAN, David, *Advanced Calculus DeMystified – Self-Teaching Guide.* McGraw-Hill, 2007.

BACHMAN, David, *A Geometric Approach to Differential Forms.* Birkhauser, 2006.

BAILEY, W. N., *Generalized Hypergeometric Series.* Stechert-Hafner Service Agency, 1964.

BAK, Joseph, Newman, Donald J., *Complex Analysis.* 3rd Edition, Springer, 2010.

BARTLE, Robert G., *A Modern Theory of Integration.* American Mathematical Society, 2001.

BATEMAN, Harry, *Higher Transcendental Functions, volume 1 – based, in part, on notes left by Harry Bateman.* McGraw-Hill, 1953.

BATEMAN, Harry, *Higher Transcendental Functions, volume 2 – based, in part, on notes left by Harry Bateman.* McGraw-Hill, 1953.

BATEMAN, Harry, *Higher Transcendental Functions, volume 3 – based, in part, on notes left by Harry Bateman.* McGraw-Hill, 1953.

BELL, W. W., *Special Functions for Scientists and Engineers.* D. Van Nostrand Company LTD, 1968.

BERNOULLI, Jacobi, *Ars Conjectandi.* Opus Posthumum, Basilea, 1721.

BOROS, George, MOLL, Victor H., *Irresistible Integrals – Symbolics, Analysis and Experiments in the Evaluation of Integrals.* Cambridge University Press, 2004.

BORTOLAN, Matheus Cheque, *Notas de Aula: Cálculo.* Departamento de matemática – MTM, Universidade Federal de Santa Catarina – UFSC, Florianópolis, 2015.

BOURBAKI, Nicolas, *Elements of the History of Mathematics.* 2nd Edition, Springer, 1999.

BOURBAKI, Nicolas, *Elements of Mathematics – Algebra I – Chapters 1 – 3.* Springer Verlag, 1970.

BOURBAKI, Nicolas, *Elements of Mathematics – Algebra II – Chapters 4 – 7.* Springer Verlag, 1970.

BOURBAKI, Nicolas, *Elements of Mathematics – Functions of a Real Variable.* Springer Verlag, 2004.

BOYER, Carl B., MERZBACH, Uta C., *História da Matemática.* Tradução da 3ª Edição, Editora Edgard Blücher, 2018.

BOYER, Carl B., *The History of the Calculus and its Conceptual Development.* Dover, 1959.

BROWN, James Ward, CHURCHILL, Ruel V., *Variáveis Complexas e Aplicações.* 9ª Edição, McGraw-Hill, 2015.

BRYCHKOV, Yury A., *Handbook of Special Functions – Derivatives, Integrals, Series and other Formulas.* CRC Press, 2008

BURDEN, Richard L., FAIRES, Douglas J., BURDEN, Annette M., *Numerical Analysis.* 10th Edition, CENGAGE Learning, 2016.

BUTKOV, Eugene, *Mathematical Physics.* Addison-Wesley, 1973.

CABRAL, Marco A. P., *Introdução à Teoria da Medida e Integral de Lebesgue.* 3ª Edição, Instituto de Matemática, Universidade Federal do Rio de Janeiro, 2016.

CAMPBELL, Robert, *Les Intégrales Eulériennes et leurs Applications – Étude Approfondie de la Fonction Gamma.* Dunod, Paris, 1966.

CANDELPERGHER, B., *Ramanujan Summation of Divergent Series. Lectures notes in mathematics*, 2185, 2017. Hal-01150208v2.

CANUTO, Claudio, TABACCO, Anita, *Mathematical Analysis II.* Springer, 2010.

CARATHÉODORY, C., *Theory of Functions of a Complex Variable – Volume I.* Chelsea Publishing Company, New York, 1954.

CARATHÉODORY, C., *Theory of Functions of a Complex Variable – Volume II.* Chelsea Publishing Company, New York, 1954.

CARSLAW, H. S., *Introduction to the theory of Fourier's series and Integrals.* 3rd Edition, Dover, 1930.

CORRÊA, Francisco Júlio Sobreira de Araújo, *Introdução à Análise Real.*

COURANT, Richard, *Differential & Integral Calculus – Volume I.* 2nd Edition, Blackie & Son Limited, 1937.

COURANT, Richard, *Differential & Integral Calculus – Volume II.* 2nd Edition, Blackie & Son Limited, 1937.

COURANT, Richard, HILBERT, D., *Methods of Mathematical Physics.* Interscience Publishers, 1953.

COURANT, Richard, HILBERT, D., *Methods of Mathematical Physics – Volume II – Partial Differential Equations.* Wiley-VCH Verlag, 1962.

COURANT, Richard, ROBBINS, Herbert, *What is Mathematics?(revised by Ian Stewart).* 2nd Edition, Oxford University Press, 1996.

CUNHA, Haroldo Lisbôa da, *Pontos de Álgebra Complementar – Teoria das Equações.* Rio de Janeiro, 1939.

DEMIDOVITCH, B., *5000 Problemas de Análisis Matemático.* 9a Edición, Thomson, 2003.

DEMIDOVITCH, B., *Problemas e Exercícios de Análise Matemática.* 4ª Edição, Mir, U.R.S.S., 1984.

DEVRIES, Paul L., *A First Course in Computatonal Physics.* John Wiley & Sons, Inc., 1994.

DOOB, J.L., Heinz, E., HIRZEBRUCH, F., HOPF, E., HOPF, H., MAAK, W., MAGNUS, W., SCHMIDT, F.K., STEIN, K., *Mathematischen Wissenschaften in Einzeldarstellungen mit Besonderer Berucksichtigung der Anwendungsgebiete.* Band 2, Springer Verlag, 1964.

DUNHAM, William, *Euler, The Master of Us All.* The Mathematical Society of America.

EDAWADS, Harold M., *Advanced Calculus – A Differential Forms Approach.* Birkhäuser, 1969.

EDWARDS, Joseph, *A Treatise on the Integral Calculus – with applications, examples and problems.* Volume II, Macmillan and Co., London, 1922.

EDWARDS, Joseph, *A Treatise on the Integral Calculus – with Applications, Examples and Problems – Volume II.* Macmilland and Co., 1922.

EPPERSON, James F., *An Introduction to Numerical Methods and Analysis.* 2nd Edition, Wiley, 2013.

FERREIRA, J. Campos, *Introdução à Análise em R^n.* 2004

FIGUEIREDO, Djairo Guedes de, *Equações Diferenciais Aplicadas.* IMPA.

GARRITY, Thomas A., *Eletricity and Magnetism for Mathematicians.* Cambridge University Press, 2015.

GARRITY, Thomas A., *All the Mathematics You Missed.* Cambridge University Press, 2002.

GASPER, George, RAHMAN, Mizan, *Basic Hypergeometric Series – Second Edition.* Cambridge University Press, 2004.

GIRARD, Albert, *Invention nouvelle en L'Algebre.* A Amsterdam. Chez Guillaume Iansson Blaeuw, 1629.

GRAY, Jeremy, *The Real and The Complex: A History of Analysis in the 19th Century.* Springer, 2015.

GUIDORIZZI, Hamilton Luiz, *Um Curso de Cálculo – Volume 1.* 5ª Edição, LTC, 2001.

GUIDORIZZI, Hamilton Luiz, *Um Curso de Cálculo – Volume 2.* 5ª Edição, LTC, 2001.

GUIDORIZZI, Hamilton Luiz, *Um Curso de Cálculo – Volume 3.* 5ª Edição, LTC, 2001.

GUIDORIZZI, Hamilton Luiz, *Um Curso de Cálculo – Volume 4.* 5ª Edição, LTC, 2001.

GUIMARÃES, Caio dos Santos, *Números Complexos e Poliômios. Vestseller.*

GUZMÁN, Miguel de, *Real Variable Methods in Fourier Analysis.* North-Holland, 1981.

GUZMÁN, Miguel de, *Lecture Notes in Mathematics – Differentiation of Integrals in R^n.* Springer Verlag, 1975.

HARDY, G. H., *Divergent Series.* Oxford, 1949.

HARDY, G. H., AIYAR, P.V. Seshu, WILSON, B.M., *Collected Papers of SRINIVASA RAMANUJAN.* Cambridge University Press, 1927.

HARDY, G. H., *The Integration of Functions of a Single Variable.* 2nd Edition, Cambridge University Press, 1916.

HAVIL, Julian, *GAMMA – Exploring Euler's Constant.* Princeton University Press, 2003.

HENRICI, Peter, *Applied And Computational Complex Analysis, vol.3 – Discrete Fourier Analysis – Cauchy Integrals – Construction of Conformal Maps – Univalent Functions.* John Wiley & Sons, 1986.

HOLZNER, Steven, *Differential Equation for Dummies.* Wiley, 2008.

HOLZNER, Steven, *Differential Equation Workbook for Dummies.* Wiley, 2009.

HUNTER, John K., *An Introduction to Real Analysis.* Department of Mathematics, University of California at Davis.

ISAACSON, Eugene, KELLER, Herbert Bishop, *Analysis of Numerical Methods.* John Wiley & Sons, 1966.

JAMES, J. F., *A Student's Guide to Fourier Transforms – with Applications in Physics and Engineering.* 3rd Edition, Cambridge University Press, 2011.

KALMAN, Dan, *Uncommon Mathematical Excursions – Polynomia and Related Realms.* The Mathematical Association of America, 2009.

KNOPP, Konrad, *Theory and Application of Infinite Series.* From 2nd German Edition, Blackie & Son, 1954.

KRANTZ, Steven G., PARKS, Harold R. *A Mathematical Odyssey – Journey from the Real to the Complex.* Springer, New York, 2014.

KRANTZ, Steven G., *Complex Variables – A Physical Approach with Applications – Second Edition.* 2nd Edition, CRC Press, 2019.

KRANTZ, Steven G., *Elementary Introduction to the Lesbegue Integral.* CRC Press, 2018.

KRANTZ, Steven G., *The Theory and Practice of Conformal Geometry.* Dover, 2016.

KRANTZ, Steven, *Handbook of Complex Variables.* Springer Science+Business Media, 1999.

KUMMER, Ernst Eduard *Collected Papers, Volume I – Contributions to Number Theory.* Springer Verlag, 1975.

LEBEDEV, N. N., *Special Functions and their Applications.* Prentice-Hall, 1965.

LEVI, Mark, *The Mathematical Mechanic.* Princeton University Press, 2009.

LEWIN, Leonard, *Polylogarithms and Associated Functions.* North Holland, 1981.

LIDSKI, V. B., OVSIANIKOV, L. V., *Problemas de Matematicas Elementales.* MIR, Moscou, 1972.

TULAIKOV, A. N.,

SHABUNIN, M. I.,

LIMA, Elon Lages, *Curso de Análise – volume 1.* IMPA, 2009.

LIMA, Elon Lages, *Curso de Análise – volume 2.* IMPA, 2009.

LIMA, Elon Lages, *Análise no Espaço R^n.* IMPA, 2014.

LOCKWOOD, E. H., *A Book of CURVES.* Cambridge University Press, 1961.

MARKUSHEVICH, A. I., *Theory of Functions of a Complex Variable – Volume I.* Prentice-Hall, 1965.

MARKUSHEVICH, A. I., *Theory of Functions of a Complex Variable – Volume III.* Prentice-Hall, 1965.

MATHAI, A. M., HAUBOLD, Hans J., *Special Functions for Appleid Scientists.* Springer, 2008.

MATHEWS, John H., HOWELL, Russel W., *Complex Analysis for Mathematics and Engineering.* Jones and Bartlett Publishers, 1997.

MITRINOVIC, Dragoslav S., KECKIÉ, Jovan D., *The Cauchy Method of Residues – Theory and Applications.* D. Reidel Publishing Company, 1984.

NAHIN, Paul J., *Inside Interesting Integrals – with an introduction to contour integration.* Springer, 2015.

NEEDHAM, Tristan, *Visual Complex Analysis.* Clarendon Press, 1997.

NIELSEN, Niels, *Handbuch der Theorie der GAMMAFUNKTION.* Druck und Verlag von B. G. Teubner, Leipzig, 1906.

PENROSE, Roger, *The Road to Reality. A Complete guide to the Laws of the Universe.* Jonathan Cape, London, 2004.

PINEDO, Christian Q., *Cálculo Diferencial em R.* Editora da Universidade Federal do Acre (EDUFAC), 2016.

PISKUNOV, N., *Differential and Integral Calculus.* Mir Publishers, Moscow, 1969.

POLCHINSKI, Joseph, *String Theory – An Introduction to the Bosonic String - Volume 1.* Cambridge University Press, 2005.

RAHMAN, Mizan, *Theory and Applicantions of Special Functions – A volume dedicated to Mizan Rahman – Edited by Mourad E. H. Ismail and Erik Koelink.* Springer, 2005.

RAINVILLE, Earl D., *Special Functions.* The Macmillan Company, New York, 1960.

RAMANUJAN, S., BERNDT, Bruce C., *Ramanujan's Notebooks Part 1.* Springer Verlag, 1985.

RITT, Joseph Fels, *Integration in Finite Terms – Lioville's Theory of Elementary Methods.* Columbia University Press, 1948.

ROY, Ranjan, *Elliptic and Modular Functions from Gauss to Dedekind to Hecke* Cambridge University Press, 2017.

RUDIN, Walter, *Real and Complex Analysis.* 3rd Edition, McGraw-Hill, 1987.

SAFF, Edward B., SNIDER, Arthur David, *Fundamentals of Complex Analysis with applications to Engineering and Science – Third Edition.* 3rd Edition, Pearson Education, 2014.

SASANE, Sara Maad, SASANE, Amol, *A Friendly Approach to Complex Analysis.* World Scientific Publishing Co. Pte. Ltd., 2014.

SIMMONS, George F., *Cálculo com Geometria Analítica – Volume 1.* McGraw-Hill.

SIMMONS, George F., *Cálculo com Geometria Analítica – Volume 2.* McGraw-Hill.

SIMPSON, Thomas, *Miscellaneous Tracts on Some Curious, and very interesting Subjects in Mechanics, Physical-Astronomy, and Speculative Mathematics.* London, 1757.

SLATER, Lucy Joan, *Generalized Hypergeometric Functions.* Cambridge University Press, 1966.

SLAVÍK, Antonín, *Product Integration, Its History and Applications.* Matfyzpress, Prague, 2007.

SMIRNOV, Gueorgui V., *Análise Complexa e Aplicações.* Escolar Editora, 2003.

SMITH, David Eugene, *A Source Book in Mathematics.* Volume One, Dover, New York, 1959.

SMITH, David Eugene, *A Source Book in Mathematics.* Volume Two, Dover, New York, 1959.

SOARES, Marcio G., *Cálculo em uma Variável Complexa.* IMPA, 2014.

SPIEGEL, Murray R., *Theory and Problems of Complex Variables with an introduction to Conformal Mapping and its application.* McGraw-Hill, 1981.

SPIEGEN, Murray R., LIPSCHUTZ, Seymour, SCHILLER, John J., SPELLMAN, Dennis, *Complex Variables with an introduction to Conformal Mapping and its Applications.* 2nd Edition, McGraw-Hill, 2009.

STALKER, John, *Complex Analysis – Fundamentals of the Classical Theory of Functions.* Springer, 1998.

STEIN, Elias M., SHAKARCHI, Rami, *Complex Analysis.* Princeton University Press, 2003.

STEIN, Elias M., SHAKARCHI, Rami, *Fourier Analysis – An Introduction.* Princeton University Press, 2003.

STEIN, Elias M., SHAKARCHI, Rami, *Functional Analysis – Introduction to Further Topics in Analysis.* Princeton University Press. 2011.

STEIN, Elias M., SHAKARCHI, Rami, *Real Analysis – Mesure Theory, Integration, and Hilbert Spaces.* Princeton University Press, 2005.

STEWART, James, *Cálculo – Volume 1.* 5a Edição, 2006.

STEWART, James, *Cálculo – Volume 2.* 5a Edição, 2006.

TAO, Terence, *An Introduction to Measure Theory.* American Mathematical Society.

TEMME, Nico M., *Special Functions – An introduction to the Classical Functions of Mathematical Physics.* John Wiley & Sons, 1996.

TITCHMARSH, E. C., *The Theory of Functions.* 2nd Edition, Oxford University Press, 1939.

TITCHMARSH, E. C., *The Theory of the RIEMANN ZETA-FUNCTION.* 2nd Edition, Clarendon Press, 1986.

VALEAN, Cornel Ioan, *(Almost) Impossible Integrals, Sums, and Series.* Springer Verlag, 2019.

VOLKOVYSKII, L. I., LUNTS, G.L., ARAMANOVICH, I. G., *A Collection of Problems on COMPLEX ANALYSIS.* Pergamon Press, Oxford, 1965.

WARNER, Steve, *Mathematics for Beginners.* GET 800, 2018.

WEINHOLTZ, A. Bivar, *Integral de Riemann e de Lebesgue em R^n.* 4ª Edição, Universidade de Lisboa, Departamento de Matemática, 2006.

WHITTAKER, E. T., WATSON, G.N., *A Course of Modern Analysis.* Cambridge University Press, 5th Edition, 2021.

WILF, Herbert S., *Mathematics for the Physical Sciences.* Dover, New York, 1962.

WOODS, Frederick S., *Advanced Calculus.* New Edition, Ginn and Company, 1934.

WUNSCH, A. David, *Complex Variables with Applications – Third Edition.* 3nd Edition, Pearson Education, 2003.

ZEGARELLI, Mark, *Calculus II for Dummies.* Wiley Publishing Inc, 2008.

ZILL, Dennis G., SHANAHAN, Patrik D., *Curso Introdutório à Análise Complexa com Aplicações.* 2ª Edição, LTC, 2011.

Artigos e Trabalhos Acadêmicos:

AGUILERA-NAVARRO, Maria Cecília K., AGUILERA-NAVARRO, Valdir C., FERREIRA, Ricardo C., TERAMON, Neuza, *A função zeta de Riemann.*

AHMED, Zafar, *Ahmed's Integral: The Maiden Solution.* Bhabha Atomic Research Centre (BARC) Newsletter, Issue no.342, nov-dec 2014.

AHMED, Zafar, *Ahmed's Integral: The Maiden Solution.* Nuclear Physics Division, Bhabha Atomic Research Centre, Mumbai, India. arXiv:1411.5169v2 [math.HO] 1 Dec 2014. **http://arxiv.org/abs/1411.5169v2**.

AMDEBERHAN, T., GLASSER, M. L., JONES, M. C., MOLL, V. H., POSEY, R., VARELA, D., *The Cauchy-Schlömilch Transformation.* arXiv:1004.2445v1 [math.CA] 14 Apr 2010. http://arxiv.org/abs/1004.2445v1

AMDEBERHAN, Tewodros, COFFEY, Mark W., ESPINOSA, Olivier, KOUTSCHAN, Christoph, MANNA, Dante V., MOLL, Victor H., *Integrals of Powers of Loggamma.* Proceedings of the American mathematical Society. Volume 139, Number 2, February 2011, Pages 535-545. American Mathematical Society.

AMDEBERHAN, Tewodros, ESPINOSA, Olivier, GONZALEZ, Ivan, HARRISON, Marshall, MOLL, Victor H., STRAUB, Armin, *Ramanujan's Master Theorem.*

ANDRADE, Lenimar N., *Funções de uma variável complexa. Resumo e Exercícios.* Universidade Federal da Paraíba, João Pessoa, setembro de 2009.

ANDRADE, Doherty, *Teorema de Taylor.*

APLELBLAT, Alexander, CONSIGLIO, Armando, MAINARDI, Francesco, *The Bateman Functions Revisited after 90 years – A Survey of Old and New Results.* Mathematics 2021, 9, 1273. https://doi.org/10.3390/math9111273

APOSTOL, Tom M., *An Elementary View of Euler's Summation Formula.* The American Mathematical Monthly, Vol.106, No.5 (May, 1999), pp. 409-418. Mathematical Association of America. http://www.jstor.org/stable/2589145?origin=JSTOR-pdf

APOSTOL, Tom M., *Another Elementary Proof of Euler's Formula for z(2n).* The American Mathematical Monthly, Vol.80, No.4, April 1973, pp. 425-431. Mathematical Association of America. **http://www.jstor.org/stable/2319093**

ARIAS-DE-REYNA, Juan, *On the theorem of Frullani.* Proceedings of the American Mathematical Society, Volume 109, Number 1, May 1990.

ÁVILA, Geraldo, *Evolução dos Conceitos de Função e de Integral.* Departamento de Matemática da Universidade de Brasília.

AYCOCK, Alexander, *Euler and the Gamma Function.* arXiv:1908.01571v5 [math.HO] 3 May 2020.

AYCOCK, Alexander, *Euler and the Multiplication Formula for the Γ-Function.* arXiv:1901.03400v1 [math.HO] 10 Jan 2019. **http://arxiv.org/abs/1901.03400v1**

AYCOCK, Alexander, *Note on Malmstèn's paper De Integralibus quibusdam definitis seriebusque infinitis.* arXiv:1306.4225v1 [math.HO] 16 Jun 2013. **http://arxiv.org/abs/1306.4225v1**

AYCOCK, Alexander, *Translation of C. J. Malmstèn's paper "De Integralibus quibusdam definitis seriebusque infinitis".* arXiv:1309.3824v1 [math.HO] 16 Sep 2013. **http://arxiv.org/abs/1309.3824v1**.

BAILEY, David H., BORWEIN, David, BORWEIN, Jonathan M., *On Eulerian Log-Gamma Integrals and Tornheim-Witten Zeta Functions.* July 28, 2012.

BASHIROV, Agamirza E., KURPINAR, Emine Misirli, Özyapici, Ali, *Multiplicative calculus and its applications.* Journal of Mathematical Analysis and Applications, 337 (2008) pp. 36-48. Elsevier.

BELOQUI, Jorge Adrian, *Teoremas de Fubini e Tonelli.* IME-USP. MAT0234 Medida e Integração.

BERDT, Bruce C., *The Gamma Function and the Hurwitz Zeta-Function.* The American Mathematical Monthly, Vol.92, No.2, February 1985, pp. 126-130.

BERGAMO, José Vinícius Zapte, *Teoria de Funções Elípticas e Aplicações em Soluções de Sistemas Periódicos em Mecânica.* Dissertação de Mestrado. Instituto de Geociências e Ciências Exatas da Universidade Estadual Paulista. Rio Claro, 2018.

BHATNAGAR, Shobhit, *Integral and Series – Fourier Series of the Log-Gamma Function and Vardi's Integral.* June 1, 2020.

BHATNAGAR, Shobhit, *Integrals and Series – Bernoulli numbers and a related integral.* April 19, 2020.

BIANCONI, Ricardo, *Séries de Fourier.* Novembro 2016.

BLAGOUCHINE, Iaroslav V., *Rediscovery of Malmsten's integrals, their evaluation by contour integration methods and some related results.* The Ramanujan Journal. January 2014. Springer.

BONGARTI, Marcelo, LOZADA-CRUZ, German, *Alguns Teoremas do Tipo Valor Médio: De Lagrange a Malesevic.* Revista Matemática Universitária, vol.1, 2021. Sociedade Brasileira de Matemática.

BYTSKO, Andrei G., *Two-term dilogarithm identities related to conformal field theory.* Steklov Mathematics Institue, Fontanka 27, St. Petersburg 191011, Russia. November 1999. arXiv:math-ph/9911012v2 10 Nov 1999 http://arxiv.org/abs/math-ph/9911012v2

CABRAL, Marco A. P., *Introdução à Teoria da Medida e Integral de Lebesgue.* Departamento de Matemática Aplicada da Universidade Federal do Rio de Janeiro. Rio de Janeiro, setembro de 2009.

CANDELPERGHER, B., *Ramanujan summation of divergent series.* Lectures notes in mathematics, 2185, 2017. Hal-01150208v2. https://hal.univ-cotedazur.fr/hal-01150208v2

CARRILLO, Sergio A., *Where did the examples of Abel's continuity theorem go?* Programa de Matemáticas, Universidad Sergio Arboleda, Bogotá, Colombia. arXiv:2010.10290v1 [math.HO] 19 Oct 2020. http://arxiv.org/abs/2010.10290v1

CAVALHEIRO, Albo Carlos, *Integrais Impróprias.* Departamento de Matemática da Universidade Estadual de Maringá.

CHATTERJEE, Neil, NITA, Bogdan G., *The Hanging Cable Problem for Practical Applications.* Atlantic Eletronic, Journal of Mathematics, Volume 4, Number 1, Winter 2010.

CHOI, Junesang, SRIVASTAVA, Harl Mohan, *Integral Representations for the Euler-Mascheroni Constant.* East Asian Mathematical Journal, Integral Transforms and Special Functions, Vol.21, No.9, September 2010, pp. 675-690.

COELHO, Emanuela Régia de Souza, *Introdução à Integral de Lebesgue.* Centro de Ciências e Tecnologia da Universidade Estadual da Paraíba, Campina Grande, julho de 2012.

COLOMBO, Jones, *Conexões entre Curvas e Integrais Elípticas.* 4º Colóquio da Região Centro-Oeste Universidade Federal Fluminense, novembro 2015.

CONNON, Donal, *Fourier Series representations of the logarithms of the Euler gamma function and the Barnes multiple gamma.* 25 March 2009. https://www.researchgate.net/publication/24166964

CONNON, Donal, *New proofs of the duplication and multiplication formulae for the gamma and the Barnes double gamma functions.* April 2009. https://www.researchgate.net/publication/24167180.

CONRAD, Keith, *Boudary Behavior of Power Series: Abel's Theorem.*

CONRAD, Keith, *The Gaussian Integral.*

COUTO, Roberto Toscano, *Comentários sobre integrais impróprias que representam grandezas físicas.* Revista Brasileira de Ensino de Fìsica, v. 29, n. 3, p. 313-324 (2007). Sociedade Brasileira de Física.

CRANDALL, Richard E., BUHLER, Joe P., *On the Evaluations of Euler Sums.* Experimental Mathematics, Vol.3 (1994), no.4. A K Peters.

DAVIS, Philip J., *Leonard Euler's Integral: A Historical Profile of the Gamma Function: In Memoriam: Milton Abramowitz.* The American Mathematical Monthly, Vol.66, no.10, December 1959, pgs 849-869. The Mathematical Association of America.

DURAN, Franciéli, *Transformações de Moebius e Inversões.* Dissertação de Mestrado Profissionalizante. Instituto de Geociências e Ciências Exatas da Universidade Estadual Paulista. Rio Claro 2013.

EREMENKO, A., *Abel's Theorem.* October 24, 2020.

FEHLAU, Jens, *The Fractional Derivatives of the Riemann Zeta and Dirichlet Eta Function.* Dissertação de Mestrado. Institute of Mathematics and Science, University of Potsdam. 02.03.2020.

FERNANDES, Rui Loja, *O Integral de Lebesgue.* Departamento de Matemática do Instituto Superior Técnico. Lisboa, Outubro de 2004.

FRIEDMANN, Tamar, HAGEN, C. R., *Quantum Mechanical Derivation of the Wallis Formula for π.* arXiv:1510.07813v2 [math-ph] 21 Dec 2015. http://arxiv.org/abs/1510.07813v2

GAELZER, Rudi, *Física-Matemática.* Apostila preparada para as disciplinas de Física-Matemática ministradas para os cursos de Física da Universidade Federal do Rio Grande do Sul, Porto Alegre. Maio de 2021.

GESSEL, Ira M., *Lagrange Inversion.* Department of Mathematics, Brandeis University, Waltham, MA, 2016.

GLASSER, M. L., *A Remarkable Property of Definite Integrals.* Mathematics of Computations, Volume 40, Number 162, April 1983.

GRIGOLETTO, E. Contharteze, OLIVEIRA, E. Capelas, *A note on the inverse Laplace Transform.* Cadernos do IME – Série Matemática, no.12, 2018. https://doi.org/10.12957/cadmat.2018.34026

GUALBERTO, Mateus Medeiros, *Teorema dos Resíduos e Aplicações.* Centro de Ciências Exatas e Sociais Aplicadas da Universidade Estadual da Paraíba. Patos, 2018.

GUIDORIZZI, Hamilton Luiz, *Sobre os Três Primeiros Critérios, da Hierarquia de De Morgan, para Convergência ou Divergência de Séries de Termos Positivos.* Matemática Universitária no.13, junho de 1991, pgs. 95-104.

HANNAH, Julie Patricia, *Identities for the gamma and hypergeometric functions: an overview from Euler to the present.* Dissertação de Mestrado. South Africa, School of Mathematics, University of the Witwatersrand, Johannesburg, 2013.

HENRICI, Peter, *An Algebraic Proof of the Lagrange-Burmann Formula.* Journal of Mathematical Analysis and Applications 8, pp. 218-224, 1964.

JENSEN, J. L. W. V., GRONWALL, T. H., *An Elementary Expositon of the Theory of the Gamma Function.* Annals of Mathematics, Mars 1916, Second Series, Vol.17, no.3, pp. 124-166. Mathematics Department, Princeton University. **https://www.jstor.org/stable/2007272**

JOLEVSKA-TUNESKA, Biljana, FISHER, Brian, ÖZÇAG, Emin, *On the dilogarithm integral.* January 2011. https://www.researchgate.net/publication/266860797

KARLSSON, H. T., BJERLE, I., *A Simple Approximation of the Error Function.* Computers and Chemical Enginneering Vol.4, pp 67-68. Perganon Press Ltd, 1980.

KASPER, Toni, *Integration in Finite Terms: The Liouville Theory.* ACM SIGSAM Bulletin, september 1980.

KIRILLOV, Anatol, *Dilogarithm Identities.* Progress of Theoretical Physics Supplement, No.118, pp. 61-142, 1995.

KOYAMA, Shin-ya, KUROKAWA, Nobushige, *Kummer's Formula for Multiple Gamma Functions.* Presented at the conference on "Zetas and Trace Formulas" in Okinawa, November 2002.

KUMMER, E. E., *Beitrag zur Theorie der Function Γ(x).*

LAGARIAS, Jeffrey C., *Euler's Constant: Euler's work and modern developments.* Bulletin of the American Mathematical Society, Volume 50, Number 4, October 2013, Pages 527-628.

LARSON, Nathaniel, *The Bernoulli Numbers: A Brief Primer. May 10, 2019.*

LAUREANO, Rosário, SOARES, Helena, MENDES, Diana, *Caderno: Análise Complexa.* Engenharia de Telecomunicações e Informática – Engenharia de Informática 1º ano – Análise Matemática II, Departamento de Métodos Quantitativos, Maio de 2001.

LEITE, Amarildo de Paula, *Funções Elementares de Primitiva não Elementar.* Dissertação de Mestrado Profissional. Departamento de Matemática da Universidade Estadual de Maringá. Maringá 2013.

LERCH, M., *Sur un point de la Théorie des Fonctions Génératrices d'Abel.* Acta mathematica 27, 22 janvier 1903.

LUCAS, Stephen K., *Integral Proofs that 355/113 > π.* School of Mathematics and Statistics, university of South Australia, Mawson Lakes SA 5095. March 2005.

MARCHISOTTO, Elena, ZAKERI, Gholam-Ali, *An Invitation to Integration in Finite Terms.* The College Mathematics Journal, Vol.25 no.4, september 1994. Mathematical Association of America. https://www.researchgate.net/publication/262047949

MEDEIROS, Luis Adauto, MELLO, Eliel Amancio de, *A Integral de Lebesgue.* 6ª Edição. Instituto de Matemática da Universidade Federal do Rio de Janeiro. Rio de Janeiro, 2008.

MEDEIROS, Paulo Adauto, *Centenário da Integral de Lebesgue.* Texto de conferências ministradas no Instituto de Matemática – UFF e outros. Primeira versão publicada na Revista Uniandrade, Vol.3, xi.2 (2002) pp. 1-5. Instituto de Matemática – UFRJ. Rio de Janeiro, 2002.

MEDINA, Luis A., MOLL, Victor H., *The integrals in Gradshteyn and Ryzhik. Part 23: Combination of logarithms and rational functions.* Mathematical Sciences, Vol.23 (2012), 1-18. Universidad Técnica Federico Santa María, Valparaíso, Chile.

MENKEN, Hamza, ÇOLAKOGLU, Özge, *Gauss Legendre Multiplication Formula for p-Adic Beta Function.* Palestine Journal of Mathematics, vol.4 (Spec.1), 2015. Palestine Polytechnic University – PPU 2015.

MILLS, Stella, *The Independent Derivations by Leonhard Euler and Colin MacLaurin of the Euler-MacLaurin Summation Formula.*

MIRKOSKI, Maikon Luiz, *Números e Polinômios de Bernoulli.* Dissertação de Mestrado Profissional. Universidade Estadual de Ponta Grossa. Ponta Grossa, 2018.

MONÇÃO, Ariel de Oliveira, *Algumas Propriedades da Função Complexa Gama.* Faculdade de Matemática da Universidade Federal de Uberlândia, Uberlândia, 2019.

MORAIS FILHO, Daniel Cordeiro de, *"Professor, qual a primitiva de e^x/x?!"(O problema de integração em termos finitos).* Matemática Universitária, no.31 – dezembro 2001 – pp. 143-161.

MUTHUKUMAR, T., *Bernoulli Numbers and Polynomials.* 17 Jun 2014.

NEMES, Gergö, *New asymptotic expansion for the Gamma function.* Archiv der Mathematik 95 (2010), pp. 161-169. Springer Basel AG.

NIJIMBERE, Victor, *Evaluation of the Non-Elementary Integral* $\int e^{\lambda x^\alpha}dx,\ \alpha \geq 2$ *and other related integrals.*
Ural Mathematical Journal, Vol.3, No.2, 2017.

NUNES, Euderley de Castro, *A esfera de Riemann: Projeção Estereográfica e aplicações, uma abordagem para o ensino médio.* Dissertação de Mestrado Técnico. Instituto de Ciências Exatas da Universidade Federal do Amazonas. Manaus, 2015.

OLIVEIRA, Gustavo, SANTOS, Elisa R., *Aplicações da Teoria dos Resíduos no Cálculo de Integrais Reais.* Universidade Federal de Uberlândia.

OLIVEIRA, Oswaldo Rio Branco de, *Fórmulas de Taylor com resto integral, infinitesimal, de Lagrange e de Cauchy.* IME, Universidade de São Paulo.

OLIVEIRA, Oswaldo Rio Branco de, *Integral na Reta.* IME, Universidade de São Paulo, São Paulo 2019.

PATIN, Jean-Marc, *A Very Short Proof of Stirling's Formula.* The American Mathematical Monthly, February 1989. https://www.researchgate.net/publication/237571154

PATKOWSKI, Alexander E., WOLF, Marek, *Some Remarks on Glaisher-Ramanujan Type Integrals.* Computational Methods in Science and Technology, January 2016.

PAZ, Leandro Barbosa, *Caracterização das Isometrias no Plano através do estudo das transformações de Möbius.* Dissertação de Mestrado Profissional. Centro de Ciências e Tecnologia da Universidade Estadual do Ceará. Fortaleza, 2013.

PÉREZ-MARCO, Ricardo, *On the definition of Euler Gamma Function.* 2021. https://hal.archives-ouvertes.fr/hal-02437549v2

PISKE, Alessandra, *Integração: Riemann e Lebesgue, um estudo comparativo.* Centro de Ciências Tecnológicas da Universidade do Estado de Santa Catarina. Joenville, 2013.

POLLICOTT, Mark, *Dynamical Zeta Functions.*

QI, Feng, ZHAO, Jiao-Lian, *Some Properties of the Bernoulli Numbers of The Second Kind and Their Generating Function.*

RAMPANELLI, Débora, *O Teorema de Liouville sobre Integrais Elementares.* Dissertação de Mestrado. Instituto Nacional de Matemática Pura e Aplicada. Rio de Janeiro, 2009.

ROGERS, L. J., *On Functions Sum Theorems Connected with the Series.* 1906.

ROSSATO, Rafael Antônio, FERREIRA, Vitor Vieira, *Lei dos Expoentes Envolvendo Derivadas e Integrais Fracionárias segundo Riemann-Liouville.* Artigo de Iniciação Científica. Revista

Eletrônica Matemática e Estatística em Foco, vol.7, no.2, dezembro 2020.

RUSTICK, Andressa, *Funções Elípticas de Jacobi.* Universidade Tecnológica Federal do Paraná, Toledo, 2015.

SÁNDOR, J., *A Bibliography on Gamma Functions: Inequalities and Applications.* Babes-Bolyai University of Cluj, Romania.

SANTOS Jr., Guataçara dos, *Utilização da Integral Elíptica para a solução dos problemas direto e inverso da Geodésia.* Dissertação de Mestrado. Departamento de Geomática, Setor de Ciências da Terra, Universidade Federal do Paraná. Curitiba, 2002.

SANTOS, José Carlos de Sousa Oliveira, *Introdução à Análise Funcional.* Departamento de Matemática Pura, Faculdade de Ciências da Universidade do Porto. Porto, julho de 2010.

SANTOS, José Manuel dos, BREDA, Ana Maria D'Azevedo, *A projeção estereográfica no GeoGebra.* 1ª Conferência Latino Americana de GeoGebra ISSN 2237 – 9657, pp. AA-BB, 2011.

SANTOS, Leandro Nunes dos, *As Integrais de Riemann, Riemann-Stieltjes e Lebesgue.* Dissertação de Mestrado Profissional. Instituto de Geociências e Ciências Exatas da Universidade Estadual Paulista. 2013.

SANTOS, Marcus Vinicio de Jesus, *Transformação de Möbius.* Dissertação de Mestrado Profissional. Universidade Federal de Sergipe. São Cristóvão, 2016.

SANTOS, Wagner Luiz Moreira dos, *A Integral de Riemann Generalizada.* Dissertação de Mestrado. Instituto de Ciências Exatas e Biológicas, Universidade Federal de Ouro Preto. Ouro Preto, abril de 2019.

SASVARI, Zoltan, *An Elementary Proof of Binet's Formula for the Gamma Function.* The American Mathematical Monthly, Vol.106, No.2, Feb. 1999, pp. 156-158. Mathematical Association of America.

SEBAH, Pascal, GOURDON, Xavier, *Introduction on Bernoulli's numbers.* June 12, 2002. numbers.computation.free.fr/Constants/constants.html.

SEBAH, Pascal, GOURDON, Xavier, *Introduction to the Gamma Function.* Fevereiro 4, 2002. numbers.computation.free.fr/Constants/constants.html

SILVA, Brendha Montes, *A Integral de Lebesgue na Reta e Teoremas de Convergência.* Faculdade de Matemática da Universidade Federal de Uberlândia, 2017.

SILVA, Marcela Ferreira da, ALVES, Marcos Teixeira, *Transformações de Möebius.* SIGMAT – Simpósio Integrado de Matemática. Ponta Grossa, 16 a 19 de outubro de 2018. UEPG.

SILVA, Mônica Soares da, *Teorema de Liouville: Uma aplicação na Integração de Funções.* Unidade Acadêmica de Física e Matemática da Universidade Federal de Campina Grande. Cuité, 2019.

SIMÃO, Cleonice Salateski, *Uma Introdução ao Estudo das Funções Elípticas de Jacobi.* Dissertação de Mestrado Técnico. Universidade Estadual de Maringá, Maringá 2013.

SOUSA, Fernanda Maria Dias, *A transmissão de conceitos matemáticos para Portugal – Integrais e Funções Elípticas. Dissertação de Mestrado. Departamento de Matemática da Universidade de Aveiro. 2004.*

TAVARES, Américo, *Problemas | Teoremas – Caderno do Blogue.* 6 de junho, 2009.

TSIGANOV, A. V., Leonard Euler: addition theorems and superintegrable systems. Regular and Chaotic Dynamics, October 2008. arXiv:0810.1100v2 [nlin.SI] 18 Oct 2008. http://arxiv.org/abs/0810.1100v2.

VALDEBENITO, Edgar, *Serret Integral, 1844. Algunas Fórmulas Relacionadas con la Integral de Serret.* Março 5, 2010.

VARDI, Ilan, *Integrals, an Introduction to Analytic Number Theory.* The American Mathematical Monthly, April 1988, Vol.95, No.4, pp. 308-315.

VARDI, Ilan, *Integrals, an Introduction to Analytic Number Theory.* The American Mathematical Monthly, Vol.95, No.4, April, 1988, pp. 308-315. Mathematical Association of America.

VELLOSO, Clarice, HAMMER, Daniel, LAVOYER, Leonardo, NASCIMENTO, Lucas, BATISTEL, Thiago, *Teorema da Integral de Cauchy ou Teorema de Cauchy-Goursat.* Universidade Estadual de Campinas. Campinas, novembro 2019.

VIDUNAS, Raimundas, *A Generalization of Kummer's Identity.* Journal of Mathematics, Volume 32, Number 2, Summer 2002. Rocky Mountain.

VIDUNAS, Raimundas, *Expressions for values of the gamma function.* Kyushu University, February 1, 2008. arXiv:math/0403510v1 [math.CA] 30 Mar 2004. **http://arxiv.org/abs/math/0403510v1**

VILLANUEVA, Jay, *Elliptc Integrals and some applications.* Florida Memorial University, Miami, FL 33054.

VILLARINO, Mark B., *Ramanujan's Perimeter of na Ellipse.* Escuela de Matemática, Universidad de Costa Rica, San José, February 1, 2008. arXiv:math/0506384v1 [math.CA] 20 Jun 2005. http://arxiv.org/abs/math/0506384v1

WIDGER Jr., W. K., WOODALL, M. P., *Integration of the Planck Blackbody Radiation function.* Bulletin American Meteorological Society, Vol.57, no.10, October 1976.

WILHELM, Volmir Eugênio, *Apostila de Cálculo IV – Complexos e Séries de Fourier.* Curitiba, 2005.

WILLIAMS, Dana P., *Nonelementary Antiderivatives.* Department of Mathematics, Bradley Hall, Dartmouth College, Hanover, NH, 1 December 1993, USA.

WOON, S. C., *Analytic Continuation of Bernoulli Numbers, a New Formula for the Riemann Zeta Function, and the Phenomenon of Scattering of Zeros.* arXiv:physics/9705021v2 [math-ph] 31 Jul 1997. **http://arxiv.org/abs/physics/9705021v2**

YAKOVENKO, Sergei, *Exponencials, Their Origins and Destiny.* Revista Matemática Universitária, vol.2, 2020. Sociedade Brasileira de Matemática.

ZANINOTTO, João Manuel R., SOARES, Maria Zoraide M. C., *Séries de Fourier (Uma aplicação da Trigonometria na Engenharia de Telecomunicações).* Laboratório de Ensino de Matemática. Unicamp.

ZHAO, Yifei, *Weierstrass Theorems and Rings of Holomorphic Functions.*

ANOTAÇÕES

Impresso na Prime Graph
em papel offset 75 g/m²
março / 2024